Einfluss von Werkzeugrandzoneneigenschaften auf den Werkzeugverschleiß beim Fräsen von Nickelbasislegierungen

Influence of Cutting Tool Surface Layer on Tool Wear in Milling of Nickel-based Alloys

Von der Fakultät für Maschinenwesen
der Rheinisch-Westfälischen Technischen Hochschule Aachen
zur Erlangung des akademischen Grades eines
Doktors der Ingenieurwissenschaften
genehmigte Dissertation

vorgelegt von

Daniel Schraknepper

Berichter/in:

Univ.-Prof. Dr.-Ing. Thomas Bergs
Univ.-Prof. Dr.-Ing. Dr.-Ing. E. h. Dr. h. c. Dr. h. c. Fritz Klocke

Tag der mündlichen Prüfung: 18. November 2025

INNOVATIONS IN
MANUFACTURING TECHNOLOGY

Daniel Schraknepper

Einfluss von Werkzeugrandzoneneigenschaften auf den Werkzeugverschleiß beim Fräsen von Nickelbasislegierungen

Herausgeber:
Prof. Dr.-Ing. T. Bergs

Band 03/2026

MTI | RWTH AACHEN UNIVERSITY

Fraunhofer IPT

Bibliografische Information der Deutschen Nationalbibliothek
Die Deutsche Nationalbibliothek verzeichnet diese Publikation in der Deutschen Nationalbibliografie; detaillierte bibliografische Daten sind im Internet über https://portal.dnb.de abrufbar.

Daniel Schraknepper:

Einfluss von Werkzeugrandzoneneigenschaften auf den Werkzeugverschleiß beim Fräsen von Nickelbasislegierungen

1. Auflage, 2026

Gedruckt auf holz- und säurefreiem Papier, 100% chlorfrei gebleicht.

Wissenschaftsverlag des Instituts für Industriekommunikation und Fachmedien an der RWTH Aachen
Steinbachstr. 25, 52074 Aachen, Deutschland
Internet: www.apprimus-verlag.de, E-Mail: info@apprimus-verlag.de

Druck: Libri Plureos GmbH
Friedensallee 273 | 22763 Hamburg | Deutschland

ISBN 978-3-98555-333-4

FÜR MEINE FAMILIE

Vorwort und Danksagung

Preamble and acknowledgment

Diese Arbeit entstand während meiner Tätigkeiten als wissenschaftlicher Mitarbeiter in der Abteilung »Hochleistungszerspanung« am Fraunhofer-Institut für Produktionstechnologie IPT sowie als Leiter der Abteilung »Zerspantechnologie« am Manufacturing Technology Institute (MTI) (vormals Werkzeugmaschinenlabor WZL) der Rheinisch-Westfälischen Technischen Hochschule Aachen.

Herrn Professor Thomas Bergs, dem Leiter des Manufacturing Technology Institutes, danke ich herzlich für die Möglichkeit zur Promotion, seine frühe und stete Förderung sowie für das mir kontinuierlich entgegengebrachte Vertrauen und die Möglichkeit, aktiv die Entwicklung der Abteilung »Zerspantechnologie« gestalten zu können. Herrn Professor Fritz Klocke, dem ehemaligen Inhaber des Lehrstuhls für Technologie der Fertigungsverfahren, danke ich ebenso herzlich für die Übernahme des Koreferats, seine fachliche Unterstützung sowie für den immer anregenden und wissenschaftlich kritischen Austausch. Darüber hinaus gilt mein Dank Herrn Professor Christian Hopmann für die Übernahme des Prüfungsvorsitzes sowie Herrn Professor Christoph Broeckmann für den Beisitz in der Prüfungskommission.

Dr. Markus Meurer, Dr. Sebastian Prinz und Dr. Sebastian Barth danke ich für die kritische Durchsicht des Manuskripts und ihre wertvollen Anmerkungen aus verschiedenen Perspektiven, die zu einem besseren Ergebnis geführt haben. Ebenfalls bin ich Dr. Thorsten Augspurger und Dr. Bingxiao Peng für ihre wertvollen fachlichen Hinweise zur Versuchsdurchführung und -auswertung zu Dank verpflichtet. Für die tatkräftige und gewissenhafte Unterstützung bei der Durchführung der Vielzahl von Experimenten und Werkstoffanalysen spreche ich Ines Lindner, Philipp Burde, Martina Vizcay Rodriguez und ganz besonders Bernd Krüger und Sascha Kamps herzlich meinen Dank aus. Ebenso wäre die Erstellung dieser Arbeit ohne die Leistung und das Engagement meines studentischen Teams nicht möglich gewesen. Besonders hervorheben möchte ich die Beiträge von Tommy Venek, Wilko Schumacher, Max Reisse, Helton Custódio Hass da Silva und Bruno Fuga.

Meinem ehemaligen Abteilungsleiter Dr. Florian Degen gilt ein besonderer Dank für seine stete und freundschaftliche Förderung meiner Arbeit und meiner Person. Seine Fähigkeiten als Führungskraft sowie sein ausgeprägtes Fachwissen haben meinen Werdegang und meine Karriere positiv beeinflusst. Ebenso wurden meine fachliche Laufbahn und meine persönliche Entwicklung von Dr. Martin Witty geprägt, der als Betreuer meiner Diplomarbeit und als Gruppenleiter der Abteilung »Hochleistungszerspanung« ein wichtiger Impulsgeber für mich war.

Es war für mich ein absolutes Privileg, sowohl am Fraunhofer IPT als auch an der RWTH Aachen University gearbeitet und geforscht zu haben und so die verschiedenen Seiten der Wissenschaftslandschaft kennenzulernen. Diese Zeit werde ich als überaus lehrreich, spannend und geprägt von der Begeisterung für die Fertigungstechnologie und der intensiven Zusammenarbeit mit vielen besonderen Menschen in Erinnerung behalten. Für die herausragende und freundschaftliche Institutskultur auf beiden Seiten bedanke ich mich bei allen meinen ehemaligen Kolleginnen und Kollegen und ganz besonders bei den Zerspanern und den Hochleistungszerspanern. Stellvertretend für das gesamte, geschätzte Team möchte ich mich bei Dr. Florian Degen, Dr. Markus Meurer, Dr. Philipp Ganser, Dr. Martin Seimann, Dr. Tobias Seelbach, Dr. Thorsten Augspurger, Adrian Rüppel, Dr. Tobias Kelliger, Dr. Andreas Rößler, Dr. Marcel Prümmer, Dr. Tim Herrig, Dr. Sascha Gierlings, Dr. Sebastian Barth und Dr. Alexander Schäfer für die exzellente Zusammenarbeit auf fachlicher und persönlicher Ebene bedanken. Der enge Zusammenhalt und die ausgeprägte Kollegialität wurden nicht zuletzt durch eine Vielzahl gemeinsamer Aktivitäten geprägt, sei es beim regelmäßigen Feierabendbier, auf Skifahrten oder beim Segeln, bei Dienstreisen oder dem legendären TF-Contest.

Ein großer Dank gebührt außerdem den Kooperationspartnern aus der Industrie, die durch ihr Wissen sowie durch die Bereitstellung von Werkzeugen und Schneidstoffen einen wichtigen Beitrag geleistet haben. Besonders hervorheben möchte ich Thomas Engelfried (Walter Maschinenbau GmbH), Günter Jakobic (MTU Aero Engines AG) und Dr. Markus Weiß (Tyrolit Schleifmittelwerke Swarovsky AG & Co. KG).

Der größte Dank gilt abschließend meiner Familie. Meine Eltern Gertrud und Stefan haben den von mir eingeschlagenen Weg des Studiums und der Promotion in Aachen mit ihrer Liebe, ihrer Förderung meines Wissensdrangs und ihrer selbstlosen und konsequenten Unterstützung überhaupt erst möglich gemacht. Meinen Geschwistern André und Simone danke ich herzlich für viele tolle gemeinsame Erlebnisse, ihre Unterstützung und den engen Zusammenhalt in unserer Familie. Mein Sohn Felix musste in der heißen Phase der Prüfungsvorbereitung zu häufig auf seinen Vater verzichten und hat mir gleichzeitig ruhige Nächte und immer wieder schöne Momente der Ablenkung ermöglicht. Mein größter Dank gilt meiner wunderbaren Frau Laura. Sie hat mich in herausfordernden Zeiten beständig unterstützt, motiviert, aufgemuntert und mir durch den Verzicht auf diverse Urlaube und viel gemeinsame Familienzeit den nötigen Freiraum zum Abschluss meines Projektes ermöglicht. Ich liebe dich und freue mich auf unsere gemeinsame Zukunft!

Aachen, im Dezember 2025 Daniel Schraknepper

Zusammenfassung

Abstract

Die Notwendigkeit zur Effizienzsteigerung von Flugzeugtriebwerken bedingt den zunehmenden Einsatz von hochwarmfesten Nickelbasislegierungen. Die spanende Fertigung von Triebwerksbauteilen ist durch eine hohe thermomechanische Beanspruchung gekennzeichnet, welche in einem ausgeprägten Werkzeugverschleiß resultiert. Zur Gewährleistung der Randzonenintegrität der sicherheitskritischen Bauteile müssen übermäßiger und unkontrollierter Werkzeugverschleiß vermieden werden. Im Gegensatz zu den bekannten Auswirkungen der Werkzeuggeometrie oder des Schneidstoffs auf das Verschleißverhalten ist der Einfluss der Werkzeugrandzone auf das Standvermögen unbekannt. Die Randzoneneigenschaften werden durch die Prozessfolge der Werkzeugherstellung bestimmt, welche insbesondere das Werkzeugschleifen und die Werkzeugnachbehandlung umfasst. Vor diesem Hintergrund war die übergeordnete Zielsetzung der vorliegenden Arbeit die Identifikation der für das Standvermögen relevanten Randzonenmerkmale von VHM-Fräswerkzeugen, das Verständnis der zugrunde liegenden Ursache-Wirkungs-Zusammenhänge und die Entwicklung daraus abgeleiteter Gestaltungsempfehlungen für die Randzonenmerkmale.

Im ersten Schritt wurden weitreichende Untersuchungen der Auswirkungen von Werkzeugschleifprozess und Werkzeugnachbehandlung auf die entstehende Werkzeugrandzone durchgeführt. Hierbei standen die Oberflächenrauheit, die Eigenspannungen, Randzonenschäden und die Beschaffenheit der Schneidkante im Fokus. Im Folgenden wurde eine Methodik zur isolierten Einstellung einzelner Randzonenmerkmale entwickelt und erfolgreich auf die Versuchswerkzeuge angewendet. Im Rahmen von Fräsversuchen erfolgte die Bewertung des Standverhaltens der unterschiedlichen Werkzeugklassen in Bezug auf Zerspankraft, Spanbildung und Verschleißentwicklung. Durch die Klassifizierung und statistische Auswertung verschiedener Verschleiß- und Versagensformen konnten signifikante Korrelationen zwischen spezifischen Randzoneneigenschaften und dem Werkzeugverschleiß identifiziert werden. Für die detaillierte Analyse der Ursache-Wirkungs-Beziehungen erfolgte im vierten Schritt die Entwicklung eines FE-Spanbildungsmodells, mit dem Lastspannungen im Schneidkeil unter Berücksichtigung der Werkzeugeigenspannungen berechnet wurden. Die gewonnenen Erkenntnisse flossen in den Aufbau eines Erklärungsmodells ein, welches Aufschluss über die Initiierung des Werkzeugversagens und die Möglichkeiten zur positiven Beeinflussung des Standvermögens gibt. Abschließend wurden konkrete Gestaltungsempfehlungen zur Auslegung der Werkzeugrandzone sowie zur Herstellung der Werkzeuge entwickelt, die Anwendern konkrete Handlungsanweisungen bereitstellen.

Abstract
Zusammenfassung

The increasing need for aircraft engine efficiency necessitates the broader application of high-temperature-resistant nickel-based alloys. The machining of such engine components is characterized by high thermomechanical loads, resulting in pronounced tool wear. To ensure the surface integrity of these safety-critical components, excessive and uncontrolled tool wear must be avoided. While the influence of tool geometry and cutting material on tool life is well understood, the impact of the cutting tool's surface layer remains largely unexplored. The surface layer properties are determined by the manufacturing process chain, particularly by the tool grinding and subsequent tool post-treatment. Against this background, the overall objective of the present work was to identify the relevant surface layer characteristics of solid cemented carbide milling tools, to understand the underlying cause-effect relationships, and to develop practical design recommendations.

In a first step, extensive investigations were carried out on how tool grinding and preparation processes affect the resulting tool surface layer. The analysis focused on surface roughness, residual stresses, subsurface damage, and the condition of the cutting edge. Based on these findings, a methodology was developed to adjust individual surface layer characteristics in a controlled and decoupled manner and successfully applied to experimental tool sets. Milling trials were conducted to evaluate the tool life of different tool classes in terms of cutting forces, chip formation, and tool wear progression. Through the classification and statistical evaluation of various wear and failure mechanisms, significant correlations between specific surface layer properties and tool wear were identified. To enable a more detailed analysis of the causal relationships, a finite element (FE) chip formation model was developed that allows the calculation of stress states in the cutting edge while accounting for residual stresses. These insights were incorporated into an explanatory model that clarifies the initiation of tool failure and identifies potential levers for improving tool performance. Finally, specific recommendations were formulated regarding the design and manufacturing of the tool surface layer, providing practical guidelines for industrial implementation.

Inhaltsverzeichnis

Table of contents

Formelzeichen und Abkürzungen

Symbols and abbreviations

Große Buchstaben

A	%	Bruchdehnung
A_{cu}	mm^2	Spanungsquerschnitt (beim Schleifen am Einzelkorn)
A_{mess}	mm^2	Größe des Messfeldes der Schleifscheibentopographie
A_α	-	Freifläche der Werkzeugschneide
A_γ	-	Spanfläche der Werkzeugschneide
AB_F	µm	Breite eines Ausbruchs, gemessen an der Freifläche
AB_S	µm	Breite eines Ausbruchs, gemessen an der Spanfläche
AL_F	µm	Länge eines Ausbruchs, gemessen an der Freifläche
AL_S	µm	Länge eines Ausbruchs, gemessen an der Spanfläche
C	-	Kornkonzentration
C_{stat}	mm^{-3}	Statische Schneidendichte
D_{roh}	mm	Durchmesser des Hartmetallrohlings
D_W	mm	Werkzeugdurchmesser
E	N/mm^2	Elastizitätsmodul / GPa
F_c	N	Schnittkraft beim Fräsen
F_{cN}	N	Schnittnormalkraft beim Fräsen
F_f	N	Vorschubkraft beim Fräsen
F_{fn}	N	Vorschubnormalkraft beim Fräsen
F_n	N	Schleifnormalkraft
F_{res}	N	Resultierende Kraft
F_t	N	Schleiftangentialkraft
G	-	G-Verhältnis (Verhältnis aus zerspantem Werkstückmaterial zum Verschleißvolumen der Schleifscheibe)
G	mm/s	Wuchtgüte
G	-	Spansegmentierung
H	HRC	Härte nach Rockwell Härteprüfverfahren
$K_{I,II,III}$	$MPa \cdot m^{1/2}$	Spannungsintensitätsfaktor für den Modus I, II, III

K_{Ic}	$MPa \cdot m^{1/2}$	Bruchzähigkeit (Modus I)
KL	mm	Kontaktlänge an der Spanfläche
N_{GV}	$1/mm^3$	Schneidendichte nach LIERSE
N_{kin}	mm^{-2}	Anzahl kinematischer Schneiden pro Flächeneinheit
P_f	-	Bruchwahrscheinlichkeit
Q'_w	mm^3/mms	Bezogenes Zeitspanungsvolumen beim Schleifen
R^2	-	Bestimmtheitsmaß
Ra	µm	arithmetischer Mittenrauwert
R_m	N/mm^2	Zugfestigkeit
Rz	µm	Gemittelte Rautiefe
Rz_{SK}	µm	Schartigkeit der Schneidkante
Sa	µm	flächenbezogener arithmetischer Mittelwert der Profilordinate
$S_{\alpha,\gamma}$	µm	Schneidkantenabschnitt an Frei- und Spanfläche
SK	μm^{-1}	Spankrümmung
Sq	µm	Mittlere quadratische Höhe der skalenbegrenzten Oberfläche
Spk	µm	reduzierte Spitzenhöhe
Sz	µm	maximale Höhe der skalenbegrenzten Oberfläche
T_0	°C	Referenz- bzw. Umgebungstemperatur
T_E	mm	Eintauchtiefe bei der Gleitschleifbearbeitung
T_m	°C	Schmelztemperatur
V_0	mm^3	Probenvolumen
VB	µm	Verschleißmarkenbreite
VB_{max}	µm	maximale Verschleißmarkenbreite
V_{eff}	mm^3	effektives Volumen
V'_{sb}	mm^3/mm	bezogene Schärfzerspanungsvolumen
V'_w	mm^3/mm	Bezogenes Zerspanungsvolumen
$V'_{w,max}$	mm^3/mm	maximales bezogenes Zerspanungsvolumen entlang der Schleifscheibenbreite

Kleine Buchstaben

a_e	mm	Arbeitseingriff bzw. radiale Zustellung
$a_{e,max}$	mm	Maximaler Arbeitseingriff beim Werkzeugschleifen
a_{ed}	µm	Abrichtzustellung pro Hub
$a_{e,FS}$	mm	Zustellung bzw. Arbeitseingriff beim Feinschleifen
a_l	µm	laterale Auflösung (Messung mittels Fokusvariation)
a_p	mm	Schnitttiefe bzw. Schnittbreite
a_{Sb}	mm	Schärfblockzustellung
a_v	µm	vertikale Auflösung (Messung mittels Fokusvariation)
d_{eq}	mm	äquivalenter Schleifscheibendurchmesser
d_g	µm	mittlerer Korndurchmesser eines Diamantkorns
d_S	mm	Schleifscheibendurchmesser
d_{WC}	µm	Größe eines Wolframkarbidkorns
d_z	µm	Zeilenabstand der Tastschnittmessung
f	mm	Vorschub
f_z	mm	Zahnvorschub
h	µm	Spanungsdicke beim Fräsen
h_{ch}	µm	Spandicke beim Fräsen
h_{cu}	µm	Einzelkornspanungsdicke beim Schleifen
$h_{cu,m}$	µm	mittlere Einzelkornspanungsdicke beim Schleifen
$h_{cu,max}$	µm	maximale Einzelkornspanungsdicke beim Schleifen
$k_{c1.1}$	N/mm²	spezifische Schnittkraft
$k_{cn1.1}$	N/mm²	spezifische Schnittnormalkraft
$\bar{l}_{Co}$	µm	mittlere Breite der Kobaltzwischenschichten
l_c	mm	Umschlingungslänge, Spanungslänge
l_{ch}	mm	Spanlänge
l_f	m	Vorschubweg
l_g	mm	Kontaktbogenlänge beim Werkzeugschleifen
l_s	mm	Schneidenlänge
1-mc	-	Anstiegswert der Schnittkraft

n	1/min	Werkzeugdrehzahl
n_H	1/min	Drehzahl Halter beim Gleitschleifen
n_R	1/min	Drehzahl Rotor beim Gleitschleifen
n_W	1/min	Drehzahl Werkstück beim Gleitschleifen
r_{TN}	µm	Radius Tastnadel
r_ε	mm	Eckenradius
r_β	µm	Schneidkantenradius, -verrundung
$r_{\beta,V}$	µm	Schneidkantenradius, durch Verschleiß hervorgerufen
$r_{\beta S}$	µm	Schleifscheibenkantenradius
t_b	min	Bearbeitungszeit des Gleitschleifprozesses
t_c	s	Schnittzeit
$t_{D,RZ}$	µm	Tiefenausdehnung von Defekten in der Randzone
t_N	mm	Tiefe der Spannut
u	Nm	Schnittenergie
v_c	m/min	Schnittgeschwindigkeit
v_f	m/min	Vorschubgeschwindigkeit
v_{fad}	mm/min	Axiale Abrichtvorschubgeschwindigkeit
v_{frd}	mm/min	Radiale Abrichtvorschubgeschwindigkeit
v_{fSb}	mm/min	Schärfblockvorschubgeschwindigkeit
v_{rd}	m/s	Abrichtscheibenumfangsgeschwindigkeit
v_s	m/s	Schleifscheibenumfangsgeschwindigkeit
v_{sd}	m/s	Schleifscheibenumfangsgeschwindigkeit beim Abrichten
$v_{sd,s}$	m/s	Schleifscheibenumfangsgeschwindigkeit beim Schärfen
v_w	m/min	Werkstückvorschubgeschwindigkeit beim Schleifen
z	-	Anzahl der Schneiden

Griechische Buchstaben

α	°	Freiwinkel der Werkzeugschneide
β	°	Keilwinkel der Werkzeugschneide
$\Delta r_{s,max}$	µm	maximaler Schleifscheibenradialverschleiß

ε	-	Dehnung
ε	°	Kontaktwinkel beim Schleifen der Freifläche
$\dot{\varepsilon}_0$	1/s	Referenzdehnrate
$\dot{\varepsilon}$	1/s	Dehnrate
γ	°	Spanwinkel der Werkzeugschneide
γ_{eff}	°	Effektiver Spanwinkel der Werkzeugschneide
η	°	Wirkrichtungswinkel
Θ	°	Beugungswinkel der Röntgenstrahlung
κ_g	°	Schneidenöffnungswinkel Diamantkorn
K	-	Formfaktor einer Schneidkantenverrundung
λ	°	Drallwinkel der Werkzeugschneiden
λ	W/m·K	Wärmeleitfähigkeit
λ_{ch}	-	Spanstauchung
λ_v	°	Vorhaltewinkel der Schleifscheibe beim Nutschleifen
λ_{CO}	µm	mittlere frei Weglänge von Kobalt
μ	-	Reibkoeffizient
μ		Schleifkraftverhältnis (F_t/F_n)
ρ_{Dia}	g/cm³	Dichte des Diamants
ρ_g	µm	Schneidenrundungsradius des Diamantkorns
$\sigma_{I,II,III}$	MPa	Hauptspannungen
σ_{bB}	MPa	Biegebruchspannung
σ_F	MPa	Fließspannung
$\sigma_{FF,QR}$	MPa	Eigenspannungen an der Freifläche, orthogonal zur Schneidkante
$\sigma_{FF,SR}$	MPa	Eigenspannungen an der Freifläche, in Schneidenrichtung
σ_γ	MPa	Normalspannung an der Spanfläche
$\sigma_{v,ES}$	MPa	Vergleichseigenspannung
τ	MPa	Schubspannung
τ	µm	Mittlere Eindringtiefe der Röntgenstrahlung

τ_γ	MPa	Schubspannung an der Spanfläche
Φ	°	Werkzeugdrehwinkel
Φ_c	°	Umschlingungswinkel beim Fräsen
Φ_{ex}	°	Austrittswinkel des Werkzeugs
Φ_{st}	°	Eintrittswinkel des Werkzeugs
ϕ	°	Scherwinkel
ψ	°	Messwinkel bei Eigenspannungsmessung

Abkürzungen

Al_2O_3	Aluminiumoxid
CBN	Kubisches Bornitrid
CEL	Coupled Eulerian-Lagrangian
Co	Kobalt
Cr	Chrom
DIN	Deutsches Institut für Normung e.V.
EDX	Energiedispersive Röntgenspektroskopie
Fe	Eisen
FEM	Finite Elemente Methode
FEPA	Federation of European Producers of Abrasives
hdp	Hexagonal dichteste Packung
HIP	heißisostatisches Pressen
HM	Hartmetall
HRC	Härte Rockwell C
HSS	High Speed Steel (Schnellarbeitsstahl)
Kα	1. K-Linie der charakteristischen Röntgenstrahlung
kfz	kubisch-flächenzentrierte Kristallstruktur
krz	kubisch-raumzentrierte Kristallstruktur
KSS	Kühlschmierstoff
Mb	Molybdän
Nb	Niob
Ni	Nickel

REM	Rasterelektronenmikroskop
SiC	Siliziumkarbid
TEM	Transmissionselektronenmikroskopie
VHM	Vollhartmetall
WC	Wolframkarbid
WZ	Werkzeug

Indizes

eff	effektiv
eq	äquivalent
ES	Eigenspannung
FF	Freifläche
ges	gesamt
GS	Gleitschleifen
max	Maximum
m	Mittel
rd	rechtsdrehend
SF	Spanfläche
SK	Schneidkante
V	Verschleiß

1 Einleitung und Motivation

Introduction and motivation

Der Flugzeugbauer AIRBUS prognostiziert für die zivile Luftfahrt nach den Einbrüchen durch die Covid-19 Pandemie ein jährliches Wachstum des Verkehrsaufkommens von 8,4 % bis 2027 und von 3,6 % zwischen 2027 und 2043. Dies führt im entsprechenden Zeitraum zu einem Bedarf von über 42.000 neuen Passagier- und Frachtflugzeugen, um alte Flugzeuge zu ersetzen und die bestehende Flotte aller weltweiten Zivilflugzeuge zu verdoppeln. [AIRB24] Die Umsetzung globaler Klimaschutzziele erfordert eine konsequente Effizienzsteigerung und Emissionsreduktion im Energie- und Luftfahrsektor [IAE21]. Entsprechend den Vorgaben der Europäischen Kommission für die Klimaschutzziele der Luftfahrt soll gegenüber dem Jahr 2000 bis 2050 der Ausstoß von CO_2 um 75 % und der Ausstoß von NO_x um 90 % reduziert werden [EURO11]. Auf Seiten der Flugzeugindustrie erfordert die Umsetzung der Vorgaben u.a. weitreichende Optimierung der Flugtriebwerke wie z.B. die Reduktion der Größe des Kerntriebwerks sowie die Steigerung der Verbrennungstemperatur [BRÄU15]. Diese Maßnahmen bedingen den vermehrten Einsatz von hochwarmfesten Nickelbasislegierungen, welche den hohen Sicherheitsanforderungen an Luftfahrtwerkstoffe entsprechen.

Nickelbasiswerkstoffe werden vor allem durch zerspanende Fertigungsverfahren bearbeitet. Ihre spezifischen Eigenschaften wie die sehr hohe Warmfestigkeit resultieren in einer schlechten Zerspanbarkeit, die primär durch einen ausgeprägten Werkzeugverschleiß gekennzeichnet ist [KLOC18]. Gleichzeit müssen übermäßiger und unkontrollierter Verschleiß sowie spontanes Werkzeugversagen vermieden werden, um die Randzonenintegrität der sicherheitskritischen Bauteile nicht zu gefährden [GIER15; SEIM19]. Diese Randbedingungen sowie die kontinuierliche Effizienzsteigerung in der Serienfertigung resultieren in einer steigenden Nachfrage nach Zerspanwerkzeugen und erhöhten Anforderungen an diese. Gleichzeitig kommt es in der Praxis der Zerspanung von Nickelbasiswerkstoffen immer wieder zu ausgeprägten Schwankungen des Werkzeugeinsatzverhaltens, die die Stabilität der Fertigung gefährden.

Werkzeugzeitig sind Schneidstoff und Geometrie eindeutig spezifiziert. Verschiedene Untersuchungen deuten zudem darauf hin, dass die Oberflächen und die Randzonen von Zerspanwerkzeugen einen signifikanten Einfluss auf die Standzeit der Werkzeuge haben können, vgl. u.a. [WEIN96; FRIE02; MALD08; HÜBE12; THEU20; DENK21]. Aufgrund der zeitgleichen Variationen mehrerer Werkzeugmerkmale sind die genauen Zusammenhänge jedoch häufig nicht hinreichend erklärt. Es liegen weiterhin keine spezifischen Erkenntnisse dazu vor, inwieweit die Werkzeugoberflächen- und -randzonenmerkmale das Standvermögen in der Zerspanung von Nickelbasiswerkstoffen bestimmen und wie diese Merkmale durch den Werkzeugschleifprozess und die folgende Schneidkantenpräparation beeinflusst werden.

Das Ziel dieser Arbeit ist die Erforschung der oben beschriebenen Zusammenhänge im Kontext der Fräsbearbeitung der Nickelbasislegierung Inconel 718 (IN718) und die Entwicklung von Empfehlungen für die Gestaltung der Werkzeugoberflächen- und -randzoneneigenschaften. Dazu werden zum einen die Auswirkungen von Variationen der Prozessstellgrößen in der Werkzeugherstellung auf die entstehenden Oberflächen- und Randzoneneigenschaften ermittelt. Ziel hierbei ist es, die Werkzeugmerkmal möglichst in weiten Grenzen möglichst isoliert voneinander einzustellen. Zum anderen erfolgt die Analyse des Standvermögens der Fräswerkzeuge in Abhängigkeit von den erzeugten Merkmalsauprägungen. Die beobachteten Phänomene werden durch ein Erklärungsmodell beschrieben und münden in konkreten Gestaltungsempfehlungen für die Praxis.

Introduction and Motivation

The aircraft manufacturer AIRBUS forecasts an annual growth in air traffic of 8.4 % until 2027 and 3.6 % between 2027 and 2043, following the downturns caused by the COVID-19 pandemic. This growth will result in a demand for over 42,000 new passenger and cargo aircraft during this period to replace aging fleets and double the current global civil aircraft fleet. [AIRB24] Achieving global climate protection goals requires consistent improvements in efficiency and reductions in emissions in both the energy and aviation sectors [IAE21]. According to the European Commission's guidelines for aviation climate protection goals, CO_2 emissions must be reduced by 75 % and NOx emissions by 90 % by 2050 compared to the year 2000 [EURO11]. For the aviation industry, meeting these targets necessitates significant optimization of aircraft engines, such as reducing the size of the core engine and increasing combustion temperatures [BRÄU15]. These measures require a greater use of high-temperature-resistant nickel-based alloys, which meet the stringent safety requirements for aviation materials.

Nickel-based materials are primarily machined using cutting processes. Their specific properties, such as very high heat resistance, result in poor machinability, primarily characterized by pronounced tool wear [KLOC18]. At the same time, excessive and uncontrolled wear as well as sudden tool failure must be avoided to ensure the surface integrity of these safety-critical components [GIER15; SEIM19]. These constraints, along with the continuous drive for increased efficiency in serial production, result in growing demand for cutting tools and higher requirements for their performance. Simultaneously, fluctuations in tool performance during the machining of nickel-based materials frequently occur in practice, threatening production stability.

Cutting materials and geometries are generally precisely specified. Various studies also suggest that the surface layers, including surface and subsurface zone, of cutting tools can significantly influence tool life, as indicated by [WEIN96; FRIE02; MALD08; HÜBE12; THEU20; DENK21]. However, due to simultaneous variations in multiple cutting tool characteristics, the exact relationships are often not sufficiently understood. Furthermore, there is no conclusive knowledge about the extent to which tool surface and subsurface properties determine tool performance in the machining of nickel-based alloys or how these properties are affected by the tool grinding and the cutting edge preparation process.

The aim of this work is to explore the relationships described above in the context of milling the nickel-based alloy Inconel 718 (IN718) and to derive recommendations for the design of the surface layer properties of cutting tools. On the one hand, the effects of variations in the process parameters in cutting tool manufacture on the resulting surface and subsurface properties are determined. The aim here is to adjust the cutting tool characteristics as isolated from each other as possible within wide limits. On the other hand, the tool life of the milling tools is analyzed as a function of the generated characteristic embossing. The observed phenomena are described using an explanatory model and result in specific design recommendations for practical application.

2 Stand der Technik in Forschung und Industrie

State of the art in research and industry

Die Analysen im Stand der Technik fokussieren drei zentrale Bereiche. Nach einer kurzen Vorstellung der Werkzeuggeometrie werden die Prozesskette der Werkzeugherstellung und die dadurch bedingte Beeinflussung der Werkzeugrandzone in Kapitel 2.2 eingeführt. Der dieser Arbeit zu Grunde liegende Anwendungsfall ist das Schlichtfräsen der hochwarmfesten Legierung IN718. In Kapitel 2.3 erfolgt daher, ausgehend von den Werkstoffeigenschaften, die Analyse der wirkenden Belastungen und Beanspruchungen des Werkzeugs sowie des daraus resultierenden Werkzeugverschleißes. In Kapitel 2.4 werden bekannte Auswirkungen der durch die Herstellung erzeugten Werkzeugoberflächen- und -randzoneneigenschaften auf das Verschleißverhalten im Einsatz fokussiert.

2.1 Werkzeuggeometrie

Cutting tool geometry

Für die Fräsbearbeitung schwer zugänglicher Kavitäten werden insbesondere Schaftwerkzeuge verwendet. Unter Schaftwerkzeugen werden Zerspanwerkzeuge verstanden, deren geometrisch bestimmte Schneiden sich während der Materialtrennung rotatorisch bewegen. Nach DIN6582 erfolgt eine Unterteilung in einteilige Vollmaterialwerkzeuge und Verbund- bzw. zusammengesetzte Werkzeuge, bei denen Schneidteil und Schaftkörper getrennt ausgeführt und durch Stoff- oder Kraftschluss fest oder lösbar miteinander verbunden sind [DIN88]. Gegenüber letztgenannten sind einteilige Werkzeuge nicht auf einen minimal herstellbaren Durchmesser beschränkt und in ihrer geometrischen Komplexität weniger limitiert [HÜBE12]. Einteilig ausgeführte Werkzeuge lassen sich zudem wirtschaftlich in kleinen Stückzahlen fertigen, so dass ihre Funktionsmerkmale optimal auf den Einsatzfall angepasst werden können [KÖLL86]. Funktionsmerkmale sind neben den Schneidstoffeigenschaften geometrische Merkmale sowie Eigenschaften der Randzone.

Der Überbegriff der Werkzeuggeometrie umfasst die Gesamtheit der Geometriemerkmale eines Werkzeugs, vgl. [DIN88]. Die Charakterisierung der Geometrie erfolgt u.a. über die nachfolgend dargestellten geometrischen Kenngrößen des Schaftfräsers am Beispiel der Umfangsschneide.

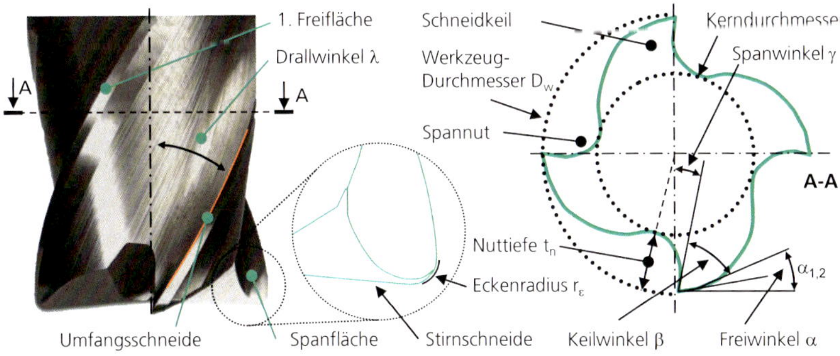

Abbildung 2.1: Geometriemerkmale des Schaftfräsers

Geometric features of the end milling tool

Der Schneidteil bezeichnet den wirksamen Teil Werkzeugs, an dem sich die Schneidkeile befinden. Diese werden durch die Span- und Freiflächen, A_γ und A_α gebildet. Die Spannuten mit helixförmigem Verlauf transportieren die Späne und den Kühlschmierstoff. Schaftfräswerkzeuge verfügen über Stirn- und Umfangsschneiden. Der Übergang kann je nach Anwendung scharfkantig, mit einer Fase oder mit einem Eckenradius r_ε ausgeführt werden.

In vielen Arbeiten wird zwischen der Makro- und der Mikrogeometrie des Werkzeugs unterschieden. DENKENA und BIERMANN definierten den Übergang zwischen beiden als eine Linie entlang der Spanfläche, an der der effektive Spanwinkel γ_{eff} vom nominellen Spanwinkel abweicht [DENK14]. Gegenüber der Makrogeometrie umfasst der Begriff Mikrogeometrie die geometrischen Ausprägungen der Schneidkante. Zu ihrer Herstellung kommen unterschiedliche Verfahren zum Einsatz, die neben den mikrogeometrischen Größen der Schneidkante in Kapitel 2.2.3 vorgestellt werden. Im Rahmen dieser Arbeit wird für die Unterscheidung zwischen Makro- und der Mikrogeometrie die o.g. Definition zu Grunde gelegt.

2.2 Prozesskette der Werkzeugherstellung

Process chain of cutting tool manufacturing

Die Herstellung von Vollhartmetallwerkzeugen erfolgt in einer Vielzahl aufeinanderfolgender Prozessschritte [FRIE02]. Die Eigenschaften des gesinterten Hartmetalls sowie die nachfolgende Schleifbearbeitung und Schneidkantenpräparation beeinflussen maßgeblich das Einsatzverhalten der Werkzeuge. Ausgehend von den funktionsrelevanten Eigenschaften von Hartmetall werden daher das Schleifen und die Schneidkantenpräparation beschrieben sowie die hierdurch bedingten Änderungen der Oberflächen- und Randzoneneigenschaften diskutiert.

2.2.1 Eigenschaften von Hartmetall

Properties of cemented carbide

Hartmetalle sind pulvermetallurgisch hergestellte Verbundwerkstoffe aus zwei oder mehr Phasen: einer vergleichsweise spröden Hartstoffphase und einer duktilen Binderphase. Als Hartstoffe werden Stoffe mit einer Vickers-Härte von über 1000 HV bezeichnet. [SCHE88] Bei der Hartphase handelt es sich im Fall der klassischen Hartmetalle üblicherweise um Wolframkarbid (WC), bei der Binderphase um Kobalt (Co) oder Nickel (Ni) [PRAK14]. Ebenso gibt es WC-Co-Hartmetalle, welche einen Anteil von bis zu über 30 Gew.-% Mischkarbide (TiC, TaC, NbC) aufweisen. Diese zeichnen sich durch verbesserte Hochtemperaturfestigkeit aus. [KOLA92; KLOC08] Cermets bezeichnen eine dritte Gruppe von Hartmetallen mit Titankarbid (TiC) und Titannitrid (TiN) Hartstoffphasen und Nickel oder Kobalt als Binderphase [KLOC18].

Hartmetalle spielen seit Ihrer Vorstellung auf der Leipziger Frühjahrsmesse 1927 eine bedeutende Rolle für trennende und umformende Fertigungsverfahren [KOLA07]. Der Anteil des Schneidstoffs Hartmetall am Weltmarkt für Zerspanwerkzeuge lag 2019 bei ca. 53 % [DEDA20]. Die herausragende Bedeutung für viele Anwendungsbereiche wie das Spanen mit geometrisch bestimmter Schneide resultiert aus der günstigen Eigenschaftskombination von Härte und Zähigkeit [SCHE88; GARC19]. Im Rahmen dieser Arbeit werden WC-Co Hartmetalle betrachtet, die primär für technische Anwendungen zum Einsatz kommen. Im Folgenden wird auf Aufbau, Klassifizierung, Eigenschaften, Herstellung und Anwendung eingegangen.

Abbildung 2.2 zeigt den Gefügeaufbau eines WC-Co Hartmetalls. Charakteristisch ist der große Volumenanteil der hochschmelzenden Hartphase WC. Der WC-Anteil liegt für Zerspanwerkzeuge bei über 80 bis etwa 95 Gew.-% [KAYS19; SAND19]. Das Wolframkarbid ist in eine Matrix aus duktilem Kobalt eingebettet. Co und WC bilden dabei jeweils ein zusammenhängendes Skelett, wobei sich beide durchdringen [SAIL02; PRAK14]. Üblicherweise liegen die Wolframkarbide in Form von Prismen mit dreieckiger Grundfläche vor [KOLA92; KLOC08]. Die Karbidkorngröße stellt eine wesentliche Eigenschaft des Hartmetalls dar und wirkt sich besonders auf die Härte aus [SCHE88; KAYS19]. DIN EN ISO 4499-2 unterteilt Hartmetalle in Anlehnung an die Definition des Fachverbandes für Pulvermetallurgie anhand ihrer Korngröße d_{WC} in sieben verschiedene Klassen. Die Klassifizierung beginnt mit nanokristallinen Hartmetallen mit durchschnittlicher Korngröße kleiner 0,2 µm und endet mit der Klasse der extra groben Hartmetalle mit einer durchschnittlichen Korngröße größer 6 µm. [FRIE02; DIN10]

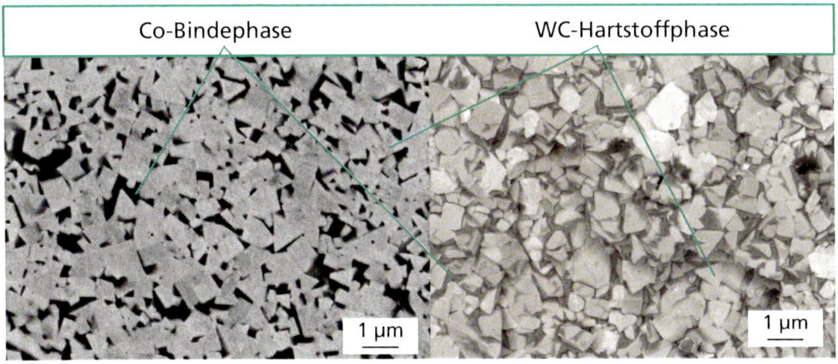

Abbildung 2.2: Gefüge eines WC-Co Hartmetalls (links: Querschliff, rechts: Bruchfläche)
Microstructure of a WC-Co cemented carbide (left: cross-section cut, right: fracture surface)

Die Kontiguität C_{WC} beschreibt hinsichtlich des Gefüges den Grad der Skelettbildung des Hartstoffs. Die Kontiguität resultiert aus dem Verhältnis der Karbid-Karbid-Korngrenzflächen zur gesamten Korngrenzfläche [GURL58]. Zur Charakterisierung der Bindermetallphase dient die mittlere freie Weglänge λ_{Co}, welche die mittlere Dicke der Kobaltschichten zwischen zwei Karbidkörnern angibt [WIRT18]. Die mittlere freie Weglänge, die Kontiguität und die WC-Korngröße haben maßgeblichen Einfluss auf die mechanischen Eigenschaften von Hartmetallen [KELL10; KAYS19]. Die beiden zuerst genannten Größen ergeben sich aus der WC-Korngröße und dem Binderanteil.

Die **Herstellung von Hartmetall** ist ein pulvermetallurgischer Prozess [SCHE88]. Nach der Pulveraufbereitung und dem Pressen des sogenannten Grünlings folgt das Sintern als wesentlicher Prozessschritt. Das Sintern dient dazu, Poren zu schließen und das Hartmetall durch Diffusions- und Platzwechselmechanismen zu verdichten. Der Sinterprozess bzw. das Flüssigphasensintern erfolgt oberhalb der eutektischen Temperatur von 1.280 °C und unter Vakuum. Die flüssige Binderphase benetzt die Wolframkarbidkörner. [BERT07] Die ausgezeichnete Benetzbarkeit des Wolframkarbids mit Kobalt und die starken Adhäsionskräfte zwischen Hart- und Binderphase sind eine Ursache für die guten mechanischen Eigenschaften des Hartmetalls [SCHE88]. Die Löslichkeit von Wolframkarbid als atomarer Bestandteil im Kobalt ist hierfür eine zentrale Voraussetzung [KAYS19]. Grundlage für die Einstellung eines reinen Zweiphasenwerkstoffs WC-Co ist ein Atomverhältnis von Wolfram zu Kohlenstoff von ungefähr eins. Ist zu wenig Kohlenstoff vorhanden, werden WC-Co Doppelkarbide (η-Phasen) ausgeschieden. Diese sind spröde und entziehen dem Hartmetall einen Teil des Binders. Im Fall zu hoher Kohlenstoffanteile kann Graphit ausgeschieden werden. [SCHE88; GARC19; KAYS19] Während des Sinterns tritt ein starker Volumenschwund auf, der je nach Porenvolumen bei über 40 % liegen kann. Nach dem Sintern liegt üblicherweise keine offene Porosität mehr vor, eine innere Restporosität kann aber nicht ausgeschlossen werden. Diese wirkt sich in jedem Fall negativ auf die späteren Einsatzeigenschaften aus. Häufig wird nach dem Sintern durch heißisostatisches Pressen (HIP) bei Temperaturen leicht unterhalb der Sintertemperatur und Drücken von ca. 1.000 bar Hartmetall bis in die Poren hinein plastisch verformt, um die Festigkeitseigenschaften zu verbessern. [SCHE88]

Relevante Eigenschaften von Hartmetallen sind insbesondere die Härte, die Biegebruchfestigkeit σ_{bB} und die Bruchzähigkeit K_{Ic}. Übliche Werte der Härte von WC-Co Hartmetallen liegen zwischen 650 und 2.300 HV, übliche Werte der Bruchzähigkeit zwischen 7 und 30 $MPa{\cdot}m^{1/2}$ [GARC19]. Mit steigendem Kobaltgehalt sinkt die Härte, gleichzeitig steigen die Bruchzähigkeit und die Bruchfestigkeit [BÖHL02; KLOC08]. Je feiner die Korngröße, umso höher ist dabei das Niveau der Härte. [GARC19; SAND19]. Kleinere Hartstoffpartikel führen zu einer größeren Oberfläche dieser Hartphasen und bei gleichbleibendem Bindergehalt zu dünneren Kobaltzwischenschichten [BERT07]. Für Feinst- und Ultrafeinkornhartmetall mit einer Korngröße von unter 1 µm tritt mit zunehmender Kornfeinung gleichzeitig ein Anstieg der Härte als auch der Biegefestigkeit auf [KOLA92]. Mit zunehmendem Mischkarbidanteil sinkt die Bruchzähigkeit [KLOC18]. Die Auswahl des Hartmetalls stellt für den jeweiligen Anwendungsfall einen Kompromiss zwischen Härte einerseits sowie Bruchfestigkeit und –zähigkeit andererseits dar. Die Eigenschaften der einzelnen Phasen unterscheiden sich deutlich und sind Abbildung 2.3 vergleichend gegenübergestellt.

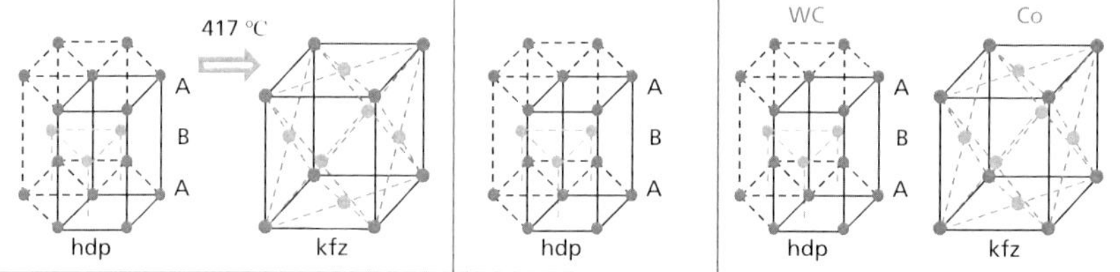

	Kobalt	Wolframkarbid	WC-Co Hartmetall
Dichte [g/cm³]	8,9	15,7	9 - 15
Vickershärte / HV	1043	2600	800 - 2500
E-Modul / kN/mm²	209	696	400 - 680
Wärmeausdehnungs-koeffizient / 10^{-6}/K	13,36	5,2	5 - 7
Krit. Risszähigkeit / $MPa{\cdot}m^{0,5}$	-	-	5 - 27

Abbildung 2.3: Kristallstrukturen und Eigenschaften von Wolframkarbid, Kobalt und WC-Co Hartmetallen [EXNE79; SCHE88; GROO10]
Crystal structures and properties of tungsten carbide, cobalt and cemented carbides (WC-Co)

Wolframkarbid zeichnet sich durch metallähnliche Eigenschaften aus, die auf eine Mischform metallischer und kovalenter Bindung zurückzuführen ist [EXNE79; KAYS19]. Wolframkarbid kristallisiert in der hexagonal dichtest gepackten (hdp) Kristallstruktur [SCHE88]. Die Vickershärte erreicht Werte von bis zu 2.600 HV. Eine herausragende Eigenschaft von WC ist dessen plastisches Deformationsvermögen. Versetzungsbewegungen finden vor allem entlang der insgesamt fünf Gleitsysteme statt [KAYS19]. WIRTZ konnte in seinen Untersuchungen zum Einkornritzen von WC-Co Hartmetalle diese Versetzungen durch Transmissionselektronenmikroskopie (TEM) in der Randzone der Ritzspur sichtbar machen [WIRT18]. LIU ET AL. untersuchten das plastische Deformationsvermögen von WC in Ultrafeinstkornhartmetall und in extra grobem Hartmetall. Mit zunehmender Korngröße erfolgt ein wachsender Anteil der Deformation des Hartmetalls in der WC-Hartphase. Größere WC-Körner wiesen eine deutlich höhere Dichte von Versetzungen und Stapelfehlern auf, was auf die höhere Anzahl aktiver Gleitsysteme zurückgeführt wurde. [LIU18]

Reines Kobalt liegt bei Raumtemperatur in der hexagonalen Modifikation (hdp) vor. Oberhalb von 417 °C wandelt es in ein kubisch flächenzentriertes Kristallgitter um. Die im Kobalt gelösten Wolfram- und Kohlenstoffatome stabilisieren jedoch das kfz-Gitter bis zur Raumtemperatur. [ROEB84] Im Kobalt mit kfz-Phase liegen insgesamt 12 Gleitsysteme vor, die das gute plastische Verformungsvermögen der Binderphase begründen [KAYS19].

Für das Einsatzverhalten ist die Abhängigkeit der Eigenschaften von den Einsatztemperaturen relevant. OTTERSBACH untersuchte die Veränderung von Härte und Bruchzähigkeit eines WC-11,8Co mit zunehmender Temperatur mit Hilfe der Methode nach Palmqvist. Er stellte zwischen Raumtemperatur und 600 °C eine Reduktion der Härte um ca. 30 % bei gleichzeitigem Anstieg der Bruchzähigkeit von ca. 18 auf 28 $MPa{\cdot}m^{1/2}$ fest. Bei weiterer Erhöhung der Temperatur sank die Härte signifikant. [OTTE18] Ähnliche Untersuchungen führte WIRTZ durch, wobei er die Methode von Shetty nutze. Ein Abfall der Härte bei 620 °C betrug für ein WC-12Co Hartmetall ebenfalls ca. 35 %. Im Gegensatz zu den Arbeiten von OTTERSBACH nahmen die Werte von K_{Ic} in seinen Untersuchungen leicht ab. [WIRT18] Dies kann zum einen auf die Untersuchungsmethode zurückzuführen sein, zum anderen in den unterschiedlichen Hartmetallen (K_{Ic} bei Raumtemperatur lag bei ca. 9 – 10 $MPa{\cdot}m^{1/2}$) begründet liegen.

2.2.2 Schleifbearbeitung von Vollhartmetallwerkzeugen

Grinding of solid cemented carbide cutting tools

Die Analyse des Schleifens von geometrisch komplexen Schaftwerkzeugen und der damit verbundenen Schleifoperationen war bisher nur in limitiertem Umfang Gegenstand in wissenschaftlichen Arbeiten, vgl. [SCHN99; WEIN06; HÜBE12; HEYM15; SCHR18; THEU20; DENK21]. Bei der Herstellung von Vollhartmetallwerkzeugen erfolgt die Einbringung des Schneidteils aufgrund der erforderlichen Form und Maßgenauigkeit und der gewünschten Oberflächengüten von Ra < 0,8 µm bevorzugt durch das Schleifen [MALD08; HÜBE12; WIRT18]. Bedingt durch die hohe Härte von Hartmetall kommen ausschließlich Diamantschleifscheiben zum Einsatz [FRIE02; HÜBE12]. Gegenüber konventionellen Flach- oder Rundschleifprozessen zeichnet sich das Werkzeugschleifen durch eine komplexe Kinematik aus, die im folgenden Teil erläutert wird.

Kinematik des Werkzeugschleifens

Das Werkzeugschleifen erfolgt aufgrund der komplexen Kinematik auf speziellen Schleifmaschinen mit fünf oder mehr Achsen und setzt sich aus mehreren Einzelschritten zusammen, die nacheinander die einzelnen Funktionselemente am Werkzeuge erzeugen, vgl. [SCHR18]. Für rotationssymmetrische Werkzeuge sind dies vier wesentliche Schritte. Der Rohling wird nach dem Sintern spitzenlos-außenrund geschliffen (Schritt 1), wodurch in vielen Fällen die Geometrie und die Oberfläche des für die Spannung benötigten Schaftes eingestellt werden [FRIE02]. Sollen Stufen- oder Mikrowerkzeuge hergestellt werden, schließt sich ein Außenrundschleifprozess zur Fertigung der Werkzeugkontur an [HÜBE12]. Anschließend erfolgt ein Längs-Umfangs-Planschleifen zur Erzeugung der Spannut und somit der Spanfläche (Schritt 2), vgl. Abbildung 2.4 links. Die zugehörige Tiefschleifoperation mit zylindrischen (Form 1A1) oder profilierten Schleifscheiben ist gekennzeichnet durch hohe bezogenen Zeitspanungsvolumina Q'_w [HÜBE12]. Die Schleifscheibe ist zusätzlich zum Drallwinkel λ um einen Vorhaltewinkel λ_v von 1° bis 3° angestellt [SCHR18]. Durch den Vorhaltewinkel wird ein Eingriff der Scheibe an der Rückseite vermieden. Gleichzeitig verbessert sich die Kühlschmierstoffzufuhr in den Schleifspalt [DENK04a]. Der Spanwinkel ändert sich in radialer Richtung entlang der sich ausbildenden Spanfläche A_γ [KO02]. Zur Angabe des Winkels ist daher immer auch die Messtiefe anzugeben.

In Schritt 3 wird die Stirngeometrie des Fräswerkzeugs hergestellt. Für die Erzeugung der Stirnspanfläche wird üblicherweise mit profilierten, kegeligen Schleifscheiben (z.B. Form 12V9) in den Rohling eingestochen. Die 2. Freifläche der Stirnschneiden ist normalerweise als ebene Facette ausgeführt und kann sowohl durch ein Umfangsschleifen, als auch durch ein Längs-Seiten-Planschleifen mit topfförmigen Schleifscheiben hergestellt werden. [FRIE02; HÜBE12]

Im vierten Schritt wird i.d.R. durch Längs-Seiten-Planschleifen eine helixförmige Freifläche A_α angebracht. Hierfür kommen in den meisten Fällen topfförmige Schleifscheiben der Form 11V9 zum Einsatz. Die Freifläche ist flach, bei Nutzung eines Anstellwinkels auch leicht konkav ausgeführt. [LI14] Viele Werkzeuge weisen min. zwei geneigte Freiflächen auf, die in DIN6582 als geknickte Freiflächen $A_{\alpha 1}$, $A_{\alpha 2}$ usw. bezeichnet werden [DIN88]. Relevant für den Zerspanprozess ist die erste Freifläche, welche unmittelbar an die Schneidkante grenzt. Gegenüber dem Nutschleifen sind die Zustellungen beim Freiflächenschliff sehr gering [HÜBE12]. Die zweite Freifläche wird zeitlich vor der 1. Freifläche geschliffen, weshalb mit abnehmender Differenz zwischen 1. und 2. Freiwinkel das Aufmaß kleiner wird. Die Nutschleifoperation und das Schleifen der Freifläche führen zur Ausbildung der Schneidkante [HÜBE12].

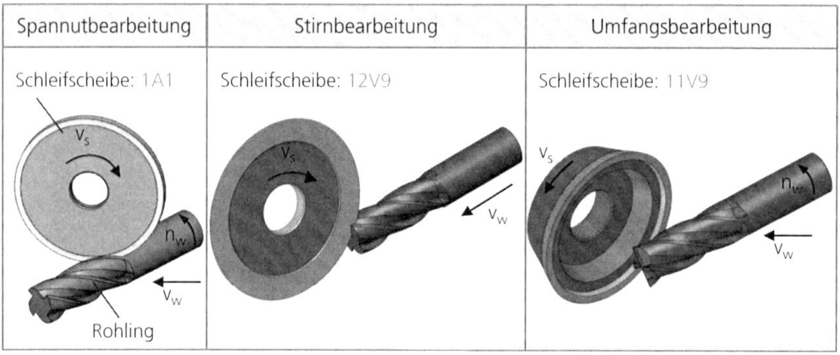

Abbildung 2.4: Prozessschritte und Kinematik beim Werkzeugschleifen

Process steps and kinematics in tool grinding

Ein neuer Ansatz ist das kontinuierliche Wälzschleifen von Zerspanwerkzeugen. THEUER entwickelte diesen Prozess durch Unterschreitung der Grenzzähnezahl sowie Erweiterung des aus der Zahnradbearbeitung bekannten Bezugsprofils. Gegenüber der konventionellen Fertigung lassen sich alle Merkmale der Umfangsschneiden gleichgeteilter Fräswerkzeuge in einer Operation herstellen. Der Prozess wurde unter Nutzung entsprechend des Bezugsprofils abgerichteter CBN-

Schleifschnecken erfolgreich zur Fertigung von HSS-Werkzeugen eingesetzt. [THEU20] Eine Bearbeitung von Hartmetall erscheint jedoch aufgrund der stark begrenzten Möglichkeiten zum Abrichten von Diamantschleifmitteln nicht ohne weiteres möglich, vgl. [FRIE02].

Schleifmittel

Im Fall von hochharten Schleifmitteln wird der Schleifbelag auf einen Grundkörper aufgebracht. Der Schleifbelag wird gebildet aus Schleifkörnern, Bindung und Poren [KLOC17]. DIN ISO 6104 kennzeichnet anhand einer Kurzzeichenkombination Form des Grundkörpers sowie Form und Lage des Schleifbelags [DIN05]. Die Wahl des Schleifmittels ist von großer Bedeutung für den Prozess und das Schleifergebnis. Übliche Diamantkorngrößen zum Werkzeugschleifen liegen im Bereich zwischen D46 und D91, wobei zunehmend auch feinere Schleifkörnungen bis D10 zum Einsatz kommen. [FRIE02] Die Angaben entsprechen etwa dem mittleren Korndurchmesser in µm [TÖNS97]. Für das Werkzeugschleifen ist die Korngröße eine entscheidende Größe zur Prozessauslegung [HÜBE12]. Die Anzahl der zur Verfügung stehenden Körner resultiert aus der Kornkonzentration C und wird in Karat/cm³ angegeben, wobei 1 Karat 0,2 g entspricht. Übliche Konzentrationen liegen zwischen C25 (1,1 Karat/cm³) und C150 (6,6 Karat/cm³) [SCHE88].

Der größte Anteil der Schleifscheiben ist mit Kunstharzbindung ausgeführt [FRIE02; HÜBE12]. Mit dieser Bindung werden aufgrund der gegenüber keramischen oder metallischen Bindungen geringeren Bindungshärte höhere Oberflächen- und Kantenqualitäten erreicht [TÖNS97; FRIE02; SCHR18]. Gleichzeitig kann die geringere Wärmeleitfähigkeit der Kunstharzbindung zu thermischer Überlastung der Werkstückrandzone führen [SCHN99; MALD08]. Die Nutzung unterschiedlicher Bindungen ist von der jeweiligen Schleifoperation und den sich daraus ergebenden Beanspruchungen abhängig. Beim Nutenschleifen mit hohen Zeitspanvolumina zeichnen sich metallisch gebundene Scheiben durch eine höhere Beständigkeit gegenüber Bindungsverschleiß und daraus resultierend geringerem Profilverlust aus [TÖNS97; HÜBE12]. Aufgrund der ausgeprägten Kornhaltekräfte tritt jedoch laut Tönshoff kein Selbstschärfungseffekt ein, so dass durch mikroskopischen Kornverschleiß der Kornüberstand sinkt und durch gesonderte Schärfprozesse eingestellt werden muss [TÖNS97; SCHR18]. Demgegenüber stellte Pfluger in seinen Untersuchungen einen stärkeren Selbstschärfeeffekt als für Schleifscheiben mit Kunstharz- und Keramikbindung fest. Bei metallischen Bindungen ist demnach das Maß des Eindrückens der Schleifkörner in die Bindung im Vergleich zu Kunstharz und keramischen Bindungssystemen verringert. [PFLU02]

Die Konditionierbarkeit metallischer Bindungen ist gegenüber kunstharzgebundenen Schleifscheiben deutlich erschwert [FRIE02]. Als Konditionieren wird nach Saljé die Einstellung von Form und Maß (Profilieren), das Freilegen der Poren und Beseitigen abgestumpfter Körner (Scharten) und das Reinigen durch Entfernen von Span-, Korn- und Bindungsresten verstanden [SALJ91]. Hübert untersuchte das Profilieren und Schärfen kunstharzgebundener Schleifscheiben, für das üblicherweise bahngesteuerte Siliziumcarbid-Formrollen zum Einsatz kommen [WIMM95; FRIE02]. Er variierte in Zyklen die Orientierung des Abrichtvorschubs und bewertete die sich ausbildende Kantengeometrie. Für eine topfförmige 11V9 Scheibe konnte er einen Kantenradius in der Größenordnung der Diamantkorngröße erzielen [HÜBE12]. Schröer untersuchte das Abrichten einer Hybridbindung auf Metall/Keramik Basis. Er stellte fest, dass ein nachfolgendes Schärfen die Topographie optisch deutlich verändert und die Schleifkörner hervorstehen lässt. Die stark eingeebnete Topographie mit geschlossener Belagoberfläche nach dem Profilieren wurde durch das Schärfen weitestgehend eliminiert. [SCHR18] Schröer modellierte den Kontakt zwischen Nutschleifscheibe und Rohling und konnte zeigen, dass sich die Anteile der Schleifscheibenbereiche an der erzeugten Nutkontur in Abhängigkeit von den Prozessparametern und der Werkzeuggeometrie erheblich unterscheiden. Für $\lambda_v > 1°$ wird die Spanfläche ausschließlich durch die Schleifscheibenkante erzeugt. [SCHR18]

Spanbildung

Das System Schleifen ist gekennzeichnet durch den Kontakt einer Vielzahl geometrisch unbestimmter Schneiden mit dem Werkstück [KLOC17]. Der Prozess lässt sich durch Eingangs-, Prozess- und Ausgangsgrößen beschreiben. Die Eingangsgrößen unterteilen sich in Systemgrößen (Werkstück, Schleifscheibe, Maschine, Abrichtwerkzeug, Kühlschmierung) und Stellgrößen, durch die gezielt Einfluss auf den Prozess genommen werden kann. Dies sind u.a. die Zustellung, die Schnittgeschwindigkeit oder der Schleifvorschub. Prozessgrößen sind vor allem die Schleifkraft, die Schleifleistung und die Temperatur. Wesentliche Ausgangsgrößen sind die Oberflächenausbildung, die entstehende Randzone und der Schleifscheibenverschleiß. [DENK11]

Jedes Korn kann abhängig vom Schleifstoff und dem Abrichtprozess auch mehrere Schneiden aufweisen [WERN71]. Nicht alle Schneiden der Schleifscheibe kommen dabei zum Eingriff. KASSEN und WERNER führten die Unterscheidung zwischen kinematischen, zum Eingriff kommenden, und statischen Schneiden (alle Schneiden) ein [KASS69b; WERN71]. Eine wesentliche Kenngröße mit Einfluss auf die Spanbildung ist die Einzelkornspanungsdicke h_{cu}, welche die Vielzahl an Stellgrößen und die Charakteristik der Schleifscheibe auf mikrogeometrische Eingriffsverhältnisse zurückführt [TÖNS98; FRIE02]. Modellansätze zur Berechnung der Spanungsdicke wurden u.a. von KASSEN und WERNER sowie von LIERSE und FRIEMUTH aufgestellt [KASS69a, WERN71; LIER98; FRIE99]. Alle Ansätze basieren auf der Gleichsetzung des inneren (an den aktiven Schneiden zerspanten) und äußeren (dem Schleifbelag zugeführten) Zeitspanvolumens [FRIE02]. Die maximal unverformte Spanungsdicke lässt sich nach KASSEN UND WERNER entsprechend folgender Gleichung bestimmen [KASS69a; WERN71]:

$$h_{cu,max} \approx k \cdot \left(\frac{1}{C_{stat}}\right)^{\alpha} \cdot \left(\frac{v_w}{v_s}\right)^{\beta} \cdot \left(\frac{a_e}{d_s}\right)^{\gamma} \tag{2.1}$$

Zu den Prozessparametern gehören die Werkstückgeschwindigkeit v_w, die Schleifscheibenumfangsgeschwindigkeit v_s und die Zustellung a_e. Die Eigenschaften der Schleifscheibe werden durch den Schleifscheibendurchmesser d_s und die statische Schneidendichte C_{stat} charakterisiert. Der Faktor k ist werkstoffabhängig. Die Exponenten wurden von WERNER mit $\alpha = 1/3$, $\beta = 1/3$ und $\gamma = 1/6$ bestimmt. Gleichung 2.1 besitzt Gültigkeit für das Umfangs-Planschleifen, lässt sich aber nicht auf jegliche Prozesskinematiken anwenden. Eine alternative Berechnung der Spanungsdicke, die ursprünglich auch auf das von KASSEN und WERNER erstellte Modell zurückgeht, wurde von LIERSE und DENKENA ET AL. entwickelt. Die mittlere Einzelkornspanungsdicke $h_{cu,m}$ wird in Abhängigkeit von den Kornformfaktoren c_1 und c_2 bestimmt [LIER98; DENK04b]:

$$h_{cu,m} = \left(\frac{1}{c_2+1}\right)^{1/c_2} \cdot \left(\frac{c_2+1}{c_1 \cdot N_{GV}} \cdot \frac{a_e \cdot v_w}{v_s \cdot \sqrt{a_e \cdot d_{eq}}}\right)^{1/c_2+1}$$
$$f\ddot{u}r\ Kornform: \begin{cases} Kreis: c_1 = \frac{4}{3}\sqrt{\rho_g},\ c_2 = \frac{3}{2} \\ Dreieck: c_1 = \tan\left({}^{\kappa_g}/_2\right), c_2 = 2 \end{cases} \tag{2.2}$$

Zur Berechnung der max. Einzelkornspanungsdicke $h_{cu,max}$ wird auf den ersten Klammerterm verzichtet. Im Verlauf dieser Arbeit wird der Ansatz nach LIERSE zur Abschätzung der Einzelkornspanungsdicke für die gewählten Prozessparameterstufen herangezogen.

Die Schneidendichte N_{GV} lässt sich durch die Kornkonzentration C und den mittleren Durchmesser des Diamantkorns d_g beeinflussen:

$$N_{GV} = \frac{6 \cdot C}{\pi \cdot \rho_{Dia} \cdot {d_g}^3} \tag{2.3}$$

Für die beim Werkzeugschleifen verwendeten Prozessparameter treten üblicherweise mittlere Einzelkornspanungsdicken von unter 1 µm auf, vgl. [FRIE02; WIRT18]. Die Einzelkornspanungsdicke wirkt sich auf die entstehende Randzone und, als Teil dieser, auf die Oberfläche des Bauteils aus [FRIT97; FRIE99; FRIE02]. Ebenso beeinflusst sie die Art der Spanbildung am Einzelkorn, die durch unterschiedliche Modellvorstellungen beschrieben wird. Die Modelle unterscheiden zwischen sprödharter und duktiler Zerspanung. Das Zerspanverhalten und damit die Art der Spanbildug werden neben den Prozessstellgrößen insbesondere von den Eigenschaften des Werkstoffs bestimmt [DENK11; WIRT18]. In verschiedenen Arbeiten wurde nachgewiesen, dass beim Schleifen von Hartmetall neben sprödhartem auch duktiles Zerspanverhalten auftritt [HEGE01; WIRT18]. Im Folgenden werden beide Arten erläutert, vgl. Abbildung 2.5.

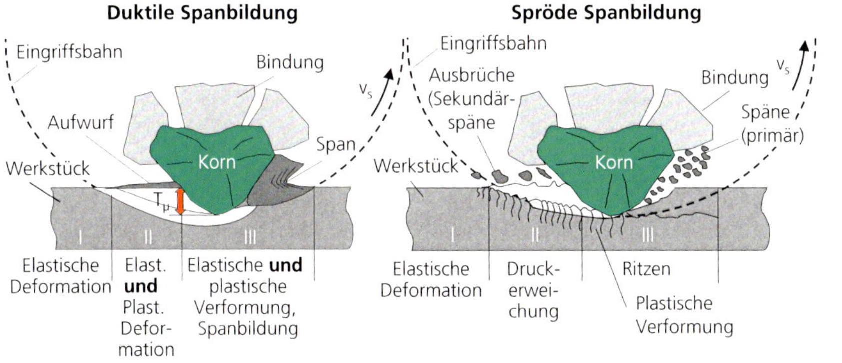

Abbildung 2.5: Spanbildung bei duktilen und spröden Werkstoffen [SALJ87; KLOC17]

Chip formation for ductile and brittle materials [SALJ87; KLOC17]

Die Grundlage für die Erklärung der duktilen Zerspanung bildet die COULOMB MOHRSCHE Spannungshypothese, welche den Druck- und Spannungszustand von kristallinen Werkstoffen beschreibt [MOHR00]. Plastische Verformbarkeit und damit duktile Zerspanung ist demnach möglich, wenn ein werkstoffspezifischer hydrostatischer Druckspannungszustand erreicht ist. Die Schubfließgrenze muss dazu unter der Schubfestigkeit liegen. [BRINK10] Exemplarisch für Beschreibungen der duktilen Spanbildung sei das Modell von König genannt. Dieses unterteilt den Spanbildungsvorgang in drei Phasen [KÖNI89]. In der ersten Phase wird demnach nach Eintritt des Korns der Werkstoff rein elastisch verformt. Mit eintretendem plastischem Fließen in Phase zwei wird der Werkstoff in Form von seitlichen Aufwürfen verdrängt. Die Spanbildung beginnt in Phase drei mit Erreichen der Schnitteinsatztiefe T_μ. [KÖNI89] Das Modell vereinfacht die Spanbildung auf den zweidimensionalen Fall. Demgegenüber beschreiben die Modelle von ZUM GAHR und MARTIN den räumlichen Fall der Werkstofftrennung und Spanbildung [ZUMG87; MART92]. Letzteres unterteilt die Spanbildung nach Schälspanen, Fließspanen, Mikropflügen und Mikrofurchen. Beim Schleifen wirken demnach aufgrund der regellosen und zufälligen Anordnung der Schleifkörner alle Mechanismen simultan [MART92].

Bei der Zerspanung sprödharter Werkstoffe treten Risse und Ausbrüche in der Werkstückrandzone auf [UHLM98]. Modelle der Bruchvorgänge auf Basis von Intenderversuchen gehen von einer plastischen Verformungszone bei ausreichender Last aus. In sprödharten Werkstoffen ist die plastische Verformungszone nur begrenzt. Die wirkenden Druckspannungen werden in anderen Werkstoffbereichen durch Zugspannungen ausgeglichen, die bei Überschreiten der Werkstofffestigkeit Risse ausbilden. [ROTH94] In Anlehnung an das Spanbildungsmodell von KÖNIG teilen SALJÉ und MÖHLEN auch den Schneideneingriff beim Schleifen sprödharter Werkstoffe in drei Phasen ein. In den Phasen eins und zwei treten zusätzlichen zu Druckerweichung und duktiler Spanbildung erste Mikrorisse auf. Wird eine werkstoffspezifische Eindringtiefe überschritten, entstehen laterale und radiale Risse. Die Werkstofftrennung wird durch Ritzen mit spröden Brüchen dominiert. [SALJ87; MÖHL94]

Der Übergang zwischen duktiler und sprödharter Spanbildung ist werkstoffabhängig [FRIT97]. BIFANO [BIFA91] leitete auf Basis eines energetischen Ansatzes eine Formel zur Abschätzung der kritischen Spanungsdicke $h_{cu,krit}$ her, die den Übergang von spröder zu duktiler Spanbildung bestimmt. Unterhalb dieser Spanungsdicke soll eine ausschließlich duktile Zerspanung sichergestellt sein. EYRISCH und WIRTZ untersuchten anhand von Einkornritzversuchen mit anwendungsrelevanten Schnittgeschwindigkeiten von über 20 m/s den Übergang zwischen duktiler und sprödharter Spanbildung für Hartmetall anhand von Oberflächen- und Randzonendefekten in der Ritzspur. EYRISCH definierte den Übergang zwischen beiden Spanbildungsarten anhand von sich orthogonal zur Ritzspur ausbreitenden Rissen und bestimmte kritische Ritztiefen im Bereich zwischen 1 und 5 µm [EYRI09]. WIRTZ variierte systematisch die WC-Korngröße und den Co-Gehalt. Die Oberflächen wurden anhand von insgesamt 13 Oberflächenphänomen (Versetzungen in WC-Körnern, Pulverisieren und Wiedereinbetten von WC-Körnern, Schichtung etc.) beschrieben. Ausschlaggebend zur Definition des Übergangs zur spröden Spanbildung waren flächige Ausbrüche. Die kritischen Spanungsdicken lagen im Bereich zwischen 2,8 und knapp 10 µm für Hartmetalle mit 4 bis 12 Gew% Co. Sowohl die Steigerung des Kobaltanteils, als auch der mittleren Korngröße verschiebt den Übergang zu größeren Werten. Wirtz erweiterte das empirische Modell von Bifano auf Basis seiner Ergebnisse und nutzte phasenspezifische Angaben zur Modellparametrierung. Im Rahmen der Validierung zeigte er auf, dass für ein bezogenes Zeitspanungsvolumen Q'_w von 6,67 mm³/mms die erreichte mittlere Einzelkornspanungsdicke mit weniger als 0,1 µm deutlich unter den Werten von $h_{cu,krit}$ lag. In der Analyse der erzeugten Oberflächen sah er jedoch eine qualitative Übertragbarkeit der Ergebnisse aus den Einkornritzuntersuchungen. Insbesondere stellte er fest, dass die beim Einkornritzen auftretenden Randzonenphänomene weitestgehend auch in der geschliffenen Randzone nachweisbar waren. Für v_w = 200 mm/min wurde die hohe Versetzungsdichte bis in die größte Tiefe von ca. ein bis zwei µm nachgewiesen. [WIRT18]

Die Entstehung der Randzone beim Schleifen

Der Begriff „Randzone" beschreibt nach BREIDENSTEIN einen Volumenbereich, dessen Eigenschaften durch die Einwirkungen der Beanspruchungen im Bearbeitungsprozess verändert werden [BREI11]. Die Ausdehnung der Randzone wird auf der einen Seite durch die Oberfläche begrenzt. Die Tiefenausdehnung hängt auf der anderen Seite von der Art des Bearbeitungsprozesses ab sowie davon, bis in welche Tiefe die Randzoneneigenschaften relevant sind für die Bauteilfunktion [BRIN91; UNIB18]. Dieser Definition zufolge kann es sich bei Oberflächeneigenschaften nur um geometrische Eigenschaften handeln [BREI11]. Jeder Prozessschritt hinterlässt durch die thermische, mechanische oder chemische Wirkung eine charakteristische Veränderung am Werkstück, welche BRINKSMEIER ET AL. als Prozesssignatur bezeichnen [BRIN14]. Eine Darstellung der wichtigsten Oberflächen- und Randzoneneigenschaften ist in Abbildung 2.6 gegeben. Die Relevanz der genannten Größen für die Randzone hängt von den jeweiligen Anforderungen an die Funktion des Werkstücks ab [BRINK91].

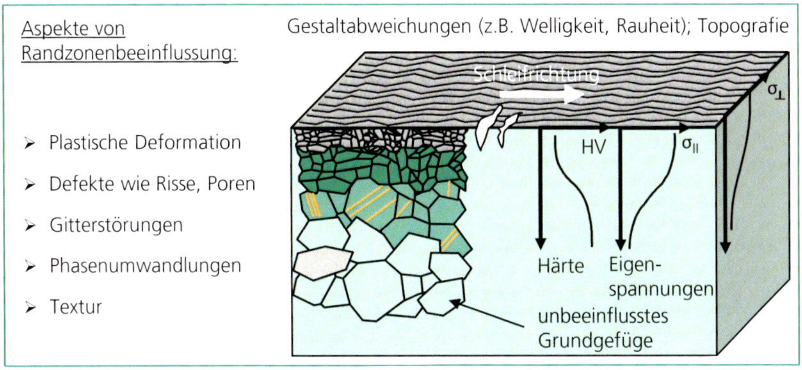

Abbildung 2.6: Mögliche Randzonenbeeinflussung bei der Zerspanung nach [BRINK91]
Possible modifications of the surface layer in cutting processes according to [BRINK91]

Verändern sich die geometrischen und / oder stofflichen Werkstückeigenschaften in einem begrenzten Volumen durch äußere Einwirkungen, spricht man von Randzonenbeeinflussung [BRINK91]. Veränderungen in der Werkstückrandzone werden beim Schleifen hauptsächlich durch mechanische und thermische Einflüsse hervorgerufen [SCHR18]. Eine der wichtigsten Kenngrößen zur Beschreibung der Randzone ist die Eigenspannung. Als Eigenspannungen werden Spannungen in einem Werkstück ohne Vorhandensein äußerer Kräfte, Momente oder Temperaturgradienten bezeichnet. Sie überlagern die äußeren Lastspannungen und können sich damit auf das Einsatzverhalten des Bauteils auswirken. [BREI11] Schleifeigenspannungen sind in den meisten Fällen zweiachsig, mit den Hauptachsen des Eigenspannungssystems senkrecht und parallel zur Schleifrichtung. Sie können sowohl durch mechanisch als auch durch thermisch bedingte Plastifizierung hervorgerufen werden. [SCHO90] Die Krafteinwirkung parallel und / oder senkrecht zur Werkstückoberfläche und die daraus folgende plastische Deformation führt zu Druckeigenspannungen. Eine Plastifizierung als Folge lokaler Erwärmung führt zu Zugeigenspannungen. [SCHO90; BREI11]. In verschiedenen Arbeiten wurden Druckeigenspannungen in der Randzone von Hartmetall nachgewiesen [WEIN96; HEGE01; FRIE02, YANG14]. Die Entstehung der Druckeigenspannungen wurde von YANG ET AL. in einem Erklärungsmodell beschrieben, welches auf den Arbeiten von MARSCHALL UND LAWN für keramische Werkstoffe beruht [MARS79]. Jeder einzelne Kornkontakt erzeugt ein radiales Druckspannungsfeld, in dem plastische Verformung vorliegt. Diese Zone ist von einem tangentialen Zugspannungsfeld außerhalb des plastisch verformten Bereichs umgeben. Die Spannungsfelder benachbarter Kontaktbereiche überlappen sich und erzeugen das Eigenspannungsfeld. [YANG14] Mit steigender Einzelkornspanungsdicke h_{cu} als Maß für die mechanische Belastung nimmt das Niveau der Druckeigenspannungen tendenziell zu [FRIE02].

Die vom Schleifprozess beeinflusste Randzone und damit die Ausdehnung der Eigenspannungen in die Tiefe sind üblicherweise deutlich größer als durch oberflächennah messende Röntgenverfahren bestimmbar. Die Eindringtiefe der Röntgenstrahlung ist aufgrund der hohen Dichte des Wolframkarbids auf wenige µm begrenzt. Unabhängig von dem spezifischen Verlauf der Eigenspannung muss die Summe der Eigenspannungen über den Bauteilquerschnitt grundsätzlich Null betragen. [BREI11] Die Tiefenausdehnung von Hartmetall untersuchten u.a. DENKENA ET AL. sowie

YANG ET AL. [DENK04a; YANG14]. DENKENA und BREIDENSTEIN ermittelten für unterschiedliche Vorschubgeschwindigkeiten beim Planschleifen Eigenspannungen bis in eine Tiefe von ca. 6 µm bei Maximalwerten unterhalb von 1.200 MPa. Aufgrund der nicht ausreichenden Informationstiefe der röntgenografischen Eigenspannungsmessung wurde wiederholt elektrolytisch poliert. YANG führte Wiederholungsmessungen an geschliffenem Hartmetall durch. Er ermittelte eine Abnahme der Druckeigenspannungen zwischen ca. 1.800 MPa und etwa 300 MPa über eine Eindringtiefe von ca. 12 µm. [YANG14]

Neben Eigenspannungen spielen Randzonendefekte eine wichtige Rolle für das Einsatzverhalten geschliffener Bauteile. Bei der Analyse der geschliffenen Randzone von Hartmetall stellten mehrere Wissenschaftler eine max. 2 µm dicke Schicht pulverisierter und fragmentierter WC-Körner fest [HEGE01; REN09; YANG14; GAO17, WIRT18]. HEGEMAN ET AL. konnten keine Abhängigkeit der Schichtdicke von den Eigenschaften des Hartmetalls oder den Prozessparametern identifizieren. Die verwendeten Vorschubgeschwindigkeiten waren mit 3.000 bzw. 12.000 mm/min jedoch deutlich höher als die üblicherweise zum Werkzeugschleifen verwendeten Werte (< 300 mm/min, vgl. [HÜBE12; DENK18a]). EYRISCH unterteilte Mikroschädigungen des Werkzeugs in Mikrorisse mit wenigen µm Länge, Poren im Hartmetallgefüge und mikroskopische Ausbrüche der Schneidkante. Aufgrund ihrer Größe werden diese Schädigungen üblicherweise nicht vor dem Einsatz der Werkzeuge erkannt. [EYRI09] Die von WIRTZ klassifizierten Oberflächendefekte beim Einkornritzen [WIRT18] umfassen primär Fließen durch plastische Verformung, Risse und Zerrüttung sowie das daraus folgende Herauslösen von Werkstoffpartikeln. Das Herauslösen kann unterschiedliche Ausprägungen annehmen, z.B. in Form von Ausbrüchen, Schichtungen, Aufwürfen oder Schollenbildung. Die beobachteten Phänomene konnten auch von anderen Forschern nachgewiesen werden, u.a. von GAO ET AL. beim Schleifen von Mikrowerkzeugen [GAO17]. Das Ausbreiten von Rissen wurde von beiden sowohl innerhalb der WC-Körner (transgranularer Bruch) und im Kobalt (Duktilbruch), als auch entlang der Grenzflächen zwischen Hartphase und Binder (intergranular) beobachtet, vgl. [SAIL02]. YANG ET AL. rekonstruierten auf Basis der TEM-Analyse mehrerer Hartmetalllamellen eine 3D-Darstellung des Rissnetzwerks in der Randzone geschliffener Hartmetalle. Neben einer bis zu 400 µm dicken Schicht aus fragmentierten WC-Körnern stellen sie fest, dass sich die Risse primär parallel zu Oberfläche ausbreiten. Sie berechneten einen Volumenanteil des Rissnetzwerks von ca. 0,1 %, wobei über 90 % der Risse auf eine Länge von 60 nm limitiert waren. [YANG20]

Die Ausbildung der Schneidkante beim Schleifen

Die Gestalt und Qualität der Schneidkante haben einen wesentlichen Einfluss auf die Spanbildung [HÜBE12]. An der Schneidkante gehen die Randzonen von Span- und Freifläche ineinander über. Folglich können sich die Schleifprozesse an beiden Flächen auf die Ausbildung und Qualität der Schneidkante auswirken. Ein Großteil der bisherigen Forschungsarbeiten widmete sich jedoch der Analyse des Schleifens ausschließlich einer Fläche auf die Ausbildung der Schneidkante, vgl. [FRIE99; KÖTT06; HEYM15; SCHR18]. In vielen Fällen folgt auf das Schleifen eine Schneidkantenpräparation, vgl. Kapitel 2.2.3. [HÜBE12; GAO17; DENK21]. Insbesondere für kleine Schneidkantenradien ist daher von Bedeutung, dass die Größe der Ausbrüche nach dem Schleifen limitiert wird [FRIE02]. Grundsätzlich wird die Schneidkantenschartigkeit durch geringe Einzelkornspanungsdicken reduziert [FRIE99]. Unter dem Begriff Schartigkeit werden die Rauheit und Topographie entlang der Schneidkante verstanden. HÜBERT analysierte die Entstehung der Schneidkante beim Schleifen von Schaftfräswerkzeugen unter Berücksichtigung der Interaktion beider Schleifprozesse. Als dominierenden Einfluss ermittelte er die Orientierung des Schnittgeschwindigkeitsvektors bei der Freiflächenbearbeitung. Die Schleifkörner müssen zur Reduzierung der Schartigkeit an der Schneidkante eintreten. [HÜBE12] Bei einer entgegengesetzten Orientierung fehlt die Stützwirkung der schneidkantennächsten Schneidstoffbereiche [KÖTT06; HÜBE12]. DENKENA ET AL. analysierten die Abhängigkeit der Schartigkeit an Schaftfräswerkzeugen von Diamantkorngröße, Schleifstrategie und Prozessparametern, wobei die Werkstückvorschubgeschwindigkeit auf vergleichsweise geringe Werte von max. 30 mm/min (Nut) und 50 mm/min (Freifläche) limitiert blieb. Sie ermittelten die Diamantkorngröße und Schleifstrategie als dominierende Faktoren für die Schneidkantenqualität. In Bezug auf die Orientierung des jeweiligen Schnittgeschwindigkeitsvektors zur Schneidkante bestätigten sie die Ergebnisse von HÜBERT. [DENK21] Ungeklärt ist die Übertragbarkeit auf industriell gängige Schleifprozessparameter im Bereich > 50 mm/min.

Einfluss des Schleifens auf Oberflächen- und Randzoneneigenschaften

Das Wissen um die Zusammenhänge zwischen Schneidstoffeigenschaften, Prozessparametern und Schleifmittel auf der einen und den entstehenden Oberflächen- und Randzoneneigenschaften auf der anderen Seite ermöglicht deren gezielte Einstellung. Zwischen der Erzeugung hoher Oberflächen- bzw. Schneidkantengüten und der Einstellung hoher Druckeigenspannungen besteht ein Zielkonflikt. Tendenziell steigen mit zunehmender Einzelkornspanungsdicke Rauheit und Schneidkantenschartigkeit, gleichzeitig erhöht sich das Druckeigenspannungsniveau. [FRIE02] In jeder Schleifprozessauslegung ist damit ein Kompromiss zu finden, der sich an den gewünschten Einsatzeigenschaften orientiert. Die Auswirkungen von **Prozessparametern** wie der Werkstückvorschubgeschwindigkeit v_w, der Schleifscheibenumfangsgeschwindigkeit v_s oder der Zustellung a_e auf Oberflächen- und Randzoneneigenschaften sowie die Qualität der Schneidkante waren Gegenstand in vielen Untersuchungen. Ein Großteil dieser Untersuchungen adressierte das Planschleifen im Seiten- oder Umfangsschliff. [BÜTT68; BRE96; WEIN96; TÖNS97; FRIT97; FRIE99; SCHN99; MOHL00; DENK04b; KÖTT06; MAME06; WEIN06; MALD08; WÜRZ11; BIER12; HÜBE12; HEYM15; BEHR16; SCHR18; THEU20; DENK21; WICH23]. Auf der Werkzeugseite wurden primär geometrisch einfache Wendeschneidplatten betrachtet. Die Analyse des Schleifens komplexer Schaftfräswerkzeuge erfolgte nur in wenigen Arbeiten [SCHN99; WEIN06; HÜBE12; HEYM15; SCHR18; THEU20; DENK21; WICH23] und blieb vielfach auf einzelne Schleifoperationen begrenzt.

Eine Steigerung der Werkstückvorschubgeschwindigkeit v_w mit direkter Auswirkung auf die Prozesshauptzeit führt zu einem Anstieg der Schleifkraft, der Oberflächenrauheit und damit einhergehend auch der Schartigkeit [SCHN99; MOHL00; WÜRZ11; HÜBE12; HEYM15; SCHR18]. Die jeweilige Ausprägung ist jedoch in hohem Maße von den konkreten Parametereinstellungen und der Messposition abhängig. WÜRZ steigerte die Vorschubgeschwindigkeit beim Längs-Umfangs-Planschleifen von Hartmetall von 300 auf 2.700 mm/min, was in einer Zunahme von Rz um ca. 0,5 µm auf 3 µm führte [WÜRZ11]. Allerdings sind diese Geschwindigkeiten aufgrund der größeren Zustellung im Tiefschliff nicht auf das Nutenschleifen von Schaftfräswerkzeugen übertragbar. SCHRÖER ermittelte beim Spannutenschleifen für eine Anhebung von v_w zwischen 10 und 90 mm/min eine Steigerung von Rz von 0,1 – 0,2 µm auf 0,4 – 0,6 µm im Bereich der Spanfläche, wohin gehend die Rauheit im Nutgrund unverändert blieb [SCHR18]. WIRTZ bestätigte die Ergebnisse im Analogieprozess, führte jedoch keine Analysen an realen Werkzeugen durch [WIRT18]. HÜBERT untersuchte die Oberflächen- und Schneidkantenqualität beim Schleifen von Schaftfräsern aus Vollkeramik und Hartmetall für unterschiedliche Prozessparameter und Schleifscheibenspezifikationen. Für das Nutenschleifen konnte er durch Steigerung von v_w von 50 auf 150 mm/min eine Zunahme der flächenbezogenen Oberflächenkennwerte Sa von ca. 0,4 auf 0,8 µm und Sz von 4 auf ca. 6 µm nachweisen. Eine Untersuchung der Oberflächengüte an der Freifläche bzw. der Randzonenveränderungen waren nicht Gegenstand seiner Arbeit. [HÜBE12] Für die Steigerung der Beanspruchungen durch höhere Vorschubgeschwindigkeit konnte WIRTZ eine größere Tiefenwirkung der plastischen Deformation in der geschliffenen Randzone nachweisen [WIRT18].

Diese Beobachtungen sind konform mit einer Zunahme der Druckeigenspannungen in der Randzone, die für eine Erhöhung der Einzelkornspanungsdicke durch Steigerung der Vorschubgeschwindigkeit oder der Diamantkorngröße in diversen Arbeiten erfasst wurde. [FRIT97; WOBK97; LIER98; FRIE02; DENK04b]. MALDANER ermittelte an der Freifläche geschliffener Wendeschneidplatten Druckeigenspannungen zwischen -2.100 und -2.300 MPa. Allerdings variierte er Vorschub- und Schleifscheibenumfanggeschwindigkeit gleichzeitig, so dass sich keine eindeutigen Zusammenhänge ableiten lassen [MALD08]. Es ist ferner zu beachten, dass mit Zunahme des Vorschubs aufgrund erhöhter Prozesstemperaturen und Kräfte der Schleifscheibenverschleiß ansteigen kann [HEYM15; SCHR18; WIRT18]. Dieser bedingt wiederum aufgrund veränderter Kontaktbedingungen eine Erhöhung der Schleiftemperatur. Einzelne Arbeiten beobachteten entsprechend eine Reduktion der Druckeigenspannungen mit stark steigenden Vorschubgeschwindigkeiten von 300 auf 1.200 mm/min, vgl. [MOHL00]. Gleichzeitig sind auch sehr geringe Vorschübe aufgrund des langen Verharrens der Wärmequelle in einem Bereich als kritisch zu bewerten und beeinflussen die Randzoneneigenschaften negativ [HEYM15].

Schleifscheibenverschleiß und insbesondere Schleiftemperaturen werden in großem Maße durch die Schleifscheibenumfangsgeschwindigkeit v_s gesteuert. Die Temperaturen in der Randzone können in Abhängigkeit der Prozessbedingungen beim Schleifen Werte von 500 bis zu 1000 °C erreichen [SCHN99; WEIN06]. In diversen Arbeiten konnte eine Abnahme des Druckeigenspannungsniveaus aufgrund einer Steigerung von v_s nachgewiesen werden [WEIN96; SCHR18]. Für das Planschleifen im Umfangs- und Seitenschliff erfassten WEINERT ET AL. einen Rückgang der Druckeigenspannungen i.H. von ca. 25 bis 35 % für eine deutliche Anhebung von v_s von 20 auf 50 m/s. SCHRÖER erfasste vereinzelt Druckeigenspannungen orthogonal zur Schleifrichtung in Abhängigkeit der Schleifscheibenumfangsgeschwindigkeit. Die Spannungen lagen zwischen -2.000 und -3.500 MPa, wobei am Nutgrund höhere Druckeigenspannungen als an der Spanfläche gemessen wurden. Die Steigerung von v_s von 15 auf 35 m/s resultierte in einer Reduktion der Druckeigenspannungen von ca. -3.500 MPa auf etwa -3.000 MPa im Nutgrund. Zur Limitierung der thermomechanischen Belastung der Randzone empfahl SCHNEIDER eine Begrenzung von v_s auf 20 m/s, ohne jedoch Analysen der Randzone bzw. Messungen der Eigenspannungen durchgeführt zu haben [SCHN99]. Bei Erhöhung der Schleifscheibenumfangsgeschwindigkeit steht einer potenziellen Randzonenschädigung eine Steigerung der Oberflächengüte ohne Produktivitätseinbußen gegenüber, vgl. [WÜRZ11; HEYM15; WIRT18].

Neben den Prozessparametern kann durch die Spezifikation des **Schleifmittels** in Bezug auf Korngröße und -konzentration, Bindung und Porosität eine weitreichende Beeinflussung der Oberflächen- und Randzoneneigenschaften hervorgerufen werden. Die Diamantkorngröße d_g geht entsprechend Gleichung 2.3 kubisch antiproportional in die Berechnung der statischen Schneidendichte N_{GV} ein, so dass für große Korngrößen entsprechend hohe Einzelkornspanungsdicken auftreten können. Dieser Zusammenhang spiegelt sich grundsätzlich wider in gesteigerter Oberflächenrauheit [FRIE02; MALD08], Schartigkeit der Schneidkante [KÖTT06; MALD08; HÜBE12; DENK21] und zunehmenden Druckeigenspannungen [LIER98; FRIE02; DENK04b; BREI11] mit Anstieg von d_g. LIERSE konnte für das Schleifen von Al_2O_3 eine deutliche Steigerung der Druckeigenspannungen und der Einwirktiefe durch den Anstieg der Korngröße von D20 auf D90 beobachten. Ursächlich ist die höhere mechanische Belastung bei gleichzeitig geringerer thermischer Beanspruchung der Randzone. [LIER98] Der für kleinere Korngrößen reduzierte Spanraum kann andererseits mehr Reibung hervorrufen, die wiederum eine Zunahme der Rauheit bedingen kann [WÜRZ11]. Im Hinblick auf die thermische Belastung der Randzone ermittelte SCHNEIDER nur einen geringen Einfluss der Schleifscheibenkörnung im Bereich zwischen D46 und D91 [SCHN99]. Ganzheitliche Angaben für die Auswirkungen der Korngrößenvariation beim Schleifen von Nuten und

Freiflächen an Schaftfräswerkzeugen fehlen jedoch bislang. Neben Diamantkorngröße und Kornkonzentration kann die Bindungsart einen Einfluss auf die Oberflächen- und Randzoneneigenschaften sowie die Schneidkante haben. MALDANER ermittelte gegenüber dem Einsatz von Schleifscheiben mit Bronzebindung geringere Schartigkeiten der Schneidkante für das Schleifen mit Kunstharzbindung [MALD08]. In unterschiedlichen Arbeiten wurden für das Planschleifen bzw. das Nutenschleifen Schleifscheiben mit Kunstharz-, Keramik- und Hybridbindung in der Kombination Basis Metall-Keramik bzw. Metall-Kunstharz eingesetzt. WÜRZ stellte für die Metallhybridbindung eine vergleichbare Rauheit wie für die Nutzung einer Keramikbindung fest, wohingegen für eine weitere Hybridbindung ein Maximum des radialen Schleifscheibenverschleißes und der Rauheit auftraten. Dies erklärte sie mit ungünstigen Spülbedingungen und der Struktur der Bindung, ohne diese näher zu charakterisieren. [WÜRZ11]. SCHRÖER ermittelte die im Vergleich kleinsten Rauheiten für die Metall-Keramik Hybridbindung, wobei der Einfluss der Bindung geringer ausgeprägt war als der der Vorschubgeschwindigkeit [SCHR18].

DENKENA ET AL. setzten mit einer Diamantformrolle abgerichtete, poröse Diamantschleifscheiben zur Bearbeitung von Hartmetall ein. Sie stellten fest, dass sich die Schleifnormalkraft gegenüber industriell üblichen Schleifscheiben um ca. 40 % senken lässt. [DENK18b] Mit zunehmender Porosität wurden in der Kontaktzone trotz besserer Zufuhr von Schleiföl höhere Temperaturen gemessen. Dies lässt sich durch den geringeren Anteil der Wärme abführenden Bindung erklären. [DENK19] Ein Sonderfall sind Schleifmittel mit elastischen, nachgiebigen Bindungen. Diese werden im Prozess des Feinschleifens (teils auch als Polierschleifen bezeichnet) zur Erzeugung höchster Oberflächengüten eingesetzt. HEYMANN untersuchte das Feinschleifen von Bohrernuten und verwendete dazu Schleifscheiben mit elastischer Bindung unterschiedlicher Shore-Härte. Dominant in Bezug auf die Zerspanung durch die elastische Verformung der Bindung ist die Bindungshärte der Schleifscheibe. Bzgl. des radialen Aufmaßes stellte sich das Maximum i.H. von 60 µm als günstig heraus, wobei das Material an der Spanfläche aufgrund der ungleichmäßigen Druckverteilung inhomogen abgetrennt wurde. Ist das Aufmaß zu gering, sind die sich ausbildenden Kontaktspannungen zu gering für die Deformation der Schleifscheibe, die zur Anpassung an die Spannutgeometrie notwendig ist. Die Reduktion der Rauheit an der Spanfläche zeigte nur eine geringe Sensitivität für die axiale Zustellung a_p der Feinschleifscheibe. [HEYM15]. Gleichwohl führt ein Feinschleifen zu einer Abnahme des Druckeigenspannungsniveaus [DENK05].

Die Eingriffs- und Kontaktbedingungen beim Werkzeugschleifen sind auch durch die **Schleifstrategie** bestimmt. Die Schleifstrategie ergibt sich aus der Drehrichtung der Schleifscheibe (Gegen- und Gleichlauf), der oberflächenerzeugenden Fläche der Schleifscheibe (Umfangs- oder Planfläche) sowie der Position der Kontaktfläche an der Schleifscheibe bzgl. des Vorschubvektors. HÜBERT variierte beim Nutenschleifen zwischen Gegen- und Gleichlaufschleifen. Einer leichten Zunahme der flächenbezogenen Rauheit an der Spanfläche standen die Vorteile geringerer Schleifkraftkomponenten sowie eines geringeren Schleifscheibenradialverschleißes gegenüber. Ursächlich sei das frühe Erreichen der maximalen Einzelkornspanungsdicke beim Gleichlaufschleifen, was zu vermehrten Sprödbruchanteilen mit geringeren Kräften führe. [HÜBE12] DENKENA ET AL. untersuchten den Einfluss des Pendelschleifens, des Tiefschleifens und des Seitenschleifens auf die Hartmetalloberfläche und die Eigenspannungen. Sie wiesen nach, dass die Art des Schleifprozesses die Höhe der Eigenspannungen beeinflusst. Demnach wurden beim Tiefschleifen geringere Druckeigenspannungen ermittelt als beim Quer-Seiten-Planschleifen. Zur besseren Vergleichbarkeit der Verfahren wurden die Eigenspannungen auf die Einzelkornspanungsdicke h_{cu} bezogen. Mit zunehmender Einzelkornspanungsdicke steigen demnach die Eigenspannungen trotz großer Streubreite tendenziell an. [DENK04b; DENK05] Beim Quer-Seiten-Planschleifen kamen lediglich Vorschubgeschwindigkeiten von max. 16 mm/min zum Einsatz. Eine direkte Übertragbarkeit auf gängige Prozessparameter sowie Eingriffsbedingungen bei der Erzeugung der Freifläche an Schaftfräswerkzeugen ist nicht möglich. WEINERT ET AL. variierten Prozessparameter und Schleifrichtung beim Schleifen von Bohrerspitzen. Die Schleifstrategie zur Schneide hin bzw. von der Schneide weg resultiert in unterschiedlichen zeitlichen und räumlichen Temperaturverläufen. Folglich käme es zu veränderter Temperaturexposition der Schneide, die eine höhere Wahrscheinlichkeit für Schädigungen bedingen würden. Eine entsprechende Untersuchung der Randzone erfolgte nicht [WEIN06].

Die Schneidstoffeigenschaften werden primär durch den Anwendungsfall der Zerspanwerkzeuge bestimmt und können stark variieren. Der Einfluss des **Schneidstoffs** auf die Randzoneneigenschaften muss entsprechend verstanden sein. Arbeiten zur systematischen Analyse des Einflusses der Schneidstoffeigenschaften auf die Randzoneneigenschaften sind sehr begrenzt vorhanden. YIN ET AL. untersuchten das Ultrapräzisionsschleifen unterschiedlicher Hartmetallspezifikationen. Sie ermittelten lediglich eine leichte Abnahme der Druckeigenspannungen von -1.800 auf ca. -1.600 MPa für eine Zunahme der WC-Korngröße, wobei die Änderungen im Bereich der Messwertstreuung lag. Zu beachten ist, dass WC-Korngröße und Kobaltanteil bei den betrachteten Hartmetallen gleichzeitig variiert wurden. Die Mikrostruktur des Hartmetalls hatte ebenso nur einen geringen Einfluss auf die gemessene Oberflächenrauheit. [YIN04] SCHRÖER untersuchte Schleifkräfte, den Schleifscheibenverschleiß und die Rauheit des geschliffenen Werkzeugs für drei handelsübliche Hartmetalle mit Härten im Bereich 1550 bis 1920 HV30 und Bruchzähigkeiten zwischen 10,5 und 7,7 MPa·m$^{1/2}$. Mit geringer Härte und höherer Bruchzähigkeit nimmt die Schleifnormalkraft über dem Zerspanvolumen degressiv zu. Das Schleifkraftverhältnis μ als Verhältnis aus Schleiftangential- zur -normalkraft sowie die Oberflächenrauheit sind von den Eigenschaften nahezu unabhängig. Diese Resultate deuten darauf, dass grundsätzlich gleiche Spanbildungsmechanismen auftreten. [SCHR18] Für einen Schneidstoff ermittelte Zusammenhänge zwischen Prozessparametern und Oberflächenausbildung werden damit voraussichtlich auch auf Schneidstoffe mit ähnlichen Eigenschaften übertragbar sein. WIRTZ ermittelte für Schneidstoffe mit einem Co-Gehalt 4 bis 12 % und Bruchzähigkeiten zwischen 12 und 8,0 MPa·m$^{1/2}$ kritische Spanungsdicken zwischen 2 und 10 µm. Für relevante Prozessparameterbereiche liegt die Spanungsdicke jedoch deutlich unter 2 µm, wodurch die Aussagen von SCHRÖER gestützt werden. [WIRT18] In Nutschleifversuchen konnte WIRTZ keinen Einfluss der Korngröße auf die optisch bewertbare Randzonenbeeinflussung nachweisen. Demgegenüber ermittelte er sowohl für eine Steigerung des Kobaltanteils als auch eine Erhöhung der WC-Korngröße eine Zunahme der thermomechanischen Beanspruchung. Eine Bestimmung von möglichen Veränderungen der Eigenspannungen erfolgte nicht. [WIRT18].

2.2.3 Nachbehandlungsverfahren

Preparation processes

Die nach dem Schleifen vorliegende Schneidkante weist üblicherweise Mikrodefekte auf und ist folglich auf mikroskopischer Ebene undefiniert. Im Einsatzfall resultiert diese Schartigkeit in frühzeitigen Schneidkantenausbrüchen, die die Standzeit limitieren können. [KLOC18] An das Schleifen von Werkzeugen schließen sich daher üblicherweise Nachbehandlungsverfahren an. Diese dienen der Erzeugung einer spezifischen Schneidkantengeometrie zur Steigerung der Kantenstabilität und / oder der Optimierung von Oberflächen- und Randzoneneigenschaften zur Verbesserung der Schicht-Substrat-Verbundhaftung [FRIE02; DENK14; KLOC18]. Die geforderte Geometrie der Schneidkante hängt maßgeblich vom Einsatzfall der Werkzeuge ab [FRIE02; DENK14]. Grundsätzlich wird zwischen schleifscharfen, gefasten und verrundeten Geometrien unterschieden. Verrundete Geometrien weisen zwischen Span- und Freifläche einen kreisbogenförmigen Übergang auf, der grundsätzlich durch den Schneidkantenradius r_β beschrieben werden kann [DIN 88]. Neben solchen symmetrischen Verrundungen finden vermehrt asymmetrische Schneidkantengeometrien Anwendung. Zur vereinfachten Beschreibung von Verrundungen unterschiedlicher Gestalt hat sich die Nutzung der Kenngrößen S_α, S_γ, Δr und K nach DENKENA ET AL. etabliert [DENK02]. Die Schneidkantenabschnitte an Frei- und Spanfläche, S_α und S_γ, beschreiben die Strecke zwischen ideal scharfer Schneidkante und den Ablösepunkten. An den Ablösepunkten an Span- und Freiflächen beginnt eine Abweichung zwischen dem effektiven Spanwinkel γ_{eff} und dem nominellen Spanwinkel γ. Der minimale Abstand zwischen ideal scharfer Schneidkante und realer Schneidkantenkontur wird mit Δr bezeichnet, vgl. Abbildung 2.7.

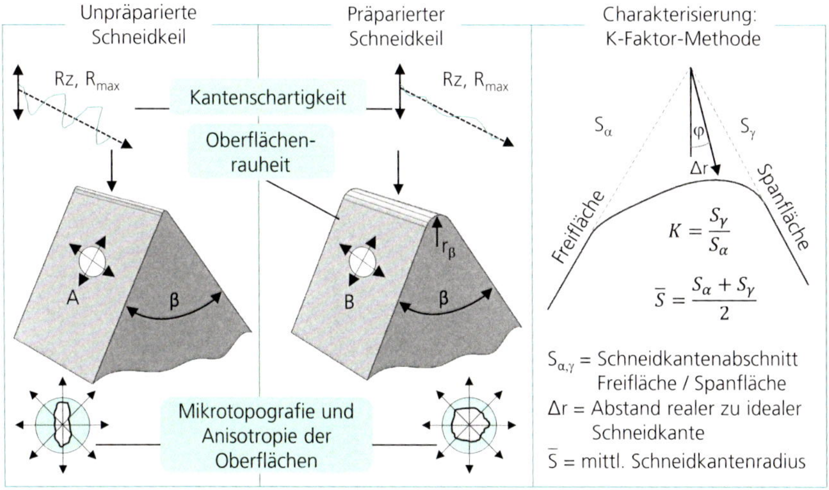

Abbildung 2.7: Schneidkantenschartigkeit und Mikrotopografie (links), Charakterisierung der Schneidkante nach Denkena et al. (rechts) [DENK02]
Cutting edge chipping and microtopography (left), characterization of the cutting edge according to DENKENA ET AL. (right) [DENK02]

In der Praxis kommen zur Schneidkantenpräparation unterschiedlichste Verfahren zum Einsatz. Diese sind in Abhängigkeit von der geforderten Mikrogeometrie und -topografie, dem Schneidstoff, den zu erreichenden Toleranzen sowie der Wirtschaftlichkeit zu wählen [KLOC18]. Im Folgenden werden die beiden wichtigsten Verfahren zur Präparation von Vollhartmetallschaftfräsern vorgestellt.

Gleitschleifen: Das Gleitschleifen ist nach DIN 8589-17 ein trennendes Fertigungsverfahren mit geometrisch unbestimmter Schneide und ungebundenem Korn. Es ist neben dem Gleitläppen der Untergruppe des Gleitspanens zuzuordnen. [DIN03b] Gegenüber der Verwendung von pulverförmigen bzw. feinkörnigen Läppmitteln beim Gleitläppen werden beim Gleitschleifen Schleifkörper als Verfahrensmittel verwendet. In beiden Fällen erfolgt der Trennvorgang durch eine Relativbewegung zwischen Verfahrensmitteln und Werkstück. [LÖWE14] Die maßgeblichen Trennmechanismen sind Pflügen und Furchen durch Aufprallen und Abrollen der abrasiven Schleifkörper [KLOC17]. Anhand der Entstehung der Relativbewegung lassen sich Tauch-, Trommel-, Vibrations- und Fliehkraftgleitschleifen unterscheiden. Beim Tauchgleitschleifen werden an einer Rotorplatte befestigte Halter bzw. Satelliten mit mehreren Werkzeugen bestückt und in einen Behälter mit abrasiven Schleifkörpern getaucht. Die Relativbewegung entsteht durch die überlagerte Rotation von Hauptrotor, Satellit und Werkzeug. Relevante Prozessparameter sind die Eintauchtiefe, die Drehrichtung, die Rotor-, Halter- und Werkstückdrehzahl, die Bearbeitungszeit und das Schleifmedium. [KLOC18] Industriell gebräuchliche Bezeichnungen für das Tauchgleitschleifen bzw. –läppen sind Trowalisieren oder Schleppschleifen [LÖWE14]. Durch das Auftreffen der Schleifkörner können laut WANG ET AL. Eigenspannungen in die Werkzeugrandzone induziert werden [WANG20]. OHLERT untersuchte die Ursache-Wirkungs-Zusammenhänge zwischen Prozesseingangsgrößen und -ergebnisgrößen beim robotergeführten Fliehkraftgleitschleifen und zeigte, dass insbesondere Kontaktkraft und Relativgeschwindigkeit einen signifikanten Einfluss auf die Oberflächenintegrität haben. Er modifizierte die PRESTON-Gleichung für das robotergeführte Fliehkraftgleitschleifen und simulierte mittels FEM die entstehenden Druckeigenspannungen in der Werkstückrandzone. Demnach lassen sich mit zunehmender Kontaktnormalkraft und Relativgeschwindigkeit sowohl die Druckeigenspannungstiefe als auch deren Amplituden signifikant steigern. [OHLE23]

Das Gleitschleifen eignet sich grundsätzlich gut zur Erzeugung gleichmäßiger, homogener Schneidkantenradien [HECK10; DENK14]. Die gezielte Beeinflussung der Schneidkantengeometrie durch das Gleitschleifen war Gegenstand diverser Untersuchungen [RISS06; LÖWE14; UHLM16; WANG20]. RISSE nutzte das Tauchgleitläppen zur Schneidkantenpräparation von VHM-Bohrern im Bereich D = 1 mm bis D = 10 mm. Durch Wahl von Granulaten aus Aluminiumoxid mit mittlerer Korngröße von $d_g = 0{,}6$ mm sowie von Siliziumkarbid der Korngröße $d_g \leq 0{,}1$ mm konnten Schneidkantenradien im Bereich von $r_\beta = 2$ µm erzeugt werden. Aluminiumoxid mit $d_g \leq 3$ mm führte zu ungleichmäßigen Schneidkantenradien. RISSE führte dies auf ein ungünstiges Verhältnis von Spannutgröße zu Granulatgröße zurück. Die Schleifkörper verklemmen mit zunehmender Korngröße innerhalb der Spannut und können zu einem Schleifmittelstau im Bereich der Schneidkante führen. An allen untersuchten Werkzeugen wurden Schneidkantenradien $r_\beta = 0{,}004\ D_W$ mit einer Genauigkeit von $\Delta r \leq \pm 1$ µm eingestellt. Die Messung erfolgte sowohl taktil als auch optisch anhand von REM-Aufnahmen. Er beobachtete gleichzeitig eine Reduktion der Oberflächenrauheit Rz an der Freifläche von 0,82 auf 0,64 µm für Werkzeuge mit D = 10 mm, ohne genau auf die Messposition einzugehen. Eine detaillierte Untersuchung des Gleitschleifens sowie der Auswirkungen auf Oberflächen- und Randzoneneigenschaften erfolgte nicht. [RISS06]

LÖWENSTEIN analysierte die Einflüsse der Prozessparameter beim Tauchgleitläppen von zweischneidigen Mikrofräsern aus Feinkornhartmetall mit Durchmessern von $D_W = 0{,}5$ mm und $D_W = 1$ mm auf die Kantengestalt, die Oberflächenrauheit sowie die Elementverteilung in der Randzone. Er nutzte dazu eine Gleitschleifmaschine des Typs DF 3 Tools der Firma OTEC PRÄZISIONSFINISH GmbH sowie Verfahrensmittel unterschiedlicher Spezifikation im Bereich $0{,}4 \leq d_g \leq 3$ mm. LÖWENSTEIN konnte zeigen, dass durch die Bearbeitungszeit t_B die Größe des Schneidkantenradius r_β reproduzierbar einstellbar ist. Nach 16 min ließen sich je nach Verfahrensmittel Schneidkantenradien von bis zu 31 µm erreichen. Mit Zunahme von t_B fiel außerdem die Schartigkeit degressiv um bis zu 72 % ab. Zeigte sich bei Steigerung der Eintauchtiefe T_E für r_β ein ähnlicher Anstieg wie bei Zunahme von t_b, muss in Bezug auf die Schartigkeit zwischen den Abrasivmedien differenziert werden. Die Nutzung der abrasiveren Mischung aus Siliziumcarbid mit Korndurchmessern d_g von ca. 200 µm und Wallnussschalengranulat führte bei Steigerung von T_E auf 150 mm nahezu zu einer Verdopplung der mittleren Schartigkeit gegenüber dem Ausgangszustand. Die Anwendung einer Mischung aus Wallnussschalengranulat mit Polierpaste erzeugte demgegenüber abnehmende Schartigkeiten. Leichtere Steigerungen des Schneidkantenradius sind weiterhin durch Erhöhung der Drehzahlen von Rotor und Halter möglich. Der Einfluss des Werkzeugdurchmessers und der

Werkstückanzahl war nicht signifikant. Mit Bezug zur Randzone untersuche Löwenstein die Elementverteilung in der Spanfläche. Er stellte Reduktionen des Co-Gehaltes i.H. von 11 % bzw. 27 % für Werkzeuge mit r_β = 4,5 µm bzw. r_β = 11,6 µm fest und führte dies auf das selektive Herauslösen der Co-Phase durch das sehr feine Granulat HSC 1/300 zurück. Eine Übertragung der Ergebnisse auf größere Werkzeuge erscheint fraglich. [LÖWE14]

In Bezug auf Veränderungen der Oberflächengüte bzw. der Eigenspannungen sind die Ausgangszustände nach der Schleifbearbeitung mit zu berücksichtigen. Die Wirkungen der einzelnen Schritte innerhalb der Prozesskette Werkzeugherstellung überlagern sich und führen zu resultierenden Merkmalen des Werkzeugs, vgl. u.a. [BREI13a]. In Untersuchungen von Wang et al wurden durch das Gleitschleifen von WSP im Vergleich zum Nassstrahlen und Bürsten mit -45 % die größten Reduktionen der Rauheit ermittelt [WANG20]. Gleichzeitig konnten die Forscher nach dem Gleitschleifen einen Anstieg der Druckeigenspannungen an der Schneidkante um ca. 17 % feststellen, was sie auf die kinetische Einwirkung des Abrasivmediums auf die Oberfläche zurückführten. Es bleibt jedoch festzuhalten, dass es sich um eine Einzelmessung handelte und die genaue Vorgehensweise zur Messung an der Schneidkante nicht beschrieben wurde.

Strahlspanen: Das Strahlspanen ist nach DIN 8589 ein trennendes Fertigungsverfahren mit geometrisch unbestimmter Schneide, bei dem ein Strahlmittel durch einen Energieträger zu einem Abtrennen von Spänen an der Oberfläche führt [DIN03b]. Je nach Transportmedium (meist Wasser oder Druckluft) erfolgt eine Unterscheidung zwischen Nass- und Trockenspanen. Gängige Strahlmedien sind Korund, Siliziumkarbid und Wasser. Der orthogonal zur Oberfläche wirkende Kraftanteil ruft elastisch/plastische Verformungen in der Randzone und damit Druckeigenspannungen hervor. Die Wirkung des Prozesses ist abhängig von der kinetischen Energie, der Wirkrichtung des Strahlmediums, der Einwirkdauer sowie dem Überdeckungsgrad. [MOHL00; FRIE02] Die Vielzahl von Prozessstellgrößen begründet die hohe Komplexität des Verfahrens [DENK14]. Durch das Auftreffen der Strahlpartikel wird die Co-Phase selektiv aus der Oberfläche herausgelöst [MOHL00; CORT09; BOUZ12]. Im richtigen Maße fördert dieser Mechanismus die Schichthaftung [BOUZ12].

Das Strahlspanen findet eine breite Anwendung zur Oberflächenvorbehandlung vor dem Beschichten, zur gezielten Einstellung von Schneidkantenradien sowie zur Nachbehandlung von PVD-Schichten [MOHL00; KLEI03; KÖTT06; BOUZ08; CORT09; TERW11; BOUZ12; BIER16; UHLM16; AßMU19; TIFF19; WOLF19; WANG20]. Gegenüber dem Gleitschleifen lassen sich, je nach Wirkrichtung des Strahlmittels, auch asymmetrische Schneidkantenradien erzeugen. In den meisten Forschungsarbeiten wird auf geometrisch einfachere Schneidenverläufe an Wendeschneidplatten (WSP) oder Wendelbohrern fokussiert, vgl. [KÖTT06; TERW11]. Relevante Prozessstellgrößen zur reproduzierbaren Einstellung homogener Schneidkantengeometrien sind Strahldruck, Strahlvorschubgeschwindigkeit, Strahlwinkel sowie die Korngröße des Strahlmittels [KÖTT06; TERW11]. Terwey nutzte das Nassstrahlen von VHM-Bohrern zur gezielten Einstellung von Schneidkantenradien. Zur Führung der Strahldüse wurde ein 6-Achs-Vertikalknickarmroboter verwendet. Mit dem Verfahren ließ sich demnach eine Reduzierung der Kantenschartigkeit sowie eine gleichmäßige Glättung der Oberfläche erreichen. An Wendelbohrern konnten zur Ecke hin ansteigende Schneidkantenradien beobachtet werden. Oberflächennah ließ sich gegenüber dem Ausgangszustand der Werkzeuge nach dem Schleifen keine messbare Steigerung der Eigenspannungen hervorrufen. In größeren Eindringtiefen von ca. 6 µm stellt Terwyey jedoch eine signifikante Steigerung des Druckeigenspannungsniveaus fest. [TERW11] Auch in den Arbeiten von Wang trat die deutlichste Steigerung der Druckeigenspannungen von -1140 auf -1877 MPa für den Nassstrahlprozess auf [WANG20]. Wolf fokussierte auf die Untersuchung asymmetrischer Schneidkantengestalten für die Bohrbearbeitung von Vergütungsstählen. Er ging ebenso auf

Wechselwirkungen zwischen Schneidkantenpräparation, Vorbehandlung und Schichtnachbehandlung ein. Eine angepasste Vorbehandlung kann demnach scharfkantige Übergänge zwischen Radius und Freifläche für asymmetrische Schneidkanten mit $K > 1$ reduzieren, so dass anschließend ein gleichmäßiges Schichtwachstum möglich wird. [WOLF19].

2.3 Fräsbearbeitung von Nickelbasislegierungen

Milling of nickel-based alloys

Im Triebwerksbau sowie in der Energieerzeugung sind hochwarmfeste Nickelbasislegierungen unerlässlich. Dies liegt begründet in der spezifischen Eigenschaftskombination aus Kriechfestigkeit, Diffusionsbeständigkeit, Korrosionsbeständigkeit sowie Warmfestigkeit. [MARK05; BÜRG11] Je nach chemischer Zusammensetzung und Wärmebehandlung können Nickelbasislegierungen bei bis zu 750 °C eingesetzt werden und haben damit ein hohes Einsatzpotenzial für moderne Hochdruckverdichter in Strahltriebwerken [MARK05; BÜRG11]. Eine der bekanntesten Legierung ist die Ni-Cr-Fe Knetlegierung NiCr19Fe19Nb5Mo3, bekannt unter dem Markennamen Inconel® alloy 718 (Abkürzung: IN718). IN718 gilt aufgrund der spezifischen Eigenschaften als schwer zerspanbar [KLOC18].

2.3.1 Werkstoffeigenschaften von Nickelbasislegierungen

Material properties of nickel-based alloys

Nach KLOCKE lassen sich Nickellegierungen in fünf Hauptgruppen einteilen, wobei die aushärtbaren Legierungen der Gruppen drei bis fünf auch als Superlegierungen auf Ni-Basis bezeichnet werden [KLOC18]. IN718 ist eine aushärtbare Legierung mit den Hauptlegierungselementen Nickel (Ni), Chrom (Cr), Eisen (Fe), Niob (Nb) und Molybdän (Mo) [KLOC18]. Das Grundgefüge bilden kubisch-flächenzentrierte, austenitische γ-Mischkristalle. Eine Härtung des Mischkristalls ist neben Kobalt (Co) und Tantal (Ta) vor allem durch Hinzulegieren von Fe, Cr und Nb möglich. Der primäre Teilchenhärtungseffekt in Ni-Basislegierungen basiert auf der homogenen Ausscheidung der intermetallischen γ'-Phase $Ni_3(Al, Ti)$ [EZUG99; MARK05; BÜRG11]. Bei höheren Nb-Gehalten erfolgt neben der γ'-Härtung eine Aushärtung durch die γ''-Phase $Ni_3(Nb, Al, Ti)$. Die Ausscheidungen bilden sich an den Korngrenzen und steigern damit die Kriechbeständigkeit [MARK05]. Die dritte Möglichkeit der Verfestigung liegt in der Karbidhärtung. Beim Abkühlen scheiden sich aus der Schmelze vorwiegend Niobkarbide (MC) oder Chromkarbide ($M_{23}C_6$) aus. Karbide des Typs MC sind unregelmäßig geformte, massive Ausscheidungen im Korninneren [RENH07]. Karbide des Typs $M_{23}C_6$ scheiden sich bevorzugt an den Korngrenzen aus [MARK05; BUSC14].

Die Eigenschaften von IN718 werden durch eine mehrstufige Wärmebehandlung eingestellt, die sich an den Schmiedeprozess anschließt. Die Wärmebehandlung dient u.a. zur Erzielung optimaler γ'- bzw. γ''-Größe, -Größenverteilung, -Anordnung und -Form, der Ausscheidung harter Teilchen, und der Einstellung der Korngröße durch Rekristallisation [BÜRG11]. Beim Lösungsglühen werden zunächst γ'- bzw. γ''-Teilchen im Mischkristall aufgelöst. Während des Abkühlens scheiden sich die Teilchen sowie Karbide gleichmäßig im Gefüge und an den Korngrenzen wieder aus. Das anschließende Auslagern bei erhöhten Temperaturen führt zu einer weiteren Homogenisierung der Teilchengröße und -form [RENH07; KLOC18].

Viele der für den Einsatzfall herausragenden Eigenschaften erschweren gleichzeitig die wirtschaftliche Zerspanung. IN718 zeichnet sich im Besonderen durch folgende Eigenschaften aus: Die Zugfestigkeit R_m von IN718 im ausgehärteten Zustand beträgt bei Raumtemperatur 1400 N/mm², bei

760 °C liegt diese immerhin noch bei 800 N/mm² [KLOC12; BUSC14]. Hieraus resultiert eine ausgeprägte mechanische Beanspruchung des Werkzeugs trotz der erhöhten Temperaturen in der Zerspanzone. Die Härte liegt bei etwa 360 HV [BUSC14], wobei einzelne Hartphasen deutlich höhere Härten erreichen. In der Folge tritt abrasiver Verschleiß an den Werkzeugen auf. Die Wärmeleitfähigkeit λ liegt zwischen 11 W/m·K bei 20 °C und 25 W/m·K bei 700 °C und ist im Vergleich mit anderen metallischen Werkstoffen sehr gering [AUGS18]. Die in der Zerspanzone entstehende Wärme kann demnach vom Werkstoff nur schlecht abgeleitet werden. Nickelbasislegierungen neigen weiterhin aufgrund der guten Verformbarkeit der austenitischen Matrix zur Kaltverfestigung, so dass Aufbauschneidenbildung und Kerbverschleiß auftreten [EZUG03]. Aufgrund dieser Eigenschaftskombination zählen Nickelbasislegierungen zu den schwer zerspanbaren Werkstoffen. [KLOC18] DIN6583 definiert Zerspanbarkeit als „die Eigenschaft eines Werkstückes oder Werkstoffes, sich unter gegebenen Bedingungen spanend bearbeiten zu lassen" [DIN81] Die detaillierte Diskussion der Zerspanbarkeit von IN718 erfolgt im Anschluss an die Beschreibung der Prozessbedingungen beim Schlichtfräsen sowie der Diskussion der thermomechanischen Beanspruchungen unter diesen Bedingungen.

2.3.2 Prozessbedingungen bei der Schlichtfräsbearbeitung

Process conditions in finish milling

Fräsen ist definiert als „das Spanen mit kreisförmiger, einem meist mehrzahnigen Werkzeug zugeordneter Schnittbewegung und mit senkrecht oder auch schräg zur Drehachse des Werkzeuges verlaufender Vorschubbewegung zur Erzeugung beliebiger Werkstückoberflächen" [DIN03a]. Das Fräsen zählt nach DIN 8589 Teil 3 zu den trennenden Fertigungsverfahren. Das Verfahren ist gekennzeichnet durch eine zyklisch wiederkehrende Spanunterbrechung, wobei jede Schneide max. 180° im Eingriff ist [DENK11]. Hieraus folgen eine im Schnittvorgang sich kontinuierliche ändernde Spanungsdicke h in Abhängigkeit vom Umschlingungswinkel Φ_c und folglich ein sich ständig änderndes thermomechanisches Belastungskollektiv [ARNT13; HEIS14]. Der Umschlingungswinkel bestimmt sich aus der Differenz zwischen Werkzeugaustritts- und -eintrittswinkel, Φ_{ex} und Φ_{st}, vgl. Abbildung 2.8. MARTELOTTI beschrieb erstmals die Spanungsgeometrie unter Berücksichtigung von rotatorischen und translatorischen Bewegungsanteilen [MART41]. Die Schneidenbahnkurve ist demnach kein Kreisausschnitt, sondern eine Zykloide. Das wesentliche Maß für die lokale Schneidenbelastung ist die Spanungsdicke h. Die Spanungsdicke steigt bei Schneideneintritt schnell auf ein Maximum h_{max} an (Bereich I). Anschließend fällt die Spanungsdicke langsam auf 0 ab (Bereich II). [MART41] Für sehr große Verhältnisse von Schnitt- zu Vorschubgeschwindigkeit kann die Zykloide vereinfacht und eine kreisförmige Bewegung angenommen werden [KRON69; MEIN09]. Für den Spanungsdickenverlauf $h(\varphi_c)$ und die max. Spanungsdicke h_{max} gilt [KRON69]:

$$h(\Phi) = f_z \cdot \sin \Phi \quad (2.4)$$

$$h_{max} = f_z \cdot \sin \Phi_{st} \quad (2.5)$$

Der Fehler dieser Näherung liegt deutlich unter 1 % [MEIN09]. Der Weg, den jedes Schneidenelement bei einer Umdrehung durch den Werkstoff zurücklegt, lässt sich durch die Umschlingungslänge bzw. Spanungslänge l_c beschreiben:

$$l_c = \frac{D_W}{2} \cdot \Phi_c = \frac{\pi \cdot D_W}{360°} \cdot \Phi_c \quad (2.6)$$

Die Spanungslänge ist ein Maß für die sich einstellende maximale Temperatur in der Kontaktzone zwischen Werkzeug und Werkstück [BOUZ10].

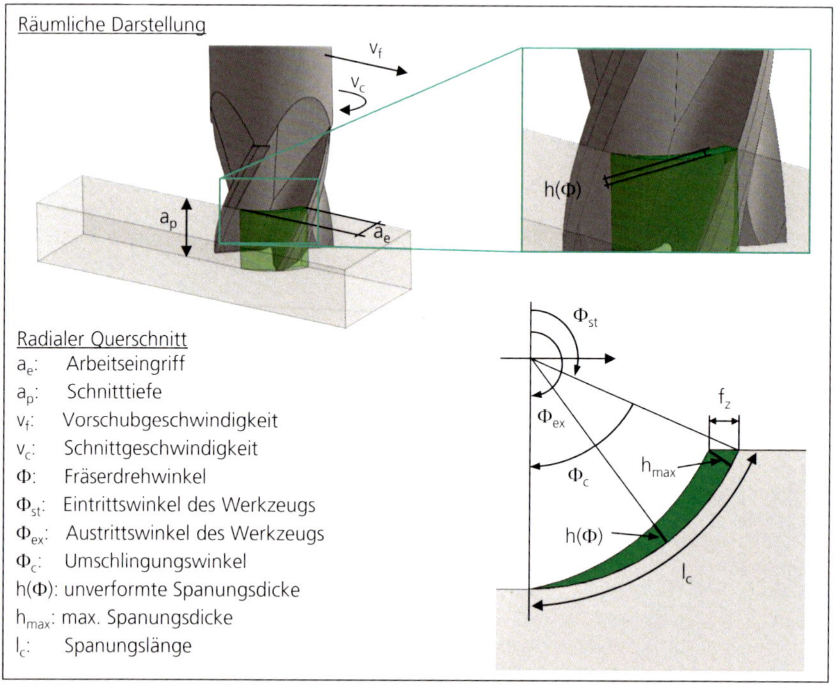

Abbildung 2.8: Kinematik des Umfangsfräsprozesses und Eingriffsgrößen
Kinematics of the peripheral milling process and engagement conditions

Innerhalb der Prozessfolge der Zerspanung wird grundsätzlich zwischen Schrupp- und Schlichtprozessen unterschieden. Das Schruppen dient der Vorbearbeitung des Werkstücks mit dem primären Ziel eines maximalen Zeitspanvolumens [ARNT13]. Kennzeichnend beim Schlichten ist nach KLOCKE ein kleiner Spanungsquerschnitt, um hohe Form- und Maßgenauigkeiten, Oberflächengüten und eine defektfreie Randzone zu erzielen [MARK05; KLOC18]. Die erreichbare Oberflächengüte und die Genauigkeit des Werkstücks stehen im Vordergrund. In der Literatur existiert keine allgemeingültige Definition zur Unterscheidung von Prozessparametern bzw. Eingriffsgrößen für das Schruppen und das Schlichten. Die Werte hängen neben dem bearbeiteten Werkstoff auch von den einzustellenden Geometrien und Oberflächengüten ab. MARKWORTH beschreibt das Normalenaufmaß a_n beim Schlichtfräsen von IN718 als üblicherweise „sehr viel kleiner als der Werkzeugdurchmesser D_w". Das Aufmaß ist nach unten begrenzt durch die Ausdehnung der vom Schruppprozess negativ beeinflussten Randzone. [MARK05] MARKWORTH stellte in seinen Versuchen zum Schlichtfräsen von IN718 $h_{max} \leq 20$ µm ein. Nach oben kann das Aufmaß durch die Zugänglichkeit (z.B. beim Schlichten von Schaufelzwischenräumen) oder eine unzulässige Werkzeugabdrängung limitiert sein.

Für das Schruppen von Nickelbasislegierungen gewinnt die Nutzung von (voll-) keramischen Werkzeugen zunehmend an Bedeutung. Gegenüber dem Schneidstoff Hartmetall ist eine Steigerung der Schnittgeschwindigkeit um mehr als das 20-fache möglich [WIEM06; HÜBE12; WACI16;

ZIMM21]. Die im Vergleich zu Hartmetall deutlich geringere Bruchzähigkeit kann jedoch zu starken Ausbrüchen führen und verhindert bisher den Einsatz von Keramik beim Schlichten. Hierbei kommen Werkzeuge auf Basis von Feinst- und Ultrafeinstkornhartmetallen zum Einsatz [KLOC18]. Diese zeichnen sich durch eine gute Kombination aus Warmfestigkeit und Bruchzähigkeit aus und erreichen in Schlichtfräsanwendungen deutlich höhere Standwege als Grob- oder Feinkornhartmetalle [BERG20]. Der Verschleiß bildet sich gegenüber Keramik deutlich gleichmäßiger und kontrollierter aus [EZUG99]. In der Folge können die beim Schlichten geforderten hohen Oberflächengüten und Maßtoleranzen erzielt werden, die mit Keramik aufgrund der verschleißbedingten Reduktion des Werkzeugdurchmessers nicht möglich sind [ZIMM21].

Für zähes Werkstoffverhalten wird grundsätzlich zwischen den Spanbildungsmechanismen Fließ-, Lamellen- und Scherspanbildung unterschieden [DENK11, S. 21; KLOC18, S. 60]. Bei der *Fließspanbildung* gleitet der Span kontinuierlich über die Spanfläche ab [AMOR03, S. 6]. Der Mechanismus wird durch gleichmäßiges Gefüge ohne Versprödungserscheinungen bei der Verformung begünstigt [KLOC18, S. 60]. Das periodische Überschreiten der Scherfestigkeit des Materials in der Scherebene führt zu einer diskontinuierlichen *Scherspanbildung* [AMOR03]. Bei der Spanbildung kommt es zu Werkstofftrennung und anschließendem Verschweißen der abgetrennten Werkstoffbereiche. Diese Spanbildung tritt bei duktilen Materialien auf, wenn eine starke Versprödung im Material hervorgerufen wird. [KLOC18, S. 60] Die *Lamellenspanbildung* ist ebenfalls ein periodischer Spanbildungsvorgang, bei dem der Verformungsgrad in der Scherzone nicht die Zerreißgrenze des Materials überschreitet. Lokal erhöhte Verformungen kennzeichnen Scherbänder im Spangefüge. Scherbänder treten primär bei der (Hochgeschwindigkeits-) Zerspanung hochfester Werkstoffe mit großem Formänderungsvermögen auf [HOPP03; HOFF05]. Die Lamellenspanbildung findet in einem Übergangsbereich zwischen Fließ- und Scherspanbildung statt [KÖHL10, S. 11]. Die Art der Spanbildung wird neben den Werkstoffeigenschaften vor allem von der Prozesskinematik, der Werkzeuggeometrie, den daraus resultierenden Zustandsgrößen sowie deren Wechselwirkungen und Rückkopplungen bestimmt [KLOC18, S. 62].

Bei der Zerspanung von Nickelbasislegierungen können in Abhängigkeit von den Prozessbedingungen alle Spanbildungsarten auftreten. Markworth beobachtete Scherspäne mit teils fließspantypischen Merkmalen [MARK05, S. 73]. Der Segmentierungsgrad G stieg für eine Zunahme der Schnittgeschwindigkeit von 75 auf 125 m/min an, wobei Markworth als Haupteinfluss die Gefügestruktur identifiziert. Dies deckt sich mit Untersuchungen von Hoffmeister, der für geringere Korngrößen in IN718 deutlichere Segmentierungsanteile feststellte. Scherbänder treten demnach bevorzugt in der Umgebung kleiner Körner auf [HOFF05, S. 484]. Busch erkannte in Untersuchungen an IN718 der Wärmebehandlungsroute „direct aged“ (DA) eine Zunahme des Segmentierungsverhaltens mit kleineren Spanungsdicken [BUSC14, S. 84]. Er führte dies zurück auf das geringe Vermögen dünner Späne zur Aufnahme plastischer Verformung. Dies ist insbesondere für das Schlichten von Bedeutung, da üblicherweise geringe Spanungsdicken < 30 µm eingestellt werden. Starke Lamellen- und Segmentspanbildung verursachen eine thermomechanische Wechselbelastung, erzeugen stärkere Oberflächenzerüttung am Werkzeug und begünstigen die Bildung von Verschleißkerben (vgl. Kap. 2.3.4) [GERS98, S. 142; MARK05, S. 76; BUSC14, S. 84; KLOC18, S. 380]. Eine weitere Wirkung kann die Abnahme der Schnittkraft aufgrund der periodisch auftretenden Festigkeitsabnahme sein [BUSC14, S. 85]. Segmentspanbildung lässt sich durch Hochdruckkühlung vermindern, diese resultiert jedoch aufgrund der stärkeren Spankrümmung in einer höheren Belastung der Schneidkante [EZUG99].

Eine Spanbildung setzt erst ab der Mindestspanungsdicke h_{min} ein [SOKO55; BRAM61]. Die Mindestspanungsdicke ist neben den Werkstoffeigenschaften von der Schneidkantenmikrogeometrie abhängig [IKAW92]. Die Spanbildung beginnt bei zunehmenden Schneidkantenradien r_β bei effektiv negativen Spanwinkeln größeren Betrags [REHE15]. BUSCH bestimmte in seinen Versuchen mit IN718 für einen Schneidkantenradius von 7,5 µm auf Basis von Hochgeschwindigkeitsaufnahmen ein h_{min} von 0,8 µm bei einem effektiven Spanwinkel von -65° [BUSC14, S. 96]. Diese Angabe stimmt mit Beobachtungen von MORIWAKI überein, der für die Mindestspanungsdicke Werte um 1/10 des Schneidkantenradius nennt [MORI95]. Ein kleines Verhältnis aus Spanungsdicke zu Schneidkantenradius begünstigt eine segmentierte Spanbildung. REHE zeigte dies für Zerspanung von 42CrMo4 im vergüteten Zustand anhand eines nahezu konstanten Segmentierungsgrades ab einem Verhältnis h_{max} zu r_β von etwa 0,5 [REHE15]. Dies deutet darauf hin, dass der Schneidkantenradius bei der Schlichtfräsbearbeitung im Sinne eine gleichmäßigen Spanbildung und Belastungsreduktion zu begrenzen ist.

Die wirtschaftliche Relevanz von Nickelbasislegierungen bedingt eine Vielzahl von Arbeiten zur Zerspanung von IN718 mit Hartmetallwerkzeugen, u.a. [ILLG90; SHAR01; GERS02; MARK05; ASPI07; ZETE14; BUSC14; BART16; TIFF19; AUGS20]. Grundsätzlich ist für die Schlichtfräsbearbeitung von IN718 das Prozessfenster mit geeigneten Parametern sehr eng und stark abhängig von der jeweiligen Anwendung [MARK05]. Die Schnittgeschwindigkeit wirkt sich auf das thermomechanische Belastungskollektiv aus und ist daher zu limitieren [KLOC18]. Pauschale Grenzwerte lassen sich nicht angeben, da sich die jeweilige Beanspruchung durch die Interaktion aller Prozessparameter und die resultierenden thermischen und mechanischen Zustandsgrößen ergibt. Die von MARKWORTH aufgearbeiteten Empfehlungen von Werkzeugherstellern und wissenschaftlichen Veröffentlichungen für den Vorschub f_z und die Schnittgeschwindigkeit v_c beim Schlichtfräsen von IN718 streuen stark ($25 < v_c < 200$ m/min; 0,01 mm < fz < 0,15 mm) [MARK05]. ILLGNER zeigte in seiner Arbeit die Möglichkeit einer Hochgeschwindigkeitsbearbeitung von Nickelbasislegierungen mit Schnittgeschwindigkeiten von bis zu 200 m/min auf. Aufgrund des starken Verschleißes für hohe Schnittgeschwindigkeiten empfahl er als Optimum einen Wert von $v_c = 86$ m/min. [ILLG90, S. 121] MARKWORTH leitete aus seinen Versuchen zum Schlichtfräsen gekrümmter Oberflächen als Empfehlung einen Wert von $v_c = 100$ m/min ab, da hier im untersuchten Bereich zwischen 75 und 175 m/min ein lokales Kraftminimum auftrat [MARK05, S. 128 f.] BUSCH empfahl vor dem Hintergrund der Reduktion der thermomechanischen Belastung eine Schnittgeschwindigkeit von 70 m/min. Bei höheren Werten beobachtete er in einem Analogieversuch zunehmend Mikroausbrüche. [BUSC14, S. 123] In SHARMANNS Untersuchung zum Kugelkopffräsen wurden bei konstanter Spanungsdicke $h_{max} = 21$ µm mit der niedrigeren Schnittgeschwindigkeit $v_c = 90$ m/min gegenüber $v_c = 150$ m/min um ca. 60 % höhere Standwege erreicht [SHAR01]. In [SAND10] werden für das Fräsen mit VHM-Werkzeugen Schnittgeschwindigkeiten zwischen 30 bis 100 m/min bei genereller Maximierung der Spanungsdicke zur Reduktion von Kaltverfestigung empfohlen.

2.3.3 Thermomechanische Werkzeugbeanspruchung

Thermomechanical load of the cutting tool

Die Analyse der mechanischen und thermischen Belastungen des Werkzeugs stellt die Grundlage dar zur Bewertung und Optimierung des Fräsprozesses. Die mechanische Belastung von Werkzeug und / oder Bauteil wird durch die Zerspankraft beschrieben. Diese ist definiert als die Gesamtkraft zur Überwindung des elasto-plastischen Formänderungswiderstandes des Werkstückes sowie der Reibungswiderstände an Span- und Freifläche [SPUR79]. Neben der mechanischen kommt der thermischen Belastung eine hohe Bedeutung zu. Bereits Ende des 19. Jahrhunderts bestimmte TAYLOR einen empirischen Zusammenhang zwischen der Schnittgeschwindigkeit und der Werkzeugstandzeit, der durch die Zunahme der Temperatur in der Zerspanzone begründet ist [TAYL06].

Mechanische Beanspruchung

In der Arbeitsebene P_f kann die Zerspankraft in die Schnittkraft F_c (Komponente in Schnittrichtung) und Schnittnormalkraft F_{cn} (Komponente senkrecht zur Schnittrichtung) zerlegt werden [DIN82]. Die Zerspankraftkomponenten als integral erfasste Größen resultieren aus den am Schneidkeil wirkenden Schub- und Normalspannungen, deren charakteristische Verteilung u.a. von ZOREV beschrieben wurde [ZORE67; DENK11, S. 64]. Die Kraftkomponenten sind abhängig von dem Werkstoff, der Werkzeuggeometrie, den Prozessparametern und der daraus resultierenden Spanungsgeometrie, den Reib- und Kontaktbedingungen sowie deren Wechselwirkungen [DENK11; KLOC18]. Die auf den Spanungsquerschnitt bezogene Zerspankraftkomponente wird als spezifische Schnitt- bzw. Schnittnormalkraft $k_{i,\ i=c,cn}$ bezeichnet. Die Spanbildung ändert sich mit der Spanungsdicke h. Demnach ist k_c nichtlinear von der Spanungsdicke abhängig [DENK11]. KIENZLE beschrieb die Abhängigkeit zwischen k_c und Spanungsdicke h anhand einer Potenzfunktion, die mit Zunahme von h eine degressive Abnahme von k_c darstellt [KIEN52]:

$$k_c = \frac{k_{c\ 1.1}}{h^m} \tag{2.7}$$

Die spezifische Schnittkraft $k_{c\ 1.1}$ wird zum Trennen eines Spans mit dem Spanungsquerschnitt b = h = 1 mm benötigt. Der Koeffizient m entspricht der Steigung der Geraden bei Darstellung im doppelt-logarithmischen System.

Die mechanische Belastung bei der Zerspanung von IN718 wurde in einer Vielzahl von Arbeiten bestimmt. An dieser Stelle werden daher nur die wichtigsten Arbeiten mit Bezug zu den für das Schlichten typischen Spanungsgeometrien genannt. Die wichtigste Größe zur Beeinflussung der mechanischen Belastung ist die *Spanungsdicke* [MARK05; BUSC14]. Ermittelte spezifische Schnittkräfte für IN718 im Wärmebehandlungszustand direct aged erreichen für gegen Null laufende Spanungsdicken Werte von über 10.000 N/mm² [BUSC14; SEIM19, S.87]. Ursächlich sind die für kleine Spanungsdicken abnehmende Wahrscheinlichkeit materialspezifischer Fehlstellen und die Festigkeitserhöhung durch einen Anstieg der Dehnrate bei kleinen Werten von h [BUSC14, S. 69]. In diesem Zusammenhang wirkt sich auch das Verhältnis aus Spanungsdicke zu Schneidkantenradius signifikant auf das Kraftniveau aus. Eine hohe Sensitivität zeigt sich vor allem für die Schnittnormalkraft. MARKWORTH und BUSCH ermittelten beide für eine Anhebung von r_β um ca. 15 µm in den Bereich $r_\beta/h_{max} \approx 1$ Anstiege der Schnittnormalkraft F_{cn} um über 50 %. Der Einfluss der Schneidkantengeometrie auf die Schnittkraft ist in den untersuchten Bereichen vergleichsweise gering. [MARK05, S. 68; BUSC14, S. 128] Ursächlich für die größere Auswirkung auf F_{cn} ist der für zunehmend negative, effektive Spanwinkel größere Anteil des unter die Schneidkante fließenden Materials [DENK14]. Dieser Vorgang wurde erstmals von ALBRECHT beschrieben und als Ploughing bezeichnet. Er führte dazu neben einer Kraft zur Beschreibung der Scherung die Ploughing-Kraft P ein, die die Resultierende der Pressung auf die Schneidkante darstellt. [ALBR60] Die grundsätzliche Senkung des Kraftniveaus durch eine Spanwinkelsteigerung wurde in zahlreichen Arbeiten für das Zerspanen von IN718 nachgewiesen, darunter in [IILG90; MARK05; BUSC14; SEIM19].

Hinsichtlich der Wahl der Schneidkantenradien zum Fräsen von IN718 unterscheiden sich die Aussagen der Wissenschaftler. BOUZAKIS ET AL. bestimmten in FEM-Simulation die Spannungen in Substrat und Beschichtungen für das Fräsen von IN718. Die ermittelten Spannungen sind für einen Radius von 20 µm gegenüber 10 µm um einige hundert MPa reduziert [BOUZ14]. BARTHELMÄ ET AL. empfehlen für das Schlichtfräsen mit Vollradiuswerkzeugen einen Schneidkantenradius i.H. von 4 µm. Dies soll einen Kompromiss darstellen zwischen mechanischer und thermischer Belastung und ausreichender Stabilität der Schneidkante. [BART16] Auf Basis von Fräsversuchen mit Wendeschneidplatten leitete Rehe die Empfehlung ab, in der Zerspanung von IN718 auf eine Schneidkantenpräparation zu verzichten [REHE15, S. 50]. Allerdings waren moderate Radien unterhalb von 10 µm nicht Bestandteil seiner Untersuchungen. Zetek erreichte ein Standzeitmaximum mit einem Schneidkantenradius von 15 µm beim Schlichten von IN718 mit v_c = 35 m/min, und einem Arbeitseingriff a_e von 0,5 mm bei einem Werkzeugdurchmesser von 8 mm [ZETE14]. Diese Angaben decken sich mit den Empfehlungen von Markworth. Er leitete den empfohlenen Bereich von 10 bis 15 µm aus der Vermeidung riefenartiger Oberflächen für $r_\beta < 5$ µm einerseits und der Begrenzung der thermomechanischen Belastung anderseits ab. [MARK05, S. 128] Zusammenfassend kann festgehalten werden, dass für das Schlichtfräsen nicht pauschal eine optimale Schneidkantengeometrie empfohlen werden kann, sondern diese in Abhängigkeit der Optimierungsziele und Randbedingungen einzustellen ist.

Neben dem bekannten Einfluss der Spanungsdicke ermittelte Busch eine Abhängigkeit zwischen Schnitt- und Schnittnormalkraft und der *Schnittgeschwindigkeit* im Bereich 35 bis 140 m/min. Bei Verdopplung von v_c auf 70 m/min konnte er zunächst einen Anstieg beider Komponenten beobachten. Bei weiterer Verdopplung auf 140 m/min fielen F_c und F_{cn}, wobei der Abfall für F_{cn} deutlich stärker ausgeprägt war [BUSC14]. Die geringe Sensitivität der Schnittkraft für eine v_c-Variation wurde durch Markworth bestätigt [MARK05, S. 62]. Im Widerspruch dazu zeigte sich in Versuchen von Hoffmeister mit scharfen Werkzeugen bei einer Spanungsdicke von 40 µm für feinkörniges Werkstoffgefüge ein Abfall der spezifischen Schnittkraft im Schnittgeschwindigkeitsbereich zwischen ca. 80 und 180 m/min von knapp 7.500 auf unter 4.000 N/mm² [HOFF05, S. 486]. Er begründete diese Beobachtung mit thermischer Entfestigung aufgrund der zunehmenden Zerspantemperatur. Eine mögliche Ursache für die Diskrepanz in den Beobachtungen ist in den unterschiedlichen Gefügen der Werkstoffe zu sehen.

Für das Einsatzverhalten der Werkzeuge und das Verständnis von Ausfallmechanismen spielen die Spannungen im Schneidkeil eine große Rolle. Die Berechnung dieser Spannungen kann grundsätzlich auf zwei unterschiedliche Arten erfolgen. In erstem Fall lässt sich aus einer Spanbildungssimulation unter Annahme eines linear-elastischen Schneidstoffverhaltens die Spannungsverteilung im Werkzeug direkt bestimmen. Eine Alternative basiert auf einem zweistufigen Ansatz: Im ersten Schritt werden die auf den Schneidkeil einwirkenden Kräfte bzw. Spannungen ermittelt. Dies kann sowohl numerisch (vgl. [AGME17]), als auch experimentell (vgl. [BERG17]) erfolgen. Diese werden anschließend in einer Simulation als äußere Belastungen auf das linear-elastische Werkzeug angewandt. Eine Modellierung der Lastspannungen im Schneidkeil für die Zerspanung von IN718 war Gegenstand diverser Arbeiten [BOUZ17; PENG19; SEIM19; TIFF19; LIU21]. Nur wenige Arbeiten betrachteten dabei einen unterbrochenen Schnitt. Bouzakis et al. simulierten die Lastspannungen beim Fräsen von IN718 unter Berücksichtigung der spezifischen Schichteigenschaften und ermittelten von-Mises Spannungen i.H. von knapp 5 GPa bei einer max. Spanungsdicke von 60 µm [BOUZ17]. Scherbart simulierte in seiner Arbeit die wirkenden Lastspannungen unter Berücksichtigung der spezifischen Eigenschaften von PVD- und CVD-Hartstoffschichten sowie der Übergangszone zwischen Schicht und Substrat. Dazu implementierte er die Eigenspannungen je Schicht in dem verwendeten FE-Model, wobei er die Belastungen als Flächenlasten approximierte und die Analyse auf den Schneidenaustritt begrenzt blieb. [SCHE99] Seimann untersuchte das Räumen mit Hartmetallwerkzeugen und Fokussierung auf Schneidkantenbrüche und ermittelte die Einsatzgrenzen des Werkzeugs anhand einer Spannungssimulation, für die er die Lasten äußerlich aufprägte. Für die berechneten Lastspannungen ermittelte er jeweils die Versagenswahrscheinlichkeiten des Hartmetalls und leitete daraus Anpassungen der Werkzeuggeometrie wie z.B. des Spanwinkels ab. [SEIM19] Liu et al. analysierten die thermomechanischen Belastungen in der Zerspanung von IN718 mit kontinuierlicher Spanungsdicke und unter Berücksichtigung einer nachgiebigen Werkzeugeinspannung sowie variierender Schneidkantenradien. In der

Simulation wurden maximale Zugspannungen von über 700 MPa an der Spanfläche erreicht. [LIU21] PENG ET AL. berücksichtigten in ihrer Spanbildungssimulation im kontinuierlichen Schnitt eine Verschleißmarkenbreite, gingen aber nicht auf die resultierenden Lastspannungen im Schneidkeil ein [PENG19].

Thermische Belastung

Die zur Zerspanung aufgebrachte mechanische Arbeit wird nahezu vollständig in Wärmeenergie umgewandelt [KLOC18, S. 73]. Die Umwandlung erfolgt durch [BUSC14; KLOC18]:

- Plastische Deformation in der Scherzone
- Reibungsvorgänge an Span- und Freifläche
- Trennarbeit vor der Schneidkante
- äußere und innere Reibung des ablaufenden Spans

Die Wärme wird durch Wärmestrahlung, -leitung und -konvektion in den Span, das Bauteil und das Werkzeug sowie an die Umgebung abgegeben [KLOC18, S. 73] Die anteilige Aufteilung der Wärmeströme wird durch die Eigenschaften von Werkstoff und Schneidstoff sowie die Schnittgeschwindigkeit und Spanungslänge bestimmt [DENK11; AUGS18; KLOC18]. Nach VIEREGGE entstehen die höchsten Temperaturen bei der Zerspanung von Stahl im kontinuierlichen Schnitt zwischen Span und Spanfläche. Zurückzuführen ist dies auf den gegenüber der Scherzone höheren Verformungsgrad in der Fließzone an der Spanunterseite. [VIER59]

Bei der Zerspanung von hochwarmfesten Werkstoffen können in der Zerspanzone Temperaturen von über 1000 °C auftreten [CHOU98]. Ursächlich sind die geringe Wärmeleitfähigkeit λ und der geringe Wärmeeindringkoeffizient b_{th} von Nickelbasislegierungen [CHOU98; KLOC18]. Die möglichst genaue Bestimmung von Wärmeflüssen und Temperaturen bei der Zerspanung von IN718 war und ist Gegenstand vieler Forschungsarbeiten [SMAR75; MARK05; KLOC06; KLOC10; BOUZ14; BUSC14; YAN14; GIER15; BART16; AUGS18; TIFF19; LIU21; XU21]. Zur messtechnischen Detektion der entstehenden Temperaturen kommen Thermoelemente, die Thermografie und die Pyrometrie zum Einsatz [AUGS18]. Die ermittelten Temperaturen unterscheiden sich je nach Messprinzip, -position und Untersuchungsbedingungen.

Für die Erklärung von Werkzeugversagen und Verschleiß sind die Temperaturfelder im Schneidkeil von Bedeutung. Die Wärme wird primär über die Kontaktfläche zwischen Span und Spanfläche übertragen [KRON54]. Eine Steigerung der Kontaktlänge führt somit zu einer stärkeren thermischen Belastung des Werkzeugs [MARK05, S. 67; GIER15, S. 67; AUGS18, S. 69]. Unter der Annahme ausschließlich durch Reibung entstehender Wärmeleistung modellierte MARKWORT die Spanflächentemperatur und bestimmte in guter Näherung zur Spanunterseitentemperatur Werte zwischen 500 und 650 °C im Bereich v_c = 70 bis 125 mm/min und h = 35 bis 75 µm. LIU ET AL. bestimmten simulativ und in Abhängigkeit des Schneidkantenradius eine Spanflächentemperatur zwischen etwa 600 und 650 °C für v_c = 60 m/min und h = 0,15 mm bei einem neutralen Spanwinkel [LIU21]. XU ET AL. ermittelten für v_c = 50 m/min und h = 0,07 mm die Temperaturen in der Zerspanung von IN718 für unterschiedliche Spanwinkel sowohl anhand einer thermografischen Messung als auch in FEM-Spanbildungssimulationen. Während für einen positiven Schneidkeil etwa 700 °C und für einen Spanwinkel von 0° etwa 750 °C gemessen wurden, traten mit einem negativen Spanwinkel i.H. von -10° Temperaturen von etwa 900 °C an der Spanfläche auf. Das Maximum lag in einem Abstand von 0,1 bis 0,2 mm zur Schneidkante. Die simulativ bestimmten Temperaturwerte in der Randzone des Werkzeugs lagen um ca. 50 bis 100 °C darunter. [XU21]. Entsprechend ist davon auszugehen, dass die Temperaturen in der Werkzeugrandzone beim

Schlichtfräsen mit $h < 50\ \mu m$ sowie mit neutralen oder positiven Werkzeugen und kleinen Schneidkantenradien unterhalb von 700 °C liegen.

Detaillierte Analysen zu den thermischen Verhältnissen beim Fräsen von C45E und IN718 führte AUGSPURGER durch. Er modellierte auf Grundlage empirisch ermittelter Wärmeeinträge in Späne, Werkzeug und Werkstück transiente Wärmeströme für den Umfangsfräsprozess durch die Annäherung des Fräsprozesses als Folge von Orthogonalschnitten. Durch den Bezug der Wärmeeinträge auf die Schnitttiefe a_p und die Spanungslänge l_c führte er spezifische Wärmeeinträge in Abhängigkeit von v_c und h ein. Der Wärmestrom $\dot{Q}$ in das Werkzeug ist für IN718 höher als für Stahl, und nimmt mit Anstieg der Schnittgeschwindigkeit und der radialen Zustellung zu. Mit steigender Schnittgeschwindigkeit verkürzt sich allerdings die Kontaktzeit, wodurch die Wärmeeinbringung je Umdrehung sinkt. [AUGS18] Die Berechnung von Temperaturfeldern realisierte AUGSPURGER durch Kopplung der Wärmeflüsse mit einem analytischen Temperaturmodell nach GREENS. Berechnete und thermografisch gemessene Temperaturfelder im Schneidkeil beim Trockenfräsen von IN718 stellte AUGSPURGER, ausgehend von der Schneidkante, entlang der Winkelhalbierenden dar. Die absoluten Temperaturen steigen mit der Schnittgeschwindigkeit an und liegen für $v_c = 70$ m/min und eine Spanungslänge l_c von ca. 10 mm bei etwa 200 °C, für 140 m/min deuten die Messungen Temperaturen von knapp 300 °C an. Die maximale thermische Belastung wurde, der Modellvorstellung nach GREENS folgend und in Übereinstimmung mit [BUSC14], an der Schneidenspitze ermittelt. Alle Messungen wurden an neuen Werkzeugen durchgeführt, wobei jeweils die ersten 0,4 s je Prozess betrachtet wurden. Die Arbeit erlaubt eine Quantifizierung der zyklischen Aufheizung und Abkühlung des Schneidkeils beim Fräsen. [AUGS18]

Viele Untersuchungen wurden für neue und scharfe Werkzeuge durchgeführt. Die Wärmeaufnahme an der Freifläche ist jedoch auch abhängig von der Höhe des Freiflächenverschleißes. YAN ET AL. ermittelten für das trockene Schlichtfräsen von IN718 unter Berücksichtigung von Freiflächenverschleiß die globalen Temperaturfelder des Schaftfräswerkzeugs zur Validierung ihres Modells. Die an der Freifläche erzeugte Wärme fließt zum überwiegenden Teil in das Werkstück. Ungeachtet dessen nimmt die Erwärmung der Freifläche lokal stark zu. [YAN14] Eine Änderung der Reibbedingungen am Schneidkeil und der resultierenden Temperaturen wird auch durch eine Schneidkantenpräparation hervorgerufen. In Simulationen zum Bohren von IN718 von TIFFE stellten sich bei einer nahezu symmetrischen Schneidkante eine längere Kontaktzone am Freiflächenabschnitt der Schneidkante l_α und eine um 150 °C höhere Temperatur des Schneidkeils i.H. von 575 °C ein als bei einer asymmetrischen Schneidkante. Die Temperaturerhöhung geht auf vermehrte Reibungswärme am längeren Abschnitt l_α zurück. [TIFF19]

Zusammenfassend ist festzuhalten, dass wesentliche Erkenntnisse zur thermischen Belastung des Werkzeugs unter Bedingungen des Schlichtfräsens vorliegen. Aufgrund der limitierten Auflösung von Messverfahren wie der Pyrometer oder Thermografie basieren Angaben zur Randzonentemperatur jedoch weitestgehend auf FEM-Simulationen oder analytischen Modellansätzen und stellen somit eine Näherung der tatsächlichen Situation dar.

2.3.4 Verschleiß beim Fräsen von Nickelbasislegierungen

Tool wear in milling nickel-based alloys

Die Einwirkung des thermomechanischen Belastungskollektivs auf den Schneidkeil ruft einen als Verschleiß bezeichneten fortschreitenden Materialabtrag am Werkzeug hervor [KLOC18]. Dieser resultiert in einer geometrischen Veränderung der Schneidkeilgestalt. Nach ZUM GAHR werden die primären **Verschleißmechanismen** in Abrasion, Adhäsion, tribochemische Reaktionen und

Oberflächenzerrüttung unterteilt [ZUMG92]. KLOCKE führt Verschleiß auf die Einzelursachen Adhäsion, Abrasion, Beschädigung der Schneidkante infolge mechanischer und thermischer Überlast (auch Quer- und Kammrisse), Diffusion und Verzunderung zurück. Im Zerspanprozess überlagern sich verschiedenen Einzelmechanismen, deren Anteile am Gesamtverschleiß von der jeweiligen thermomechanischen Belastung und den verwendeten Werkzeugen abhängig sind [KLOC18].

Verschleißmechanismen und -ursachen führen grundsätzlich zu unterschiedlichen **Verschleißformen** an Frei- und Spanflächenverschleiß. Die sich an der Freifläche ausbildende Verschleißmarke wird durch die Verschleißmarkenbreite VB bzw. die maximale Verschleißmarkenbreite VB_{max} charakterisiert und führt zu einem Versatz der Schneidkante in Richtung von Frei- und Spanfläche, SV_{α} und SV_{γ} [KLOCK18]. KAPPMEYER ET AL. nutzten mehrere äquidistante Messpunkte zur Bestimmung des Schneidkantenversatzes bzw. der Verschleißmarkenbreite an Vollradiusschaftfräsern und berücksichtigten so unterschiedliche Verschleißformen [KAPP12].

Aufgrund der vielfältigen und komplexen Zusammenhänge zwischen Werkzeug, Werkstoff, Prozessparametern, Prozesszustandsgrößen und den ablaufenden Verschleißmechanismen wurde diese für die Zerspanung von Nickelbasislegierungen bereits in vielen Arbeiten untersucht, vgl. [ILLG90; SHAR01; EZUG03; MARK05; KAPP12; BUSC13; ZHU13; BASS14; ZETE14; BEER15; BART16; VOGT16; SEIM19; PENG20; BÜCK21]. Beim Einsatz von Hartmetallwerkzeugen mit Schnittgeschwindigkeiten unterhalb von 100 m/min dominieren die Verschleißmechanismen Abrasion und Adhäsion [ZHU13]. Abrasion bezeichnet das Abtrennen von Schneidstoff durch das Eindringen eines Partikels oder Gegenkörpers bei einer Bewegung in Wirkrichtung [VIER59; KLOC18]. Bei der Zerspanung von IN718 wirken insbesondere NbC und TiN Partikel abrasiv. MARKWORTH beobachtete in seinen Analogieuntersuchungen zur Zerspanung von IN718 und Udimet 720 mit unbeschichteten Werkzeugen primär Abrasion. Bei Erhöhung der Spanungsdicke von 10 bis 50 µm identifizierte er eine proportional zunehmende Verschleißmarkenbreite [MARK05].

Bei Adhäsion entstehen an der Grenzfläche zweier Reibpartner Mikroverschweißungen, die bei einer tangentialen Bewegung von zwei Reibpartnern verformt, verfestigt und abgeschert werden können [VIER59; KLOC18]. Adhäsion äußert sich im Verschleißbild durch Aufschmierungen von IN718 auf der Frei- und Spanfläche sowie in Form von Aufbauschneiden. Aufbauschneiden lösen sich bei der Zerspanung periodisch von der Schneide ab, wodurch Instabilitäten im Zerspankraftverlauf auftreten [MARK05; BUSC14]. Die Trennebene sich lösender Aufschmierungen liegt nicht zwingend an der ursprünglichen Kontaktfläche, sondern im Bereich geringster Festigkeit. Liegt diese Ebene im Werkzeug, wird dort Material herausgelöst und beschleunigt den Verschleißfortschritt [KLEI03]. Ursächlich für die hohe Adhäsionsneigung von Nickelbasislegierungen ist die ausgeprägte Neigung zur Kaltverfestigung des austenitischen γ-Mischkristalls [EZUG03]. Mit zunehmender Temperatur steigt die Bedeutung von adhäsivem Verschleiß aufgrund der erhöhten Reaktionsfreudigkeit der Kontaktpartner [DEVI07]. ALLAMARI ET AL. analysierten den Einfluss der Schnittunterbrechung auf die Adhäsion in der Zerspanung von IN718 und konnten für den Orthogonalschnitt nachweisen, dass die Adhäsionsfläche bei Schnittunterbrechungen gegenüber dem kontinuierlichen Schnitt reduziert wird. Ursächlich ist eine bessere Benetzung mit Kühlschmierstoff. Eine signifikante Reduktion der Reibung oder Zerspankraftkomponenten wurde nicht festgestellt [ALAM21].

Beim Fräsen führen der unterbrochene Schnitt, die Schwellbelastung aufgrund ausgeprägter Spansegmentierung und das Ablösen von Aufbauschneiden zu Kraftspitzen [BUSC14]. Übersteigt die Maximalkraft die maximal zulässigen Hauptspannungen, können in Kombination mit Fehlstellen im Schneidstoff Schneidkantenausbrüche auftreten [SHAW89; LÖFF96]. Neben einer Überlastung nennt ALTINTAS als weitere Ursache die Ermüdung durch zyklische mechanische und thermische Belastungen [ALTI12, S. 61 f.]. Welcher Mechanismus dominiert, hängt vor allem von Betrag und zeitlicher Abfolge des thermomechanischen Belastungskollektivs ab. Die Oberflächenzerrüttung tritt bei Wechselbeanspruchungen auf und bezeichnet Gefügeveränderungen, Rissbildungs- und -wachstumsvorgänge bis hin zum Abtrennen von Verschleißpartikeln [HABI80]. MARKWORTH stellte für Spanungsdicken > 70 µm durchgehend kleine Ausbrüche an der Schneidkante fest, welche auf lokale Überlastung zurückzuführen sind [MARK05]. Ausbröckelungen und Ausbrüche wurden in vielen Untersuchungen zum Fräsen von Nickelbbasislegierungen festgestellt, u.a. in [ILLG90; EZUG99; MARK05; ZHU13; BASS14; BUSC14; ZETE14]. Eine Initiierung von Mikroausbrüchen kann durch karbidische Einschlüsse und Körner in der Größenordnung des Schneidkantenradius erfolgen [BUSC14, S. 95]. SEIMANN nutzte zur Vermeidung von Ausbrüchen von Schneidecken beim Räumen die FEM zur Prognose der Spannungen an der Oberfläche des Schneidkeils. Diesen stellte er die ertragbaren Spannungen des Hartmetalls gegenüber, welche er aus der Festigkeitsverteilung ermittelte. Ausbrüche vermied er durch eine Anpassung der Werkzeugwinkel. [SEIM19]

TLUSTY ET AL. analysierten und klassifizierten das Auftreten von Schneidkantenausbrüchen bei der Drehbearbeitung anhand der durch den Span hervorgerufenen Spannungsverteilung im Werkzeug. Ausbrüche lassen sich demnach je nach Ort des Auftretens, Ausdehnung / Größe und Form differenzieren. In Bezug auf die Versagensmechanismen nahmen sie eine Unterscheidung vor zwischen *Chipping* und *Breakage*. [TLUS78] Demnach sind scherflächige Brüche, oft als muschelförmige Abplatzungen oder Abschieferungen bezeichnet (engl.: *chipping*), auf Schubbelastung und folglich auf duktiles Versagen zurückzuführen. Scherflächige Brüche fallen mit den Schnittebenen großer Schubspannungen zusammen [GROS16]. Trennbrüche treten demgegenüber als Folge spröden Schneidstoffversagens unter Normalspannungseinfluss auf und sind orthogonal zur Richtung der max. Hauptspannung orientiert [LÖFF96; GROS16].

Einerseits werden Ausbrüche als eine mögliche Form von Werkzeugverschleiß charakterisiert, vgl. u.a. [PÖHL99; VOGT15; KLOC18]. Andererseits werden sie auch als eine Ursache für Verschleiß aufgeführt [TÖNS11; KLOC18]. Demgegenüber differenziert die ISO 3685 zwischen einerseits Verschleiß als fortschreitendem Materialverlust und andererseits Versagen in Form von u.a. *chipping*, *premature failure*, *catastrophic failure* und *preliminary failure* [ISO93]. Diese Phänomene werden in der Norm unter der Bezeichnung „various other phenomena“ zusammengefasst. Demnach sind Ausbrüche als Versagensphänomene zu beschreiben. An dem vorliegenden Beispiel wird deutlich, dass in der Literatur keine vollständig konsistente Nutzung der Begriffe des Phänomens erfolgt.

Kerbverschleiß tritt insbesondere bei 3-achsigen Fräsprozessen mit konstanter axialer Zustellung in der Höhe der Schnitttiefe auf. In Abhängigkeit des Schneidstoffs und der Prozessparameter macht sich Kerbverschleiß in Form einer großen Verschleißmarke am Werkzeug bemerkbar. Das Querfließen des Werkstoffes beim Aufstauchen der Spanlamellen, das Sägezahnprofil am Spanrand und die in der Höhe der axialen Zustellung hohen thermomechanischen Wechselbelastungen und Spannungsgradienten zählen zu den Ursachen der Kerbverschleißbildung, die durch Abrasion, Adhäsion und Oberflächenzerrüttung eingeleitet wird. CEDERGREN ET AL. stellten eine Zunahme des Kerbverschleißes mit Zunahme der Korngröße von IN718 fest und erklärten dies mit der gesteigerten Spansegmentierung und resultierenden Ausfransung des Spans [CEDE13]. Darüber hinaus kann infolge der Gratbildung am Werkstück die Kerbverschleißbildung verursacht und beschleunigt werden. Der stark verformte und damit kaltverfestigte Grat wirkt stark abrasiv auf die Schneidkante und verursacht Kerbverschleiß. Der Kerbverschleiß wiederum verstärkt die Ausbildung des Grats. Die Ursache des Kerbverschleißeses kann demzufolge nicht auf einen einzelnen Verschleißmechanismus zurückgeführt werden, da verschiedene Mechanismen miteinander wechselwirken. [ILLG91; EZUG03; KLOC18]

Maßnahmen zur Verschleißreduktion können sowohl prozess- als auch werkzeugseitig getroffen werden. Generell werden für die Fräsbearbeitung von IN718 mit Hartmetallwerkzeugen Schnittgeschwindigkeiten unterhalb von 100 m/min empfohlen, um die thermische Belastung der Werkzeuge zu senken, vgl. Kapitel 2.3.3. Die zunehmende Verschleißrate bei weiterer Steigerung von v_c auf höhere Werte wurde in diversen Untersuchungen nachgewiesen, vgl. [SHAR01; BUSC14; ZETE14; BART16; KLOC18]. Das Potenzial einer Hochgeschwindigkeitsbearbeitung von Nickelbasislegierungen wies ILLGNER bereits 1990 nach. Limitierend wirkte jedoch der starke Verschleiß durch zunehmende Beanspruchung. [ILLG90] Eine Begrenzung der Spanungslänge führt durch die geringere thermische Belastung zu einem reduzierten Verschleiß [BOUZ10; WITT14]. Dies kann u.a. durch die Einstellung kleiner radialer Zustellungen erreicht werden. In Bezug auf die Spanungsdicke ist ein Kompromiss zu finden zwischen der Vermeidung mechanischer Überlast bei großen Werten von h und der gesteigerten Anzahl von Durchläufen der Schneide durch den Werkstoff bei gleichzeitigen Quetschvorgängen an der Schneidkante für kleine Werte von h. MARKWORTH beobachtete verstärkt Ausbrüche bei Spanungsdicken h > 70 µm [MARK05]. BARTHELMÄ ET AL. ermittelten in Simulationen ein Optimum der Spanungsdicke im Hinblick auf Zerspankraft und Temperatur im Bereich von h = 29 bis 37 µm [BART16].

Aus werkzeugtechnologischer Sicht besteht aufgrund des unterbrochenen Schnittes die Notwendigkeit, eine große Verschleißbeständigkeit mit einer ausgeprägten Zähigkeit in einem Schneidstoff zu verbinden. Die Umsetzung der sich teils widersprechenden Zielsetzungen wird u.a. durch Kornfeinung und Anpassungen des Bindersystems angestrebt [SÜES14]. Eine starke Fokussierung erfolgte in den vergangenen Jahren auf die Gestaltung der Schneidenmikrogeometrie. Positive Effekte einer definierten Schneidenmikrogeometrie für die Zerspanung von Nickelbasislegierungen konnten in vielen Arbeiten nachgewiesen werden, u.a. in [MARK05; BOUZ14; DENK14; ZETE14; BART16; KLOC18; TIFF19]. Im Hinblick auf eine optimale Schneidkantengestalt zur Verschleißreduktion liegen abweichende Angaben vor, da die Werkzeugmikrogeometrie auf die jeweiligen Zerspanbedingungen angepasst werden muss. Für das Schlichtfräsen der Pulvermetall-Legierung IN100 mit Schaftwerkzeugen bei einer max. Spanungsdicke von ca. 50 µm wurde der Standweg durch die Reduktion des Schneidkantenradius r_β von 20 auf 5 µm mehr als verdoppelt [HEIS14]. Ein ähnliches Optimum von 4 µm identifizierte BARTHELMÄ in seinen Untersuchungen beim Schlichtfräsen von IN718 [BART16]. MARKWORTHS Analysen des Fräsens von gekrümmten Oberflächen zeigten, dass ein Schneidkantenradius von r_β = 10 µm im Vergleich zu 5 µm zu einem gleichmäßigerem Werkzeugverschleiß und zur Ausbildung besserer Oberflächenkennwerte für Strömungsflächen führt. Auf Basis einer FEM-Zerspanungssimulation beobachtet er zudem einen Temperaturanstieg in der primären Scherzone um ca. 20 - 100 °C für r_β = 22 µm im Vergleich zu r_β = 7 µm. Die Schneide ist daher bei größeren Radien einer höheren thermischen Belastung ausgesetzt, vgl. [LIU21]. Hieraus leitete er für das Schlichtfräsen die Empfehlung für Schneidkantenradien im Bereich zwischen 10 - 15 µm ab. [MARK05]. REHE ermittelte beim Schruppfräsen von IN718 durch Einsatz von teils asymmetrischen Schneidkanten mit $S_\alpha = S_\gamma$ > 20 µm eine Verringerung der Standzeit gegenüber den Referenzwerkzeugen mit $S_\alpha = S_\gamma$ = 12 µm. Kleinere Radien untersuchte er nicht. [REHE15] Zur Maximierung des Standweges bei der Schlichtfräsbearbeitung von IN718 haben sich demnach Werte von r_β von max. 10 µm als vorteilhaft erwiesen.

Beschichtungen sind als Verschleißschutz in der Zerspanung etabliert und werden auf ca. 85 % aller verwendeten Hartmetalle appliziert [BOBZ17]. Für das Fräsen von Nickelbasislegierungen kommen vielfach unbeschichtete Hartmetalle zum Einsatz [HEIS14; SAND19]. Mit Beschichtungen werden insbesondere beim Fräsen von IN718 nur in einzelnen Einsatzfällen Vorteile erzielt [BEER15]. Standzeitsteigerungen konnten bspw. von KLOCKE ET AL. beim Schruppfräsen von IN718 mit einer radialen Zustellung von a_e = 30 mm durch Nutzung von Werkzeugen mit TiAlN/γ-Al_2O_3

Multilayerschichten erzielt werden. Der positive Effekt geht neben einer reduzierten Adhäsionsneigung auf die thermische Isolationswirkung der Al_2O_3 Schichten zurück. Mit einem Vorschubweg je Zahn von 250 mm waren die erreichten Standwege insgesamt gering, an allen untersuchten Werkzeugen traten Ausbrüche auf. [KLOC08] Die Isolationswirkung der Beschichtung hat insbesondere Relevanz für Schruppprozesse, die durch eine große Umschlingungslänge und folglich eine deutlich höhere thermische Belastung gekennzeichnet sind, als sie bei Schlichtprozessen auftritt. MARKWORTH setzte TiAlN und TiCN-Beschichtungen ein und verglich diese mit einem unbeschichteten Werkzeug bei der Schlichtfräsbearbeitung von gekrümmten Oberflächen mit einer Schnittgeschwindigkeit v_c = 125 m/min. Für beide Schichtsysteme zeigten sich nach wenigen Schnitten Abplatzungen an der Schneidkante, Standzeitsteigerungen wurden nicht erreicht. [MARK05] Bestätigt wurden diese Erkenntnisse durch in [HEIS14] beschriebene, vergleichende Untersuchungen von unbeschichteten und beschichteten Schaftfräswerkzeugen. Die Mono- und Multilayer-Schichtsysteme auf Basis von TiAlN, AlCrN und TiAlN-TiAlSiN brachten aufgrund von frühzeitigen Abplatzungen keine Vorteile. [HEIS14] Unbeschichtete Hartmetalle zeichnen sich demgegenüber grundsätzlich durch einen kontrollierten Verschleißverlauf aus [SAND19]. In Untersuchungen von BARTHELMÄ ET AL. zum Schlichtfräsen von IN718 mit Spanungsdicken unterhalb von 30 µm konnten mit neuen Schichtsystemen auf Basis von AlTiCrN und AlCrTiN in bestimmten Prozessbereichen Standzeitsteigerungen erzielt werden. Aufgrund von frühzeitigem adhäsivem oder kohäsivem Versagen identifizierten sie die Schichthaftung jedoch als kritischen Faktor, der die volle Ausnutzung des Potenzials von Beschichtungen limitiert. [BART16] Während adhäsives Schichtversagen das Auflösen des Schichtverbundes an der Schnittstelle zwischen Beschichtung und Substrat bezeichnet, beschreibt das kohäsive Schichtversagen eine Materialtrennung innerhalb der Schicht oder innerhalb des Substrats [TÖNS98; FRIE02; BREI11; BOUZ13]. Das Verschleißverhalten der Werkzeuge ist daher auch trotz Beschichtung stark vom Schneidstoff und der Oberflächenvorbehandlung abhängig [BOUZ14]. Für unbeschichtete Werkzeuge steht die Randzone des Werkzeugs in direktem Kontakt mit dem zu zerspanenden Werkstoff. Die Randzone bedarf daher einer besonderen Analyse hinsichtlich Ihrer Auswirkung auf das Einsatzverhalten.

2.4 Einfluss der Werkzeugrandzone auf das Verschleißverhalten

Influence of cutting tool surface layer on tool wear

Im Fokus dieser Arbeit steht der Einfluss der Randzoneneigenschaften von Werkzeugen auf das Verschleißverhalten. Neben dem Werkstoff und der Geometrie spielt insbesondere die Randzone inkl. der Oberfläche eine wesentliche Rolle für das Einsatzverhalten hochbelasteter Bauteile [BREI11]. In der Folge wird zur besseren Lesbarkeit allgemein von Randzoneneigenschaften gesprochen, sofern nicht explizit und ausschließlich die Oberflächeneigenschaften gemeint sind.

Erkenntnisse zum Einsatz unbeschichteter Hartmetallwerkzeuge

Untersuchungen zum Einfluss der Schleifbearbeitung (Schleifscheibenumfangsgeschwindigkeit und Schleifrichtung) an Span- und Freifläche von Wendeschneidplatten auf die Verschleißentwicklung beim Drehen von 42CrMo4 wurden von WEINERT durchgeführt. Eine Spanablaufrichtung senkrecht zu den Schleifriefen resultierte in einer ca. 30 % höheren Kolktiefe sowie zusätzlich in einer Steigerung der Verschleißmarkenbreite, ebenfalls um ca. 30 %. WEINERT erklärte dies mit einer Zunahme der Reibung und folglich einer stärkeren Spanstauchung. Die Kopplung zwischen Spanflächenrauheit und Zunahme von VB ist auf einen erhöhten Spannungszustand an der Schneidkante und die in der Folge auftretende Selbstfurchung durch abgeleitete Hartmetallpartikel zurückzuführen. Die Steigerung der Schleifscheibenumfangsgeschwindigkeit v_s zwischen 20 und 50 m/s führte zu einer Erhöhung von VB um 10 bis 15 % und wurde mit der Abnahme der

Druckeigenspannungen begründet. Die durch den variierten Schleifprozess ebenfalls beeinflussten Merkmale der Schneidkante wurden jedoch nicht charakterisiert und in die Analysen mit einbezogen. [WEIN96]

FRIEMUTH stellte den Einfluss des Schleifens der Freiflächen von WSP auf die Verschleißmarkenbreite beim Drehen von 16MnCr5 dar. Der Einsatz von Emulsion beim Schleifen führt demnach zu einer Vorschädigung des Substrates und zu deutlich geringeren Standzeiten als mit WSP, die mit Öl geschliffen wurden. Weiterhin zeigte sich ein Optimum der Diamantkorngröße in Bezug auf den Verschleiß. Die mit D25 Korn geschliffenen Werkzeuge erzielten um ca. 50 % geringe Verschleißmarkenbreiten als die WSP, welche mit Korngrößen D10 und D46 geschliffen wurden. Erklärt wurde dies mit „ungünstigen physikalischen Eigenschaften" für kleine Diamantkorngrößen sowie mit zunehmender Rauheit bei größeren Korngrößen. [FRIE02]

Abhängigkeiten zwischen Schleifprozessgrößen und dem Verschleißverhalten wurden weiterhin von SCHNEIDER für das Drehen mit Hartmetall und Cermet analysiert. Die Steigerung der Schleifscheibenumfangsgeschwindigkeit v_s von 15 bis auf 50 m/s führte zu einer Verdopplung der Kolktiefe beim Einsatz in 42CrMo4V. SCHNEIDER machte thermisch induzierte Randzonenveränderungen wie Mikrorisse verantwortlich, ohne diese jedoch im Hartmetall nachzuweisen bzw. die Randzone zu charakterisieren. Welche Zustände in der Randzone wie verändert wurden, bleibt offen. Kausale Beziehungen zwischen dem Einsatzverhalten und den konkreten Merkmalen der Werkzeugrandzone wurden somit nicht abgeleitet. [SCHN99]

BEER beschrieb positive Auswirkungen von geglätteten Spanflächen an Wendelbohrern auf die Standzeit, ohne jedoch Angaben zum Herstellprozess der Werkzeuge zu machen. Mit feingeschliffenen, unbeschichteten Wendelbohrern erzielte er beim Bohren von IN718 die gleichen Standwege wie mit Beschichtungen auf Basis von TiAlYN und TiAlSiN. Zurückzuführen sind die positiven Effekte demnach auf eine Reduktion der Adhäsionsneigung und eine Verbesserung der Spanabfuhr. [BEER15, S. 106] Eine Randzonencharakterisierung war nicht Teil seiner Arbeit.

MALDANER variierte in seiner Arbeit verschiedene Schleifscheibenspezifikationen und Prozessparameter beim Schleifen von HM-Schneidplatten und setzte diese anschließend zum Drehen von C45E ein. Die Werkzeuge wurden nach dem Schleifen in Bezug auf Rauheit, Schartigkeit und Mikrohärte charakterisiert. Eigenspannungsmessungen wurden lediglich an vier Werkzeugen durchgeführt, welche er mit kunstharzgebunden Schleifenscheiben der Korngröße D46 herstellte. Die Verschleißentwicklungen im Einsatz waren teils deutlich durch jeweilige Schleifprozessführung beeinflusst. Die Werte für VB nach einer Schnittzeit t_c = 22 min variierten z.B. für mit Kunstharzbindung geschliffene Werkzeuge zwischen ca. 260 und knapp 450 µm. Die Korngröße D91 führte demnach zu deutlich stärker ausgeprägtem Verschleiß als die Nutzung einer Schleifscheibe mit Korngröße D46. MALDANER stellte weiterhin fest, dass die mit der Bronze-Bindung geschliffenen Schneidelemente stärker verschleißen als bei Nutzung einer Schleifscheibe mit einer Kunstharzbindung. Ursächlich seien hierbei insbesondere die Schneidkanten mit deutlich höherer Schartigkeit. [MALD08]. Inwieweit die Rauheit oder mögliche Eigenspannungsvariationen einen überlagernden Effekt ausüben, wurde nicht untersucht. Die Ergebnisse im Zerspanversuch konnten insgesamt nicht eindeutig mit bestimmten Merkmalen der Randzone korreliert bzw. in kausalen Zusammenhang gebracht werden. Gleichermaßen liegen keine detaillierten Beschreibungen und Erklärungen der Verschleißmechanismen und der Verschleißentwicklung vor. [MALD08] Erschwert wird die Interpretation von der Tatsache, dass an unterschiedlichen Stellen der Arbeit prozessbestimmende Randbedingungen ungenannt blieben, u.a. Angaben zum Abrichtprozess der Schleifscheiben und den sich hieraus ergebenden Schleifscheibentopographien und –kantenradien.

Hinweise für die Relevanz von Eigenspannungen für das Standvermögen in orthogonalen Drehversuchen mit Gusseisen fanden sich in der Arbeit von CRUZ ET AL.. Sie variierten u.a. die Diamantkorngröße beim Schleifen von WSP und ermittelten eine erhöhte Standzeit für das mit gröberen Körnern geschliffene Werkzeug. Standzeitbestimmend war das Auftreten von Querrissen an der Schneidkante, wobei je Ausprägung lediglich ein Versuch durchgeführt wurde und im Trockenschnitt eine hohe Schnittgeschwindigkeit (v_c = 450 m/min) sowie ein großer Vorschub (f = 0,7 mm) zur Anwendung kamen. Als maßgeblich positiver Einflussfaktor wurde die um knapp 1.000 MPa erhöhte Druckeigenspannungen in der Freifläche ermittelt. [CRUZ22]

HÜBERT überprüfte die Einsatzeignung unterschiedlich geschliffener Schaftfräswerkzeuge zum Schlichtfräsen von IN718. Für die mit größerem Diamantkorn (D64) hergestellten Werkzeuge ermittelte er gegenüber den mit D33-Korn geschliffenen Werkzeugen trotz schlechterer Schneidkantenqualität um nahezu 50 % reduzierte Verschleißmarkenbreiten. Seine Ergebnisse stehen damit im Gegensatz zu den Erkenntnissen aus der Arbeit von MALDANER. Das ungünstigere Verschleißverhalten mit geringerer Schleifkorngröße erklärte er mit einer thermischen Schädigung der Randzone durch das Herabsetzen der kritischen Spanungsdicke unter eine kritische Schnitteinsatztiefe. Diese ist durch elastische und plastische Deformation der Randzone ohne eigentliche Spanbildung gekennzeichnet. [HÜBE12] Eine Charakterisierung der Randzonen durch Querschliffe oder Eigenspannungsmessungen zur Stützung dieses Erklärungsansatzes nahm HÜBERT jedoch nicht vor. Die Bedeutung der initialen Schartigkeit bewertete er vor dem Hintergrund eines Verschleißes im Bereich von 70 < VB < 150 µm als vernachlässigbar. Eine nachfolgende Schneidkantenpräparation zur gezielten Reduktion der Schneidkantenschartigkeit wurde nicht durchgeführt. Inwieweit die Schartigkeit der ungenutzten Schneidkante einen Einfluss auf das Verschleißverhalten beim Fräsen von IN718 nimmt, bleibt damit ungeklärt. [HÜBE12]

EYRISCH beschrieb in einem Beispiel zur Anwendung ihrer Methodik zur Vermeidung von Oberflächenschädigungen die negativen Auswirkungen von durch Schwingungen hervorgerufenen Ausbrüchen auf das Einsatzverhalten [EYRI09]. Die Ausbrüche nach dem Schleifen eines Vollhartmetallschaftfräsers lagen bei über 30 µm und sind nicht als normale Schartigkeit zu werten. Die Einglättung der Schneidkantenschartigkeit führt aufgrund minimierter Mikroausbrüche zu einer Stabilisierung der Schneidkante [RISS06]. Hieraus resultiert eine geringere Kerbschwächung der Schneidkante, die zu deutlich erhöhten Standzeiten von bis zu 360 % gegenüber Werkzeugen mit größerer Schartigkeit führt [RISS06]. DENKENA ET AL. [DENK07] wiesen ebenfalls einen bis zu vierfach erhöhten Standweg für Werkzeuge mit geringerer Schartigkeit nach.

DENKENA ET AL. variierten Schartigkeit und Schneidkantengeometrie an beschichteten Vollhartmetallfräsern durch die Prozesskette aus Schleifen und Schneidkantenpräparation. Sie setzten Werkzeuge mit geringer und hoher Schartigkeit (Ra > 1,1 µm) zum Fräsen von 42CrMo4-QT ein und konnten nachweisen, dass insbesondere die Werkzeuge mit großer Schartigkeit durch große Ausbrüche ausfielen. Insgesamt war jedoch der Einfluss der Schneidkantenverrundung dominant gegenüber dem Einfluss der Schartigkeit. [DENK21] Es ist zu beachten, dass die untersuchte Schartigkeit mit bis zu 4 µm groß war und die Werkzeuge für das Schruppfräsen eingesetzt wurden.

THEUER setze mit den Korngrößen B54 und B64 wälzgeschliffene HSS-Fräswerkzeuge zur Zerspanung von C45 ein und verglich diese mit konventionell hergestellten HSS-Fräswerkzeugen. Die mit gröberem Korn geschliffenen Werkzeuge erzielten eine um 15 % gesteigerte Schnittzeit t_c. Als mögliche Ursache nannte THEUER, mit Bezug zu Erkenntnissen aus dem Wälzschleifen, den Eigenspannungszustand. Der Nachweis dieser Hypothese durch Eigenspannungsmessungen war nicht Teil seiner Untersuchungen. [THEU20]

Grundlegende Untersuchungen zum Reibverschleiß geschliffener und erodierter HM-Proben führte BONNY unter Nutzung eines Pin-on-plate Tests durch. Die höchsten Verschleißraten ermittelte er für drahterodierte Proben und führte dies auf die thermisch bedingten Randzonenschäden sowie vorliegenden Zugspannungen zurück [BONN09]. YANG ET AL. fokussierten in ihrer Arbeit auf den Einfluss verschiedener Fertigungsprozessketten auf die Randzone von WC-Co Hartmetallen. Neben geschliffenen und polierten Proben untersuchten sie auch den Einfluss einer einstündigen Wärmebehandlung. In Vierpunktbiegeversuchen zeigte sich eine Abnahme der Biegebruchfestigkeit durch das Polieren und in stärkerem Maße durch die Wärmebehandlung bei 920 °C. [YAN14]

Untersuchungen zum Drehen von IN718 mit PCBN-Werkzeugen mit unterschiedlichen Oberflächentopografien führten SUGIHARA ET AL. durch [SUGI15]. Sie stellten fest, dass die Rauheit der Spanfläche die Ausprägung des Kolkverschleißes beeinflusst. Demnach treten bei polierten Spanflächen gegenüber konventionellen und geschliffenen Flächen die geringsten Kolktiefen auf. Als ursächlich wurde die verstärkte Adhäsion von Ni in Schleifriefen und ein damit einhergehend beschleunigter Diffusionsverschleiß diskutiert. [SUGI15] Inwiefern dieser Mechanismus auch für den typischen Freiflächenverschleiß bei Hartmetall Relevanz besitzt, ist unklar.

WANG ET AL. verglichen mit unterschiedlichen Verfahren präparierte Schneidkanten miteinander hinsichtlich Ihrer Härte, Eigenspannungen und Standwegen beim Drehen von 42CrMo4. Einen Anstieg der Eigenspannungen im Kantenbereich ermittelten sie für die gestrahlten (+ 60 %) und die gleitgeschliffenen Werkzeuge (+ 15 %), ohne genaue Angaben zur Messmethodik oder der Messposition zu machen. Alle Werkzeuge wiesen mit 2.200 HV gegenüber dem Ausgangszustand (ca. 1.700 HV) deutlich gesteigerte Härtewerte auf. Mit gleitgeschliffenen Werkzeugen wurden um 44 % bzw. 53 % höherer Standwege als mit gebürsteten bzw. nassgestrahlten Werkzeugen erzielt. Detaillierte Erklärungen für die unterschiedlichen Auswirkungen der Präparationsverfahren auf Werkzeugeigenschaften und Einsatzverhalten fehlen. [WANG20]

In den letzten Jahren wurden zunehmend Untersuchungen zum Einfluss von gezielt eingebrachten Oberflächenstrukturen auf das Verschleißverhalten durchgeführt. HOIER setzte unbeschichtete WSP mit gelaserten Näpfchen auf Span- und Freifläche zum Drehen von IN718 mit Hochdruckkühlung ein. Gegenüber unbehandelten Werkzeugen konnte er eine Reduktion der max. Verschleißmarkenbreite um ca. 45 % feststellen und führte dies auf die gesteigerte Kontaktfläche zwischen Werkzeuge und KSS zurück [HOIE17]. Ähnliche Erkenntnisse ermittelten SUGIHARA ET AL. beim Fräsen von Stahl mit WSP, deren Spanflächen durch Näpfchen bzw. orthogonal zur Schnittrichtung angeordnete Riefen strukturiert wurden. Demnach konnte auch für eine Trockenbearbeitung eine Reduktion des Kolkverschleißes erzielt werden. Die positiven Einflüsse führt er neben dem o.g. Effekt auf das Vermögen der Strukturen zurück, Hartstoffpartikel aufzunehmen und somit die Abrasivwirkung dieser Partikel zu mindern. [SUGI17] In ähnlichen Untersuchungen konnte SUGIHARA weiterhin den positiven Effekt von parallel zur Schneidkante eingebrachten Mikrorillen an der Freifläche auf die Verschleißmarkenbreite nachweisen [SUGI13].

Für keramische Werkzeuge korrelierte FRIEMUTH die Verschleißgeschwindigkeit beim Drehen von 100Cr6 mit der mittleren Einzelkornspanungsdicke beim Schleifen. Trotz großer Streuung der Werte ließ sich ein Zusammenhang zwischen der Zunahme von h_{cu} zwischen 0,15 und 0,35 µm und einer sinkenden Verschleißgeschwindigkeit feststellen. Oberhalb von h_{cu} = 0,25 µm nahm die Verschleißgeschwindigkeit nicht weiter ab, was auf eine für Keramik ungünstige Schneidkantenschartigkeit zurückgeführt wurde. [FRIE99]. Es kann daher vermutet werden, dass es auch für unbeschichtete VHM-Fräswerkzeuge Optima der Randzoneneigenschaften in Bezug auf das Verschleißverhalten gibt. WÜRZ stellte beim Drehen von GJS-600 mit keramischen WSP eine Zunahme der Kolktiefe sowohl für die Steigerung der Schnitt-, als auch der Vorschubgeschwindigkeit beim

Schleifen fest. Sie führte dies auf eine thermische Überlastung der Randzone zurück. Die verwendeten Werkstückvorschubgeschwindigkeiten v_w lagen zwischen 300 und 2.700 mm/min und damit weit über den für das Schleifen von Hartmetall üblicherweise verwendeten Werten. [WÜRZ11]

Erkenntnisse zum Einsatz beschichteter Werkzeuge

PVD-Beschichtungen weisen hohe Druckeigenspannungen auf. Durch die Überlagerung mit den Eigenspannungen im Substrat kommt es hier zur Reduktion der Druckeigenspannungen. Einfluss auf die Höhe der Eigenspannungen haben das Beschichtungsverfahren und die Schichtdicke. [FRIE02; BREI13; BERG17] Dieser zusätzliche Wirkmechanismus spielt daher eine große Rolle bei dem Einsatz von beschichteten Werkzeugen.

Kleinjans betrachtete das Einsatzverhalten von Wälzfräswerkzeugen über mehrere Wiederaufbereitungszyklen hinweg. Er beobachtete eine abnehmende Belastbarkeit des Schicht-Substratverbundes mit zunehmender Anzahl an Wiederaufbereitungen durch einen fortschreitenden Abbau von Druckeigenspannungen im Substrat. Ursächlich hierfür ist die thermische Belastung des Werkzeugs durch den wiederholten Beschichtungsprozess. Durch ein Verfestigungsstrahlen konnte er die Druckeigenspannungen so steigern, dass eine deutliche Verbesserung des Verschleißverhaltens der neuen und der aufbereiteten Werkzeuge erreicht wurde. Er beschrieb außerdem das Vorliegen eines optimalen Druckeigenspannungszustandes. [KLEI03] Ob ein solches Optimum auch für unbeschichtete Werkzeuge vorliegt, ist offen. Das Strahlen mit Korund zur Steigerung des Verschleißwiderstandes nutze auch Mohlfeld für das Trockenbohren von C45. Eine Steigerung der Eigenspannungen durch Strahldrücke bis 5 bar führte gegenüber einem Strahldruck von 2 bar zu einer Steigerung von VB. Der positive Effekt für geringe Strahldrücke war demnach durch die Entfernung loser Gefügebestandteile des Substrates begründet. Die Anhebung des Strahldrucks führte demgegenüber neben der Anhebung des Eigenspannungsniveaus zu einer Zerrüttung und einer entsprechenden Überlastung der Hartmetallrandzone. [MOHL00]

Breidenstein und Denkena führten eine prozessübergreifende Analyse der Eigenspannungen durch, indem sie ein empirisches Modell zur Entwicklung von Eigenspannungsverläufen entlang einer ausgewählten Prozessfolge von Hartmetall-Schneidwerkzeugen beschrieben. Basierend auf thermischer und mechanischer Einwirkung einzelner Prozessschritte wurde die Entwicklung des Eigenspannungsverlaufes über der Prozessfolge dargelegt. Die Entwicklungen anderer Werkzeugeigenschaften, wie der Kantenschartigkeit, der Rauheiten auf Span- und Freifläche oder der Mikrotopographie der Oberfläche, wurden nicht betrachtet. [DENK12; BREI13]

Denkena und Breidenstein untersuchten die Ursachen von kohäsivem Schichtversagen an Wendeschneidplatten mit Hilfe von Synchrotronstrahlung, durch die eine tiefenaufgelöste Eigenspannungsmessung möglich ist. Sie stellten fest, dass die Eigenspannungen an der Freifläche sowohl im Substrat, als auch in der Schicht inhomogen sind und im Bereich mehrerer GPa schwanken können. Druckeigenspannungen im Substrat sind vornehmlich dort reduziert, wo hohe Druckeigenspannungen in der Beschichtung auftreten [DENK12]. Die genauen Ursachen der Inhomogenität sind bisher unbekannt. Da die Ursache grundsätzlich auch im Beschichtungsprozess oder der Schichtvorbehandlung liegen kann, ist die Übertragbarkeit der Erkenntnisse auf unbeschichtetes Hartmetall fraglich.

Klocke et al. identifizierten ein Optimum der Druckeigenspannungen innerhalb der PVD-Schicht in Bezug auf Verschleißbeständigkeit. Bei Vergleichsspannungen σ_v oberhalb von ca. 2.800 MPa nahm das Standvermögen in Leistendrehversuchen ab. Der Effekt wurde mit einer zunehmenden Versprödung der Schicht erklärt. [KLOC10]. Skordaris et al. bestätigten diese Erkenntnis durch Drehversuche unter Anwendung von TiAlN-Schichten mit unterschiedlichen Eigenspannungsniveaus. Sehr hohe Druckeigenspannungen zwischen 5 und 6 GPa in der Schicht führten demnach zu adhäsivem Schichtversagen. Dieses ist gekennzeichnet durch Zugspannungen an der Grenzfläche zwischen Schicht und Substrat und resultierende Überschreitung der Bruchspannung des Hartmetallsubstrates. [SKOR17] BREIDENSTEIN ET AL. untersuchten ebenfalls die Auswirkungen unterschiedlicher Eigenspannungsverläufe innerhalb von PVD- und CVD-Schichten auf das Verschleißverhalten im kontinuierlichen und unterbrochenen Schnitt von 42CrMo4 und TiAl6V4. Je nach Schichtsystem lagen unterschiedliche Spannungsverläufe mit max. Spannungen zwischen 3.000 und -7.000 MPa vor. Die Forscher stellten u.a. fest, dass mit Zunahme der Druckeigenspannungen von der Oberfläche hin zum Substrat die Stabilität der Kolklippe im unterbrochenen Schnitt zunimmt. Der Widerstand gegenüber Freiflächenverschleiß ist demgegenüber für abnehmende Druckeigenspannungen mit einem Maximum von ca. -1.500 MPa am höchsten. Angaben zum Zustand des Substrates bzw. zur Schneidkantengeometrie lagen nicht vor. [BREI16]

BERGMANN fokussierte in seiner Arbeit die grundlegende Analyse der mechanischen und thermischen Lastsituation an symmetrischen und asymmetrischen Schneidkanten für den Anwendungsfall der Drehbearbeitung unterschiedlicher Werkstoffe. Schneidkantenausbrüche führte er auf das Überschreiten einer kritischen Tangentialspannungen an der Schneidkantenverrundung zurück. Basierend auf der Kenntnis der wirkenden Spannungen am Schneidkeil und der Verschleißmechanismen leitete er ein Modell ab zur werkstoffbezogenen Auslegung der Schneidkante auf Basis der Zugfestigkeit der bearbeiteten Materialien. [BERG17]

Insgesamt bleibt festzuhalten, dass die Prozessparameter der Werkzeugherstellung nicht unmittelbar mit dem Einsatzverhalten der Werkzeuge korreliert werden können. Es ist daher notwendig, die jeweils in ihrer Wirkung auf das Verschleißverhalten dominanten Werkzeugmerkmale zu identifizieren und zu tolerieren. Hierbei könnte u.U. die Überlagerung der thermomechanischen Lastspannungen mit den vorhandenen Eigenspannungsverläufen in der Randzone wichtige Erkenntnisse liefern.

2.5 Fazit

Conclusion

Im Rahmen der Analyse des Stands der Technik konnten unterschiedliche Forschungsbedarfe identifiziert werden im Hinblick auf:

1. die Auswirkung der Herstellprozesskette auf die Randzonenausprägung von Schaftfräswerkzeugen sowie
2. die Wirkung der Randzonenmerkmale auf das Einsatzverhalten der Werkzeuge bei der Fräsbearbeitung von Nickelbasislegierungen

Herstellung von VHM-Werkzeugen:

- Der Großteil der bisherigen Untersuchungen erfolgten an Wendeschneidplatten. Die Kontakt- und Kühlbedingungen des Quer-Seiten-Planschleifens sind jedoch nicht auf die Eingriffsbedingungen des Schleifens von Schaftwerkzeugen übertragbar.
- Das Schleifen von geometrisch komplexeren Schaftfräswerkzeugen war bisher nur Gegenstand weniger Arbeiten, vgl. [SCHN99; WEIN06; HÜBE12; SCHR18; THEU20, DENK21]. Die Auswirkungen der Prozessstellgrößen auf die Randzoneneigenschaften sind hierfür nicht vollständig bekannt und beschrieben. Es erfolgte entweder die Untersuchung einzelner Schleifoperationen wie das Nutenschleifen [HÜBE12; HEYM15; SCHR18], die Entwicklung einer neuen Prozesskinematik für die Herstellung von Werkzeugen aus HSS [THEU20], oder die isolierte Analyse einzelner Zielgrößen wie der Schartigkeit der Schneidkante

[DENK21]. Dabei wurden die für das Verschleißverhalten vielfach als relevant erachteten Eigenspannungen nur in sehr limitiertem Umfang betrachtet.

- Die günstige Wirkung einer Schneidkantenpräparation hinsichtlich des Standvermögens konnte in vielen Arbeiten aufgezeigt werden. Weitestgehend unbekannt ist jedoch, wie die Randzonenmerkmale durch die gezielte Überlagerung aus Schleifprozess und Gleitschleifen beeinflusst und eingestellt werden können. Dabei ist insbesondere eine in der Literatur beschriebene Veränderung der Eigenspannungen durch das Gleitschleifen kritisch zu prüfen.
- Zwischen der Einstellung unterschiedlicher Randzonenmerkmale wie der Erzielung bestimmter Eigenspannungen, der Vermeidung von Randzonenschäden, der Reduktion der Oberflächenrauheit und einer anforderungsgerechten (Mirko-) Geometrie besteht ein Zielkonflikt. Dieser führt i.d.R. zu einem sehr kleinen nutzbaren Bereich von Einzelkornspanungsdicken im Schleifprozess [FRIE02]. Wo sich ein geeigneter Bereich zur Herstellung von Werkzeugen für das Schaftfräsen von Nickelbasislegierungen befindet, ist unklar.

Wirkung der Randzonenmerkmale auf das Einsatzverhalten:

- Unstrittig ist, dass die Schleifprozessführung und die Schneidkantenpräparation teils signifikante Auswirkungen auf das Einsatzverhalten der Werkzeuge haben können. Häufig wurden direkte Korrelationen zwischen Herstellprozess und Einsatzverhalten ohne Kenntnis der tatsächlich vorliegenden Eigenschaften der Werkzeugrandzone aufgestellt. Anderseits mangelt es an der ganzheitlichen Berücksichtigung aller gleichzeitig durch die Herstellprozesskette veränderten Randzonenmerkmale. Dies ist relevant, da konträre Effekte unterschiedlicher Merkmale auf das Standvermögen möglich sind.
- Die Analyse vorliegender wissenschaftlicher Erkenntnisse deutete weiterhin darauf hin, dass insbesondere die Oberflächenrauheit an Span- und Freifläche, die Schartigkeit der Schneidkante und die Eigenspannungen in der Randzone des Werkzeugs von Bedeutung für das Einsatzverhalten sind. Offen ist, wie sich eine Überlagerung dieser Größen auswirkt und welche Bedeutung einzelne Merkmale für das Verschleißverhalten haben.
- Im Wesentlichen erfolgte die Bewertung des Standverhaltens anhand der Zerspanung diverser Stahllegierungen. Die zu Grunde liegenden Beanspruchungen und Verschleißmechanismen weichen signifikant ab von diesen beim Schlichtfräsen von IN718 und können daher nicht übertragen werden. Ein mögliches Gesamtoptimum der Werkzeugmerkmale in Bezug auf die Standwegsteigerung ist anwendungsspezifisch und muss daher im Kontext der jeweiligen Prozessbeanspruchungen und wirkenden Verschleißmechanismen ermittelt werden.
- Da zum Schlichtfräsen von IN718 vielfach unbeschichtete Vollhartmetallwerkzeuge zum Einsatz kommen, lassen sich Erkenntnisse für beschichtete Werkzeuge nicht ohne Weiteres anwenden.

3 Zielsetzung und Vorgehensweise

Objective and approach

Ausgangspunkt dieser Arbeit war die Diskussion der aktuell vorliegenden Erkenntnisse. In einer Vielzahl von Untersuchungen wurden Variationen in der Herstellprozesskette von Zerspanwerkzeugen durchgeführt und Auswirkungen auf das Verschleißverhalten nachgewiesen. Wissensdefizite bestehen in Bezug auf die zu Grunde liegenden Ursache-Wirkungs-Beziehungen. Dies ist u.a. dem Sachverhalt geschuldet, dass durch Veränderungen der Prozessstellgrößen in der Herstellung der Werkzeuge simultan verschiedene Merkmale der Randzone inkl. der Oberfläche beeinflusst werden. Welche dieser Merkmale in welchem Maße eine Bedeutung für die Verschleißentwicklung haben, ist für die Zerspanung von Nickelbasislegierungen bisher unbekannt.

Im Hinblick auf Veränderungen der erzeugten Randzonen durch das Schleifen wurden umfängliche Ergebnisse für die Schneidstoffe Keramik und Hartmetall erarbeitet. Diese basieren in vielen Fällen aber auf der Kinematik des Quer-Seiten-Planschleifens von Wendeschneidplatten, die nicht auf die Kinematik und die Kontaktbedingungen des Schleifens von Schaftfräswerkzeugen übertragbar ist. Wie in Kapitel 2 gezeigt wurde, wirkt sich eine Schneidkantenpräparation positiv auf die Standzeit aus. Wissensdefizite bestehen jedoch in der Frage, ob und wie die zur Einstellung der Schneidkantenverrundung notwendige Werkzeugnachbehandlung eine Veränderung der beim Schleifen erzeugten Randzonenausprägungen hervorruft. In der Folge bleiben die Leistungspotenziale von VHM-Fräswerkzeugen in der Bearbeitung von Nickelbasislegierungen möglicherweise ungenutzt. Insgesamt gibt es bisher keine Empfehlungen zur Einstellung von Randzoneneigenschaften unbeschichteter Fräswerkzeuge für die Bearbeitung von IN718. Zusammengefasst ergeben sich daraus die folgenden wissenschaftlichen und wirtschaftlichen Problemstellungen:

Wirtschaftliche Problemstellung:

Aufgrund unbekannter Ursache-Wirkungs-Beziehungen können Variationen der Herstellprozesskette von Fräswerkzeugen zu ungeplanten Auswirkungen auf das Standvermögen der Werkzeuge führen und somit die Prozesssicherheit sowie die Integrität der gefertigten Bauteile gefährden.

Wissenschaftliche Problemstellung:

Die Ursache-Wirkungs-Beziehungen zwischen der Herstellung von Schaftfräswerkzeugen durch Werkzeugschleifen und Werkzeugnachbehandlung, den entstehenden Randzoneneigenschaften des Werkzeugs sowie dem Einfluss auf das Standvermögen beim Fräsen von Nickelbasislegierungen sind nicht hinreichend wissenschaftlich erforscht.

Hieraus leitet sich die **Zielsetzung der vorliegenden Arbeit** ab:

Das Ziel der Arbeit ist die Identifikation der für das Standvermögen relevanten Randzonenmerkmale von VHM- Fräswerkzeugen, das Verständnis der Ursache-Wirkungs-Beziehungen und die Entwicklung daraus abgeleiteter Gestaltungsempfehlungen für die Randzonenmerkmale.

Zur Lösung der beschriebenen Problemstellungen wird die folgende **Forschungshypothese** aufgestellt:

Durch ein systematisches Vorgehen lassen sich standzeitbeeinflussende Randzoneneigenschaften des Fräswerkzeugs identifizieren sowie gezielt so einstellen, dass ein verbessertes Verschleißverhalten der Werkzeuge erreicht werden kann.

Zur Verifizierung bzw. Falsifizierung der Forschungshypothese werden im Laufe der Arbeit die folgenden vier Forschungsfragen beantwortet:

Forschungsfrage 1

In welchem Maße werden die Randzoneneigenschaften von Schaftfräswerkzeugen durch die Überlagerung von Schleifprozess und Werkzeugnachbehandlung beeinflusst?

Forschungsfrage 2

Wie können Randzoneneigenschaften von Schaftfräswerkzeugen gezielt und möglichst isoliert eingestellt werden?

Forschungsfrage 3

Welche Randzoneneigenschaften üben einen signifikanten Einfluss auf das Verschleißverhalten beim Fräsen von IN718 aus?

Forschungsfrage 4

Wie lassen sich die zugrundeliegenden Ursache-Wirkungs-Zusammenhänge mittels eines Erklärungsmodells beschreiben und in konkrete Empfehlungen für die Praxis überführen?

Der Bezug zu den Fragestellungen der Wissenschaft und Praxis ist für diese Arbeit von zentraler Bedeutung. Die Forschungsmethodik basiert auf experimentellen Analysen, der Entwicklung analytischer Modelle sowie auf dem Aufstellen von Gestaltungsmodellen. Das Forschungsvorgehen ist in Abbildung 3.1 dargestellt. Auf Basis der identifizierten praxisrelevanten Problemstellung und der Diskussion relevanter Theorien wird das Problem in mehreren induktiven Schritten eingehend analysiert. Anschließend fließen die ermittelten Erkenntnisse und Beobachtungen in die Entwicklung eines Erklärungsmodells ein. Abschließend erfolgt die Ableitung von regelbasierten Gestaltungsempfehlungen für die Anwendung in der industriellen Praxis.

Im Stand der Technik wurden die Probleme in Bezug auf die Herstellung von Schaftfräswerkzeugen sowie bezüglich der Auswirkung Ihrer Randzonenmerkmale auf das Einsatzverhalten erfasst. Die vorliegenden Erkenntnisse sind jedoch zu lückenhaft, um hieraus eindeutige Anwendungsempfehlungen ableiten zu können. Die Problemstellung der Arbeit wird daher in Teilprobleme aufgegliedert, die gesondert durch empirische Analysen (Kapitel 4, 5 und 6) untersucht werden.

Die Analyse fokussiert zunächst die Beeinflussbarkeit der Randzonenmerkmale durch die Prozesskette der Werkzeugherstellung. Zur Beantwortung der ersten Forschungsfrage werden in Kapitel 4.2 das Werkzeugschleifen sowie anschließend das Gleitschleifen zur Schneidkantenpräparation analysiert. Hierzu werden Prozessparameter und Schleifmittel gezielt variiert. Im Fokus der werkzeugseitigen Bewertung stehen neben ausgewählten Merkmalen von Span- und Freiflächen auch die Geometrie und Qualität der Schneidkante. Die Untersuchungen erfolgen primär an der Hauptscheide gedrallter Schaftfräswerkzeuge sowie zur Bestimmung der Schleifkräfte an Analogiewerkzeugen. Durch die Berücksichtigung des Gleitschleifens soll die Frage beantwortet werden, welche Auswirkung die Überlagerung mehrerer Herstellprozessschritte auf den finalen Zustand der Werkzeugrandzone hat. Einen Schwerpunkt der Randzonenbewertung stellt die Eigenspannungsmessung an Frei- und Spanfläche dar, da sie eine Quantifizierung der Randzoneneigenschaften erlaubt. In Kapitel 5 wird zur Adressierung von Forschungsfrage 2 eine Methodik entwickelt, um die einzelnen Randzonenmerkmale möglichst unabhängig voneinander einzustellen zu können. Diese Methode bildet die Grundlage für die Analyse des Einflusses der jeweiligen Werkzeugmerkmale auf das Einsatzverhalten der Fräswerkzeuge.

Kap. 1: Einleitung und Motivation

Kap. 2: Grundlagen und Stand der Technik

Kap. 3: Zielsetzung und Vorgehensweise

Kap. 4	Eingrenzung und Analyse des Einflusses von Schleif- und Gleitschleifprozess auf die Werkzeugrandzone	FF1	induktiv
Kap. 5	Methodik zur gezielten Einstellung der Werkzeugrandzone	*FF2*	*Induktiv / deduktiv*
Kap. 6	Analyse des Einflusses von Werkzeugmerkmalen auf das Einsatzverhalten beim Fräsen	*FF3*	*induktiv*
Kap. 7	Entwicklung eines Erklärungsmodells zum Einfluss von Randzoneneigenschaften auf das Einsatzverhalten	*FF4*	*Induktiv / deduktiv*
Kap. 8	Ableitung von Auslegungsempfehlungen für die Praxis	*FF4*	*deduktiv*

Kap. 9: Zusammenfassung und Ausblick

Abbildung 3.1: Gliederung der Arbeit
Structure of the thesis

Anschließend erfolgt in Kapitel 6 korrespondierend zur Beantwortung der dritten Forschungsfrage die Detailanalyse des Schlichtfräsens von IN718. Für die Analyse kommen gezielt hergestellte Fräswerkzeuge zum Einsatz, die anhand ihrer Ausprägungen in Werkzeugklassen eingeteilt werden. Die Bewertung erfolgt anhand der Zerspanbarkeitskriterien Spanbildung, Zerspankraft und Werkzeugverschleiß bzw. -versagen. Die Auswirkungen variierender Randzoneneigenschaften werden sowohl technologisch im Hinblick auf differenzierte Verschleißkenngrößen betrachtet als auch in statistischer Hinsicht bewertet. Neben der gängigen Charakterisierung des Verschleißes anhand der Verschleißmarkenbreite erfolgt auch eine Bewertung von Ausbrüchen sowie der Veränderung der Schneidkante und der Spanfläche.

Zur Ermittlung exakter Ursache-Wirkungs-Beziehungen wird in Kapitel 7 ein FE-Spanbildungsmodell entwickelt (induktiv) und in einem deduktiven Vorgehen auf den Kontext der vorliegenden Arbeit angewendet. Hierdurch lassen sich weitreichendere Erkenntnisse zu den wirkenden Beanspruchungen im Werkzeug gewinnen, die in ein Erklärungsmodell einfließen. Die ermittelten Erkenntnisse fließen anschließend in Kapitel 8 in Gestaltungsempfehlungen zur Auslegung und Herstellung von Fräswerkzeugen ein. Abschließend werden in Kapitel 9 die gewonnenen Erkenntnisse zusammengefasst und reflektiert. Die Arbeit schließt mit einem Ausblick auf neu aufgeworfenen Fragenstellungen zur Optimierung des Einsatzverhaltens von VHM-Fräswerkzeugen.

4 Einfluss der Fräswerkzeugherstellung auf die Randzone

Influence of milling tool manufacturing on the surface layer

Die Auswertung der Literatur zeigt, dass zum Schleifen von VHM-Schaftfräswerkzeugen und zu den überlagerten Effekten des Schleifens und Gleitschleifens auf die Werkzeugrandzonen nur lückenhafte Kenntnisse vorliegen. Daher wird in diesem Kapitel das Ziel verfolgt, die Auswirkungen der schneidkantenerzeugenden Schleifoperationen sowie der nachfolgenden Schneidkantenpräparation auf die Randzonenmerkmale an Span- und Freifläche ganzheitlich zu untersuchen. Beide Funktionsflächen des Werkzeugs stehen mit dem ablaufenden Span bzw. der erzeugten Werkstückoberfläche in Kontakt und unterliegen dementsprechend hohen Beanspruchungen und Verschleiß. Ein Teilziel dieses Kapitels besteht neben der Erweiterung des Wissens zum Werkzeugschleifen darin, für die spätere Bewertung des Einsatzverhaltens der Fräswerkzeuge Oberflächen- und Randzonenmerkmale in möglichst weiten Grenzen zu variieren.

Im Folgenden wird zunächst einleitend die Fokussierung auf ausgewählte Zielgrößen des Werkzeugs erläutert. In Kapitel 4.1 erfolgt die Beschreibung der werkzeugseitigen Randbedingungen sowie der verwendeten Messtechnik. Kapitel 4.2 adressiert die Untersuchung und Analyse der Auswirkungen des Schleifens auf die Randzone der Schaftfräswerkzeuge, während in Kapitel 4.3 die Effekte der nachfolgenden Gleitschleifbearbeitung im Vordergrund stehen.

Eingrenzung der zu untersuchenden Werkzeugmerkmale (Zielgrößen)

Die Randzone umfasst gemäß Kapitel 2.2.2 auch die Oberfläche, weshalb im Verlauf der Arbeit von der längeren Formulierung „Oberflächen- und Randzonenmerkmale" abgesehen wird. Aus der Analyse im Stand der Technik geht hervor, dass insbesondere Werkzeugmerkmale der folgenden Kategorien einen starken Einfluss auf das Einsatzverhalten aufweisen können:

- Oberflächentopografie an Span- und Freifläche (Rauheit, Orientierung von Schleifriefen)
- Schartigkeit der Schneidkante als Schnittverlauf von Span- und Freifläche
- Eigenspannungen an Frei- und Spanfläche
- Randzonenschäden (u.a. Risse, Poren, Härteveränderungen)
- Werkzeugmikrogeometrie

Aufgrund ihrer Relevanz für das Einsatz- und insbesondere das Verschleißverhalten sollen alle Kategorien bei den Analysen in Kapitel 4 durch entsprechende Ziel- bzw. Ergebnisgrößen berücksichtigt werden. Diese Ergebnisgrößen dienen dann im weiteren Verlauf der Arbeit als Eingangsgrößen für die Untersuchungen des Verschleißverhaltens beim Fräsen von IN718.

Die Oberflächentopografie kann neben einer Vielzahl von genormten Oberflächenkennwerten durch regelmäßige Strukturen wie die Ausrichtung bzw. Orientierung der Schleifriefen beschrieben werden. Eine gezielte Variation wie beim Schleifen von Wendeschneidplatten ist durch die kinematischen Einschränkungen des Werkzeugschleifens nur im Bereich der Freifläche möglich. Daher wird auf eine Variation der Schleifriefenorientierung verzichtet. Aufgrund der begrenzten Informationsdichte von zweidimensionalen Rauheitskennwerten wie Rz und Ra erfolgt die Charakterisierung der geschliffenen bzw. der gleitgeschliffenen Oberflächen anhand der flächenbezogenen Kenngröße Sa. Diese ist unabhängig von einzelnen Rauheitsspitzen und -tälern, die für das Einsatzverhalten unbedeutend sind. In analoger Form zur Rauheit spiegelt die Schartigkeit Rz_{SK} die Inhomogenität der Schneidkante sowie die Dichte und die Größe von Mikrodefekten als Folge des Schleifprozesses wider. Grundsätzlich werden mit einer Zunahme der Schartigkeit reduzierte

Standwege des Werkzeugs erwartet. Entsprechend soll diese Größe im Folgenden mitbetrachtet werden.

Der Schneidkantenradius stellt kein Randzonenmerkmal im engeren Sinne dar. Er wird jedoch zum einen für nahezu alle Zerspananwendungen empfohlen und zum anderen durch alle Prozessschritte der Herstellung verändert. Die Beeinflussung erfolgt entweder gezielt durch eine Schneidkantenpräparation oder indirekt als Folge des Schleifprozesses oder einer gezielten Oberflächennachbehandlung. Eine vergrößerte Schartigkeit führt demnach zu einer Steigerung von r_β, wenngleich entlang der Schneidkante stärkere Schwankungen auftreten. Zusätzlich kann eine Schneidkantenasymmetrie für das Standvermögen förderlich sein, so dass die Werkzeugmikrogeometrie ebenfalls anhand des Formfaktors K beschrieben wird.

Die grundsätzliche Bedeutung der Werkzeugeigenspannungen für das Werkzeugeinsatzverhalten ist unstrittig. Offen sind die Fragen nach einerseits erreichbaren und andererseits für die Verschleißbeständigkeit förderlichen Werten für die Zerspanung von IN718. Aufgrund der unterschiedlichen Beanspruchungen an Span- und Freifläche sowie der variierenden Bedingungen bei der Herstellung sind die Eigenspannungen an beiden Funktionsflächen isoliert zu betrachten. Ebenfalls an Span- und Freifläche sind die Werkzeuge auf möglicherweise auftretende Randzonenschäden wie Risse, Poren oder Co-verarmte Bereiche zu überprüfen. Während Eigenspannungen richtungsabhängig für unterschiedliche Messtiefen in einem repräsentativen Volumenbereich mit einer flächigen Abmessung von min. 0,8 mm^2 gemessen und in die jeweiligen Hauptspannungen umgerechnet werden können, lassen sich mögliche Defekte nur in ausgewählten Schnittebenen erkennen und anhand maximaler Abmessungen sowie Einwirktiefen quantifizieren.

Die Ausprägung der jeweiligen Werkzeugmerkmale wird zum einen durch die Schneidstoffeigenschaften, zum anderen durch die Prozessführung bei der Werkzeugherstellung beeinflusst. Die Wahl des Schneidstoffs ist bestimmt durch den Anwendungsfall in der Zerspanung und die dort erwarteten thermomechanischen Werkzeugbelastungen. Aus diesem Grund soll der Schneidstoff nicht als Variationsgröße betrachtet werden. Während die Schneidkantenmikrogeometrie und die Schartigkeit primär durch die Schneidkantenpräparation beeinflussbar sind, werden die Merkmale der anderen drei Kategorien vor allem durch den Werkzeugschleifprozess bestimmt. Die Beschreibung der Prozessstellgrößen erfolgt in Kapitel 4.2 und 4.3.

4.1 Versuchsrandbedingungen und Messtechnik

Boundary conditions and metrology

In diesem Unterkapitel erfolgen die Charakterisierung des Schneidstoffs, die Beschreibung der Werkzeuggeometrie sowie die Erläuterung der wichtigsten Messmethoden zur Werkzeugcharakterisierung. Die Vorstellung der jeweiligen Versuchsaufbauten zum Schleifen und Gleitschleifen erfolgt in den Kapiteln 4.2 und 4.3.

4.1.1 Charakterisierung des Schneidstoffs

Characterization of the cutting material

Der in dieser Arbeit betrachtete Schneidstoff mit der Bezeichnung VA195 der Kategorie Feinstkornhartmetall wurde von der Firma Extramet AG bezogen. Die Eigenschaften des Schneidstoffs können der Abbildung 4.1 entnommen werden. Das verwendete Hartmetall eignet sich aufgrund der Kombination aus hoher Bruchzähigkeit und hoher Härte für den Einsatz beim Fräsen von warmfesten Werkstoffen mit Hartstoffphasen. Alle für diese Arbeit verwendeten Rohlinge sind einer Produktionscharge entnommen. Hierdurch wurde eine Überlagerung der Versuchsergebnisse von Chargenschwankungen vermieden. Die verwendeten Rohlinge wiesen eine Länge von 73 mm und einen Durchmesser von 9,995 mm auf und erreichten eine Zylindrizität von unter 2 µm. Eine hohe Güte des Rohlings ist Grundvoraussetzung für die Einstellung enger Geometrietoleranzen am fertigen Schaftfräser. Für die genaue Untersuchung der Gefügestruktur des Schneidstoffs wurden Schliffproben in einem Feldemissionsrasterelektronenmikroskop (REM) NEON 40 EsB der Firma Carl Zeiss Microscopy Deutschland GmbH untersucht. Mit Hilfe des integrierten EDX-Detektors (kurz für: Energy dispersive X-ray spectroscopy) lassen sich die chemischen Zusammensetzungen des Schneidstoffs lokal aufgelöst bestimmen. Die Querschliffe des Hartmetallrohlings wurden dazu in Epoxidharz eingebettet und anschließend mit einer Schleif- und Poliermaschine des Typs Kurth der Firma Industrieservice Sigmund Bigott geschliffen und poliert. Zur Steigerung des Kontrastes der einzelnen Schneidstoffphasen erfolgte eine Ätzung mittels Murakami-Lösung mit Kaliumhydroxid (KOH) für 10 Sekunden.

Korngröße / µm	0,5 - 0,8
Anteil Kobalt / %	7,5
Anteil Wolframkarbid / %	92
Härte / HV 30	1.750
Bruchzähigkeit / MPa·m$^{1/2}$	9,8
Biegebruchfestigkeit / N/mm^2	> 4.200

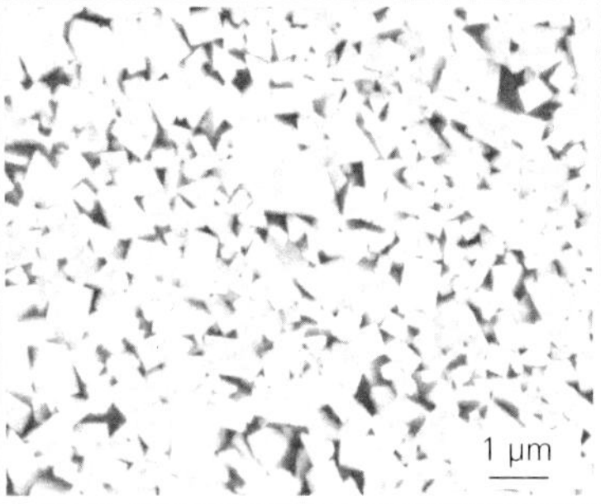

Abbildung 4.1: Eigenschaften und Gefüge des verwendeten Schneidstoffs
Properties and microstructure of the used cutting material

Zur quantitativen Charakterisierung des Gefüges wurde eine Lineargefügeanalyse durchgeführt. Das Vorgehen basiert auf der Stereologie, in welcher zweidimensionale Schnitte zur Charakterisierung einer dreidimensionalen Struktur von Festkörpern genutzt werden [EXNE86]. Die Analyse der REM-Aufnahmen von Gefügeschliffen erfolgte unter Berücksichtigung der DIN EN ISO 4499-2 „Hartmetalle – Metallographische Bestimmung der Mikrostruktur" [DIN10b]. Für eine detaillierte Beschreibung des Verfahrens wird auf die Arbeit von Wirtz verwiesen [WIRT18].

In jeder REM-Aufnahme wurden zur Analyse der Gefügestruktur 23 äquidistante horizontale und 31 äquidistante vertikale Linien verteilt. Durch den Kontrast zwischen WC und Co erkennt die Bildanalysesoftware IMS der Firma Imagic Bildverarbeitung AG die Länge der jeweiligen Bereiche. Analysiert wurden fünf Bilder mit je 200 bis 300 Körnern je Bild. In Abbildung 4.2 sind für das verwendete Hartmetall die absolute Häufigkeit sowie der kumulierte Prozentsatz für die WC-Korngröße und die Breite der Kobaltzwischenschichten aufgetragen.

Die durchschnittliche WC-Korngröße $\overline{d}_{WC}$ beträgt 0,46 µm, die mittlere Breite der Kobaltzwischenschichten $\overline{l}_{Co}$ beträgt 0,18 µm. Die Korngröße liegt damit leicht unterhalb des für die Klasse der Feinstkornhartmetalle angegebenen Größenbereichs zwischen 0,5 und 0,8 µm. Die größte Einzelmessung betrug 3,2 µm, lediglich 14 % der Körner sind größer als 0,8 µm. Das Gefüge ist damit als homogen zu bezeichnen und frei von auffälligen Einschlüssen und Kornkonglomeraten. Kobaltansammlungen wurden ebenso nicht nachgewiesen.

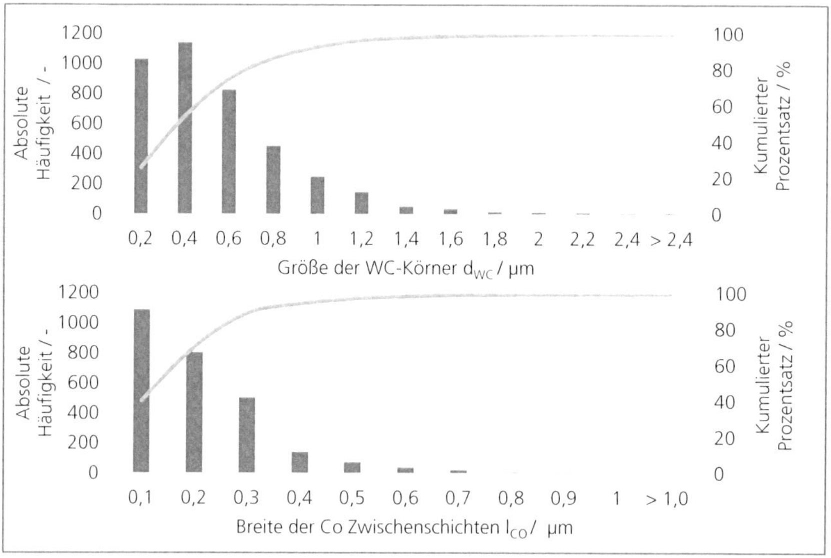

Abbildung 4.2: Ergebnisse der Lineargefügeanalyse
Results of linear structural analysis

4.1.2 Werkzeuggeometrie
Cutting tool geometry

Die Untersuchung des Schleifens sowie des Gleitschleifens erfolgte anhand der Fertigung von gedrallten Schaftfräswerkzeugen mit konstanter Geometrie, siehe Abbildung 4.3. Lediglich für die Schleifkraftmessung wurden geradgenutete Werkzeuge verwendet, die ansonsten die gleiche Makrogeometrie aufwiesen wie die gedrallten Fräswerkzeuge. Die geometrisch-kinematischen Bedingungen unterscheiden sich zwischen Analogieprozess und dem Spannutenschleifen deutlich [SCHR18], so dass auch ein Einfluss auf die entstehenden Randzonenmerkmale zu erwarten ist. Weiterhin ist anzunehmen, dass die Strömungsbedingungen des Gleitschleifmediums relativ zur Schneidkante durch den Drallwinkel beeinflusst werden und sich folglich auf die Schneidkantengeometrie auswirken. Daraus folgt die Notwendigkeit zur Durchführung der Versuche an gedrallten Werkzeugen

Die Werkzeuggeometrie wurde in Vorversuchen als geeignet für die Bearbeitung von IN718 identifiziert. Zur Sicherstellung der Eigenspannungsmessung an der Freifläche mit dem kleinsten Kollimator (Durchmesser: 1 mm) wurde die Breite der 1. Freifläche $b_{\alpha 1}$ auf über 1 mm festgelegt. Die Geometriemerkmale wurden eng toleriert, um die Überlagerung geometrischer Effekte auf den Werkzeugverschleiß (vgl. Kapitel 6.2) zu vermeiden. Mit Hilfe einer optisch messenden Werkzeugmessmaschine vom Typ Helicheck Plus der Firma WALTER MASCHINENBAU GMBH wurden alle Werkzeuge nach der Herstellung geometrisch charakterisiert. Die Messmaschine verfügt dazu über mehrere Auf- und Durchlichtkamerasysteme mit bis zu 400-facher Vergrößerung.

Geometrie der Versuchswerkzeuge inkl. Toleranzen	
▪ Durchmesser D_W:	10 – 0,04 mm
▪ Schneidenlänge l_2:	10 mm
▪ Spannuttiefe t_N:	2 ± 0,05 mm
▪ Anzahl der Schneiden z:	4
▪ Drallwinkel λ:	30 ± 0,5°
▪ Rundlauf:	+ 0,015 mm
▪ 1. Freiwinkel α_1:	12 ± 1°
▪ Breite 1. Freifläche $b_{\alpha 1}$:	1,15 ± 0,05 mm
▪ Spanwinkel γ (in 0,1 mm Tiefe):	2° ± 1°
▪ Eckenradius r_ε:	0,5 ± 0,05 mm

Abbildung 4.3: Makrogeometrie der Versuchswerkzeuge
Macrogeometry of cutting tools for experimental tests

4.1.3 Mess- und Analysetechnik

Measurement and analysis technology

Konfokalmikroskopie

Für die Messung der Oberflächenrauheit im Bereich der Freifläche der Fräswerkzeuge wurde das Messsystem µsurf custom der Firma NANOFOCUS AG verwendet. Das Messverfahren basiert auf der Konfokalmikroskopie. Durch einen Streulichtfilter werden unscharfe Bildinformationen eliminiert und lediglich Bildinformationen aus der Fokusebene erfasst. Die 3D-Topographie wird aus einer Vielzahl von Einzelbildern erzeugt, die jeweils einem horizontalen Schnitt durch die Oberfläche entsprechen. [SCHM13] Für die Messungen wurde ein Objektiv mit 20-facher Vergrößerung verwendet. Die Messfenster der Größe 0,8 x 0,8 mm² wurden in einem Abstand von 1 mm zur Stirnschneide der Werkzeuge positioniert. Das Messfenster lag in unmittelbarer Nähe zur Schneidkante und wurde parallel zu dieser ausgerichtet. Die Bestimmung der Oberflächenkennwerte erfolgte durch die Analyse der 3D-Topographie mit der Software Mountains® der Firma DIGITAL SURF. Zur Charakterisierung der Oberfläche wurden die Höhenparameter Sz und Sa nach DIN EN ISO 25178-2 ermittelt [DIN12]. Der Messabstand beträgt für das gewählte Objektiv ca. 1 mm. Durch die Kollisionsgeometrie an den untersuchten Werkzeugen eignete sich das Verfahren nicht zur Charakterisierung der Oberfläche der Spanfläche.

Fokusvariation

Zur Erfassung der Spanflächenrauheit sowie der Schneidkantengeometrie und -ausprägung wurde das optische Oberflächenmessgerät Infinite Focus G5 der Firma ALICONA IMAGING GMBH verwendet. Der Messung liegt das Prinzip der Fokusvariation zu Grunde, bei der eine Vielzahl von Bildern durch vertikales Verfahren in z-Richtung erzeugt wird. Aufgrund der begrenzten Tiefenschärfe der abbildenden Optik kann aus der Objektivposition mit der höchsten Schärfe der z-Wert extrahiert werden. [TIKA09; KLOC18] Die Bestimmung der maximalen Schärfe erfolgt mittels Kontrastberechnung [SCHM13]. Der dreidimensionale Datensatz wird anschließend aus den Einzelbildern zusammengesetzt. Die vertikale Auflösung beträgt bis zu 10 nm [ALIC21]. Der Auswahl des Messgerätes zur Schneidkantenmessung orientierte sich an umfangreichen Untersuchungen der Eignung verschiedener Messgeräte zur Erfassung kleiner Schneidkantenradien an Mikrofräswerkzeugen von LÖWENSTEIN. Für die Kantenmessung an einem Radiennormal ermittelte er im Vergleich zur Streifenlichtprojektion, Chromatischer Weißlichtmessung und dem Tastschnittverfahren mit dem Infinite Focus (vertikale Auflösung a_v = 26 nm, laterale Auflösung a_l = 2 µm) die geringsten Abweichungen zur Referenzmessungen (r_β = 2,8 ± 1,2 µm). Entsprechend der Empfehlungen von LÖWENSTEIN wurde eine laterale topografische Auflösung a_l von 1 µm verwendet sowie eine vertikale Auflösung a_v von 0,05 µm [LÖWE14].

Für die Analyse der Schneidkante wurden die Werkzeuge in einer Auflage so positioniert, dass die Winkelhalbierende des Schneidkeils parallel zur optischen Achse ausgerichtet war. Der Messbereich mit einer Ausdehnung von 0,8 mm lag in einem Abstand von 1,5 mm zur Stirnschneide. Jede Schneidkantenmessung wurde an zwei gegenüberliegenden Schneiden durchgeführt und einmal wiederholt. Alle dargestellten Werte sind Mittelwerte der vier Einzelmessungen. Die Auswertung der Schneidkantenmessungen erfolgte in der IF-Software der Firma ALICONA IMAGING GMBH unter Anwendung des Moduls „EdgeMaster". Die Software ermittelt automatisiert 80 einzelne Profilschnitte durch den Schneidkeil und leitet hieraus ein gemitteltes Gesamtprofil ab. Für dieses erfolgt abschließend die Bestimmung der mikrogeometrischen Kenngrößen der Schneidkante. Die Charakterisierung der Mikrogeometrie erfolgte anhand des Schneidkantenradius r_β sowie des Formfaktors K. Zusätzlich wurde die Schartigkeit der Schneidkante anhand der gemittelten Rautiefe Rz sowie anhand des arithmetischen Mittenrauwertes Ra charakterisiert.

Zur Analyse der Spanfläche mit dem Infinite Focus G5 kam ebenfalls das Objektiv mit 20-facher Vergrößerung zum Einsatz. Die Messungen erfolgten immer in unmittelbarer Nähe zur Schneidkante, sodass die Außenkante des Messbereichs in der Messansicht mit der Schneidkante zusammenfällt. Das Werkzeug wurde so eingespannt, dass die optische Achse senkrecht zur Spanfläche ausgerichtet war. Die Messung erfolgte im Abstand von 1 mm zur Stirnschneide. Die Bestimmung der Oberflächenkennwerte auf Basis des Messfensters mit der Größe von 0,8 x 0,2 mm erfolgte gleichfalls wie bei für die Freifläche mit der Software Mountains®.

Röntgenografische Eigenspannungsmessung

Eigenspannungen sind grundsätzlich nicht direkt messbar. Bestimmt werden die Gitterverformungen, anhand derer sich durch Anwendung der elastischen Gitterkonstanten die wirkenden Spannungen ermitteln lassen. Die Messung basiert auf der Beugung monochromatischer Röntgenstrahlung an der kristallinen Gitterstruktur des Werkstoffs. Der Methodik liegt das BRAGG'SCHE Gesetz zu Grunde, das besagt, dass bei der Reflexion einer Röntgenstrahlung mit einer konstanten Wellenlänge λ eine Änderung der Atomabstände des reflektierenden Werkstoffs eine Änderung des Einfallswinkels Θ bewirkt. [KLOC18] Durch die Winkeländerung werden die Reflexe im resultierenden Beugungsdiagramm verschoben. Mit Hilfe dieser Winkeländerung ist es möglich, auf den Gitterebenenabstand und durch Anwendung des HOOK'SCHEN Gesetzes auf die Dehnung im Kristallgitter des Werkstoffs zu schließen.

Die Gitterdehnungsmessungen wurden mit einem mobilen Röntgendiffraktometer der Fa. STRESSTECH GMBH (XSTRESS3000) durchgeführt. Die Gitterebenenabstände in der WC-Hartphase werden aus der Position der Beugungslinien unter verschiedenen Messwinkeln ψ erfasst ($\sin^2\psi$–Verfahren). Die hohe Dichte von Hartmetall resultiert in starker Absorption der Röntgenstrahlung und limitiert die Eindringtiefe. Je nach Wellenlänge der verwendeten Röntgenstrahlung und zugehöriger Intensität erreichen diese Eindringtiefen im Bereich von 0,6 bis 1,6 µm. Für die Ermittlung von

Eigenspannungsgradienten wurden daher Messungen sowohl mit Chrom-, als auch mit Kupferstrahlung durchgeführt. Die Parameter der Messungen für die jeweiligen Strahlungsquellen sind der nachfolgenden Tabelle zu entnehmen.

Tabelle 4.1: Parameter der röntgenografischen Eigenspannungsmessung
Parameters of radiographic residual stress measurements

Strahlung	Wellenlänge	Gitterebene	Beugungswinkel 2Θ	Messwinkelbereich ψ	Eindringtiefe τ
Chrom	0,229 nm	{102}	135,8°	± 45°	0,67 µm
Kupfer	0,154 nm	{301}	146,3°	± 45°	1,6 µm

Die Eigenspannungen wurden primär an der Freifläche der Werkzeuge im Bereich der Umfangsschneide und unter Verwendung eines Kollimators mit einem Durchmesser von 1 mm bestimmt. Somit erfolgte eine gezielte Messung, ohne Materialanteile der 2. Freifläche zu erfassen. An der Spanfläche wurden Stichversuche zum Abgleich mit den Werten der Freifläche durchgeführt.

Da die Eingriffsbedingungen beim Schleifen je Werkzeug entlang der Schneiden konstant waren, wurde eine gleichmäßig ausgebildete Eigenspannungsverteilung entlang der Frei- und Spanfläche angenommen. Zur Überprüfung dieser Annahme erfolgten an einzelnen Werkzeugen Eigenspannungsmessungen mit mehreren Wiederholungen an derselben Schneide. Jede neue der insgesamt fünf Messung wurde relativ zur vorherigen Messposition um ca. 200 µm entlang der Schneidkante verschoben. Dabei konnte eine maximale Schwankung i.H. von ± 200 MPa beobachtet werden, so dass die o.g. Annahme bestätigt werden konnte.

4.2 Einfluss des Schleifprozesses auf die Randzone

Influence of the grinding process on the surface layer

Zunächst findet eine Eingrenzung der Prozessstellgrößen anhand einer theoretischen Untersuchung der grundlegenden Eingriffsbedingungen beim Nuten- und Freiflächenschleifen statt (Kapitel 4.2.1). Nach der Vorstellung des Versuchsaufbaus (Kapitel 4.2.2) erfolgt die Analyse der mechanischen Belastung im Analogieschleifprozess (Kapitel 4.2.3). Anschließend werden die Auswirkungen der Schleifprozessvariation auf die Zielgrößen in den Bereichen Oberfläche (Kapitel 4.2.4), Schneidkante (Kapitel 4.2.5) und Randzone (Kapitel 4.2.6) vorgestellt und diskutiert.

4.2.1 Eingriffsbedingungen und Prozessstellgrößen

Engagement conditions and process variables

Maßgeblich für die Ausbildung der Oberflächen- und Randzoneneigenschaften sind neben den Eigenschaften des Hartmetalls und den Prozessparametern des Schleifprozesses die mikroskopischen Eingriffsbedingungen. Eine zentrale Kenngröße mit Relevanz für die Spanbildungsmechanismen ist die maximale Einzelkornspanungsdicke $h_{cu,max}$, vgl. Kapitel 2.2.2. Die wesentliche Prozessstellgrößen mit Einfluss auf die Einzelkornspanungsdicke sind Diamantkorngröße, die Werkstückvorschubgeschwindigkeit und Schleifscheibenumfangsgeschwindigkeit. Daher wurden diese Größen fokussiert betrachtet. Ausgehend von den Empfehlungen für Prozessparameter der Schleifmittelhersteller dienten die durch WIRTZ [WIRT19] ermittelten kritischen Einzelkornspanungsdicken $h_{cu,krit}$ als wichtige Orientierungsgröße. Zu berücksichtigen waren dabei unterschiedliche makroskopische Eingriffsbedingungen als Folge der variierenden Drallwinkel.

Eingriffsbedingungen beim Nutenschleifen

Für die Ermittlung der Schleifkräfte wurden zur besseren Messdatenerfassung ungedrallte Werkzeuge geschliffen, während die Ermittlung der Randzoneneigenschaften an gedrallten Realfräswerkzeugen durchgeführt wurde. Dies diente neben dem verbesserten Verständnis der Ausbildung der Randzonenmerkmalen unter praxisnahen Randbedingungen dem Zweck, die Anwendbarkeit geeigneter Prozessparameterkombinationen zur Einstellung der Merkmale an Versuchswerkzeugen für Standzeitversuche sicherstellen zu können. Das Vorhandensein eines Drallwinkels λ bedingt jedoch eine Veränderung der spezifischen Eingriffsverhältnisse speziell beim Nutenschleifen [HÜBE12; SCHR18]. Für eine Analyse der konkreten Auswirkungen auf die Eingriffsbedingungen beim Nutenschleifen sind diese für λ = 0° und 30° in Abbildung 4.4 gegenübergestellt.

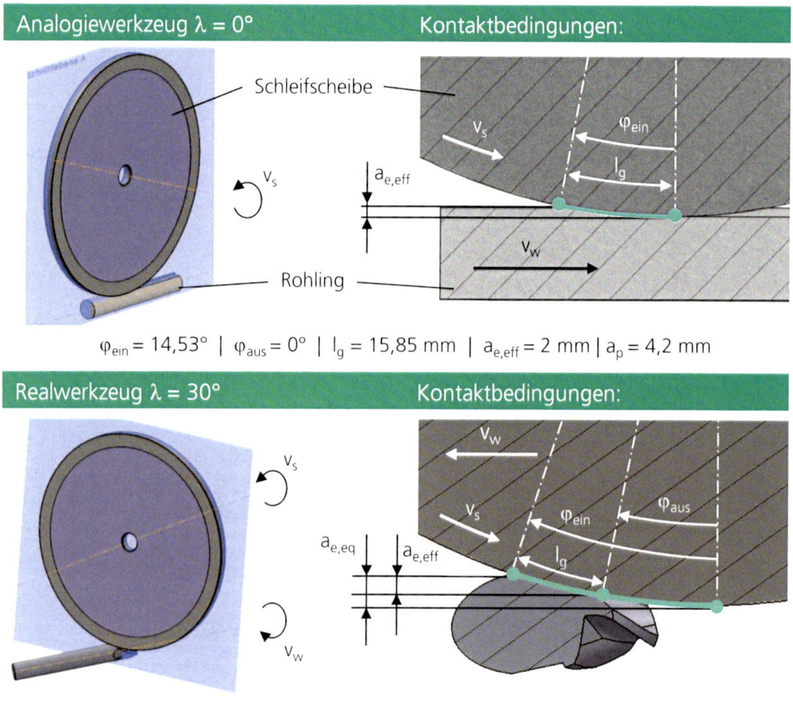

Abbildung 4.4: Vergleich des Schleifscheibeneingriffs beim Spannutschleifen für λ = 0° und λ = 30°

Comparison of the grinding wheel engagement in flute grinding for λ = 0° and λ = 30°

Die angegeben Ein- und Austrittswinkel der Schleifscheibe, φ_{ein} und φ_{aus}, sowie die Kontaktbogenlänge l_g gelten für das äußerste, der Spanfläche des Werkzeugs zugewandten Schleifscheibensegment. Die Eingriffskennwerte wurden anhand eines CAD-Models mit Hilfe der Software SolidWorks der Firma DASSAULT SYSTÈMES SOLIDWORKS CORP gewonnen. Zur korrekten Modellierung der Fräswerkzeuggeometrie und der Kontaktbedingungen zwischen Werkzeug und Schleifscheiben wurden die Relativpositionen zwischen Schleifscheibe und Hartmetallrohling für das entsprechende Schleifprogramm mit Hilfe der Option „Wheelpath" der Software „ToolStudio" der Firma WALTER exportiert. Unter Nutzung der Geometrie von Schleifscheibe und Rohling sowie der Relativpositionen konnte die Werkzeuggeometrie abgebildet werden.

Die von SCHRÖER und HÜBERT beschriebenen Abhängigkeiten der Kontaktbedingungen vom Drallwinkel gehen aus der Abbildung anschaulich hervor. Während bei der gewählten Nuttiefe t_n von 2 mm für $\lambda = 0°$ die max. Kontaktbogenlänge $l_{g,max}$ fast 16 mm erreicht, reduziert sich der Wert für $\lambda = 30°$ auf unter 8 mm. Die Anstellung der Schleifscheibe führt dazu, dass der tiefste Punkt der Schleifscheibe außerhalb des Rohlings liegt. Gleichzeitig verschiebt sich der Eintrittswinkel φ_{ein}, unter dem die Schleifscheibe für das jeweilige Schleifscheibensegment in den Rohling eindringt, zu größeren Werten. Aus der Zunahme des Eintrittswinkels folgt eine Vergrößerung des Arbeitseingriffs, der orthogonal zur Richtung der resultierenden Werkstückvorschubgeschwindigkeit v_w am Kontaktpunkt des Schneideneintritts ermittelt wird, vgl. DIN 6580 [DIN85a]. Der effektive Arbeitseingriff $a_{e,eff}$ wird durch den wirkenden Kontaktbereich zwischen φ_{ein} und φ_{aus} bestimmt. Der äquivalente Arbeitseingriff $a_{e,eq}$ entspricht dem Arbeitseingriff eines Flachschleifprozesses mit gleichem Eintrittswinkel φ_{ein}. Aus der Zunahme des Eintrittswinkels muss eine Steigerung der maximalen Einzelkornspanungsdicke $h_{cu,max}$ folgen, welche am Schneideneintritt erreicht wird. Diese kann nach LIERSE und DENKENA ET AL. durch Weglassen des ersten Klammerterms von Gleichungen 2.2 bestimmt werden, siehe Gleichung 4.1 [LIER98; DENK04b]:

$$h_{cu,max} = \left(\frac{c_2 + 1}{c_1 \cdot N_{GV}} \cdot \frac{a_{e,eq} \cdot v_w}{v_s \cdot \sqrt{a_{e,eq} \cdot d_S}} \right)^{1/c_2+1} \tag{4.1}$$

$$unter\ Annahme\ einer\ kreisförmigen\ Kornform{:}\ c_1 = \frac{4}{3}\sqrt{0{,}5 \cdot d_g},\ c_2 = \frac{3}{2}$$

Bei einer Schleifscheibe mit Korngröße D76 und einer Schleifscheibenumfangsgeschwindigkeit $v_s = 16$ m/s resultiert bei einer Werkstückvorschubgeschwindigkeit $v_w = 150$ mm/min für $a_{e,eq} = 4{,}55$ mm ein $h_{cu,max} = 2{,}33$ µm, während $h_{cu,max}$ für $a_e = 2$ mm einen Wert von 1,98 µm erreicht. Gleichzeitig ändert sich mit Zunahme von λ, durch die Verschiebung des den Eintritt der Schleifscheibe in den Rohling kennzeichnenden Kontaktpunktes, die Orientierung der Schleifriefen relativ zur Schneidkante. Hierdurch kann insbesondere eine Beeinflussung der Schartigkeit hervorgerufen werden. Die aus beiden Effekten resultierenden Veränderungen der Oberflächen und Schneidkanten können sich wiederum auf das Einsatzverhalten der Werkzeuge auswirken.

Ausgehend von den Parameterempfehlungen der Firma TYROLIT [TYRO19] wurde der Versuchsraum insbesondere bezüglich der Diamantkorngröße und des Verhältnisses aus Werkstückvorschubgeschwindigkeit und Umfangsgeschwindigkeit jeweils nach oben und unten erweitert. In Bezug auf eine produktive Fertigung mit möglichst hohen Werkstückvorschubgeschwindigkeiten und unter Inkaufnahme vergleichsweise hoher Rauheiten erschien insbesondere die Korngröße D76 geeignet. Eine Orientierung bzgl. der oberen Grenze der Einzelkornspanungsdicke stellte die von WIRTZ für vergleichbare Hartmetalle im Bereich von ca. 2,4 bis 3,6 µm ermittelte kritische Einzelkornspanungsdicke $h_{cu,krit}$ dar. Die maximale Werkstückvorschubgeschwindigkeit v_w wurde für das Nutenschleifen dementsprechend auf 150 mm/min begrenzt, vgl. o.g. Berechnung. Dies erlaubte gleichzeitig die Anwendung eines vollfaktoriellen Versuchsplans, bei dem entsprechend auch die Schleifscheiben mit Korngröße D35 auf der höchsten Stufe von v_w eingesetzt wurden.

Eine Überschreitung von v_w = 150 mm/min ($h_{cu,max}$ = 1,08 µm) hätte das Risiko für eine Überlastung der Schleifscheibe in Form von übermäßigem Verschleiß und Zusetzen deutlich erhöht. Kleine Einzelkornspanungsdicken lassen sich allgemein durch die Steigerung der Schleifscheibenumfangsgeschwindigkeit und eine Reduktion der Werkstückvorschubgeschwindigkeit erreichen. Die Limitierung dieser Werte resultierte aus dem Ziel der Vermeidung einer thermischen Überlastung (Beschränkung v_s) bzw. starker Produktivitätseinbußen (untere Grenze v_w). Vor dem Hintergrund der Verschleißreduktion beim Tiefschleifen wurden für das Nutenschleifen durch den Schleifmittelhersteller Werte zwischen v_s = 16 m/s und v_s = 24 m/s empfohlen [TYRO19].

Eingriffsbedingungen beim Schleifen der Freiflächen

Im Bereich der Freifläche wird aufgrund der geringen axialen Zustellung und der durch die Breite der Freifläche limitierten Kontaktbogenlänge eine geringere Belastung der Schleifscheiben erwartet. Die axiale Zustellung beim Schleifen der Freifläche $a_{p,FF}$ kann unter Berücksichtigung des vom Durchmesser des Rohlings D_{roh} abweichenden Werkzeugdurchmessers D_w und dem Freiwinkel α_1 nach oben abgeschätzt werden über folgende Gleichung:

$$a_{p,FF} = \frac{D_{roh}}{2} - \frac{D_W \cdot \cos(\alpha_1)}{2} \quad (4.2)$$

Für ein D_w von 9,96 mm und den Freiwinkel von 12° ergibt sich $a_{p,FF}$ zu 0,129 mm. Damit bleiben die Eingriffe im Wesentlichen auf den Eckenradius der Schleifscheibe begrenzt. Für die Ermittlung der vorliegenden Einzelkornspanungsdicke beim Schleifen der Freifläche ist, wie für das Nutenschleifen, der äquivalente Arbeitseingriff zu bestimmen. Dieser ist wiederum abhängig von der relativen Position zwischen Schleifscheibe und Freifläche, zu deren Beschreibung in dieser Arbeit der Kontaktwinkel ε verwendet wird. Der Kontaktwinkel und die Ermittlung der makroskopischen Kontaktbedingungen für den gewählten Einstellwinkel von 0° sind in Abbildung 4.5 visualisiert.

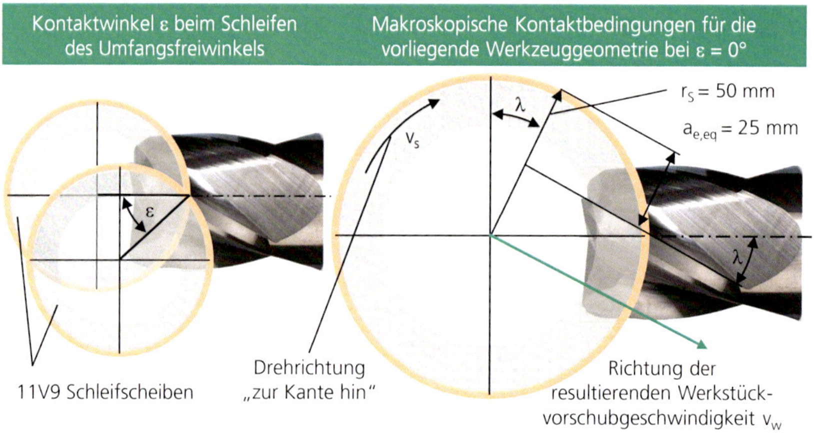

Abbildung 4.5: Schematische Darstellung makroskopischer Kontaktbedingungen beim Schleifen der Umfangsfreiwinkel

Schematic visualization of macroscopic contact conditions in grinding of peripheral flank face

Für die Versuche wurde der Kontaktwinkel mit 0° konstant gehalten, was in einer Ausrichtung der Schleifriefen parallel zur Arbeitsebene resultiert. Die eingezeichnete Richtung des Vorschubs resultiert aus dem axialen Vorschub und der überlagerten Rotation des Hartmetallrohlings. Orthogonal zur Richtung des aus Axialvorschub und Rotation des Rohlings resultierenden Werkstückvorschubs lässt sich der äquivalente Arbeitseingriff $a_{e,eq}$ zu 25 mm bestimmen. Daraus resultiert unter der Annahme einer scharfkantigen Schleifscheibe sowie für die Korngröße D76 bei einer Kornkonzentration C160 mit v_s = 26 m/s und v_w = 250 mm/min eine max. Einzelkornspanungsdicke i.H. von 2,88 µm. Die resultierende Übersicht der variierten Prozessparameter sowie die gewählten Parameterstufen sind in Tabelle 4.2 zusammengefasst.

Tabelle 4.2: Übersicht der variierten Prozess- und Werkzeugstellgrößen

Overview over the varied process and tool variables

Schleifoperation	Versuchsparameter	Einheit	Werte			
Nut	Werkstückvorschubgeschwindigkeit v_w	mm/min	50	100	150	
	Schleifscheibenumfangsgeschwindigkeit v_s	m/s	16	20	24	
	Diamantkorngröße	µm	D15	D35	D54	D76
	Schleifrichtung	/	Gleichlauf			
Freifläche	Werkstückvorschubgeschwindigkeit v_w	mm/min	50	150	250	
	Schleifscheibenumfangsgeschwindigkeit v_s	m/s	22	26	30	
	Diamantkorngröße	µm	D15	D35	D54	D76
	Schleifrichtung	/	Zur Kante hin			

Die Spanne der Prozessparameter wurde vor dem Hintergrund gewählt, einen industriell relevanten Parameterbereich abzudecken und gleichzeitig über die bisherigen Untersuchungsgrenzen hinaus zu gehen. Insbesondere für das Schleifen der Freifläche wurden die Werkstückvorschubgeschwindigkeiten in den Untersuchungen zur Erzeugung hoher Oberflächengüten vielfach auf Werte unter 150 mm/min begrenzt, vgl. [MALD08; HÜBE12; DENK18a; DENK21]. Hinsichtlich des Nutenschleifens mit Analyse der entstehenden Oberflächenrauheit lag die Grenze von v_w bei deutlich unter 150 mm/min bzw. unter 100 mm/min, vgl. [HÜBE12; SCHR18; DENK21]. Das lokale Maximum des bezogenen Zeitspanvolumens betrug für die in dieser Arbeit gewählten Parameter beim Nutenschleifen entsprechend der Multiplikation aus maximaler Vorschubgeschwindigkeit und effektivem Arbeitseingriff 6 mm³/mms. Für die Schleifkraftmessungen wurde im Sinne eines Screenings nur ein Teil des Versuchsraums betrachtet.

4.2.2 Versuchsaufbau

Experimental setup

Versuchsmaschine

Für die Schleifuntersuchungen und die Fertigung aller Versuchswerkzeuge für die Standversuche wurde eine 5-Achs Werkzeugschleifmaschine vom Typ Helitronic Vision 400 L der Firma Walter Maschinenbau GmbH genutzt. Der Versuchsaufbau zur Schleifkraftmessung inkl. Schärfstein und Abbildplättchen ist in Abbildung 4.6 dargestellt. Die Maschine verfügt in allen drei Linearachsen über Lineardirektantriebe. Die Programmierung der Schleifprozesse erfolgte mit Hilfe der Software „Tool Studio" der Firma Walter.

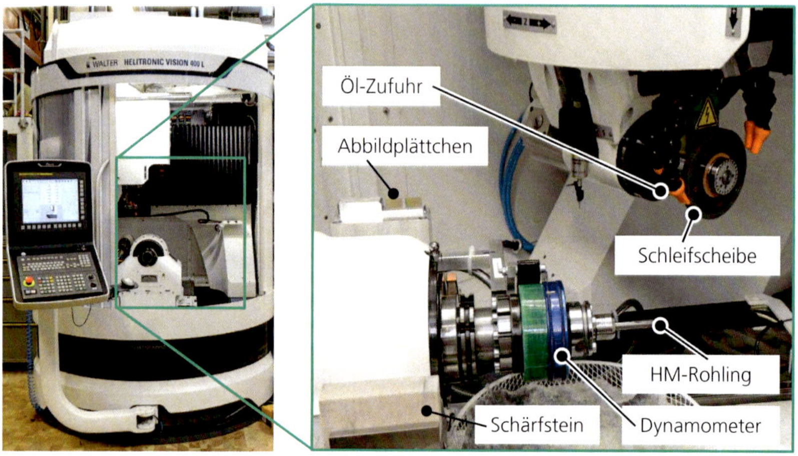

Max. Leistung P_{max}: 25 kW
Max. Drehzahl n_{max}: 10.500 min^{-1}
Linearachsen: Lineardirektantriebe

Steuerung: Fanuc 31i – B5
Werkzeugaufnahme: HSK-50
Maschinenbett: Mineralguss

Abbildung 4.6: 5-Achs Werkzeugschleifmaschine mit relevanten Komponenten
5-Axis tool grinding machine with relevant components

Die Prozessschmierung und -kühlung erfolgte mit dem Schleiföl Blasogrind HC5 der Firma Blaser Swisslube AG. Das Öl wurde mit einem konstanten Volumenstrom von 80 l/min und einem Druck von 8 bar über Rund- und Flachdüsen zugeführt. Die Düsen waren derart ausgerichtet, dass das Öl die Schleifscheibe in Drehrichtung tangential anströmen und in den Schleifspalt geführt werden konnte. Durch regelmäßiges Einstechen der Schleifscheiben in die Abbildplättchen und nachfolgende Vermessung konnten Schleifscheibenkontur und -verschleiß ermittelt werden.

Kraftmessung

Die Kraftmessung beim Schleifen der Analogiewerkzeuge erfolgte unter Nutzung eines rotierenden Schnittkraftdynamometers (RCD) vom Typ 9123 des Herstellers Kistler Instrumente AG. Für die Messung wurde eine Abtastrate von 10 kHz gewählt. Es wurden Werkzeuge ohne Drallwinkel geschliffen, so dass eine simultane Rotation um die Achse des Rohlings entfiel. Zeitgleich erfolgte die Erfassung der Achspositionen, Vorschubgeschwindigkeit und Drehzahl mit der steuerungsinternen Software ServoGuide der Firma Fanuc Corporation. Unter Nutzung der Winkellage des Dynamometers wurde die Kräfte in das Koordinatensystem der Schleifscheiben überführt. Die Aufzeichnung der Kraft erfolgte beim Schleifen von Nut und erster Freifläche. Der Einfluss der Gewichtskraft auf die erfassten Signale konnte durch den Vergleich mit Messwerten ohne Schleifprozess kompensiert werden. Ausgewertet wurden jeweils die Bereiche konstanten Kraftniveaus nach der Anfahrbewegung.

Schleifmittel

Für die Schleifuntersuchungen kamen sowohl kunstharz-, als auch sintermetallgebundene Schleifmittel der TYROLIT SCHLEIFMITTELWERKE SWAROVSKY AG & CO. KG zum Einsatz. Diese wiesen die in Tabelle 4.3 aufgeführten Spezifikationen auf. Zur Gewährleistung einer hohen Profilhaltigkeit und einer hohen Wärmeleitfähigkeit wurde für die Nutschleifscheiben eine Metallbindung ausgewählt, vgl. [TÖNS97; HÜBE12]. Bei der Schleifbearbeitung der Freifläche stellt die Kunstharzbindung aufgrund der Erzeugung hoher Oberflächengüten die weit verbreitete Referenz dar und wurde daher auch für die durchgeführten Versuche verwendet. Gegenüber den Nutschleifscheiben lag bei den 11V9 Scheiben mit Diamantkorngröße D35 bis D76 eine erhöhte Kornkonzentration vor. Diese trägt aufgrund der gesteigerten Schneidenanzahl zu feineren Oberflächen bei, und resultiert gleichzeitig in einer Steigerung der Verschleißresistenz [DENK18a].

Tabelle 4.3: Spezifikation der verwendeten Schleifmittel
Specification of the used abrasives

Bezeichnung	Geometrie (Form, Durchmesser, Belagbreite, Belaghöhe, in mm)	Korngröße	Konzentration	Bindung / Bezeichnung
Startec XP-P	1A1-125-12-5	D35 / D54 / D76	C100	Metall / MXPP
Startec XP-P	11V9-100-10-3	D35 / D54 / D76	C160	Kunstharz / BXPP
Startec XP-F	1A1-125-12-5	D15	C100	Kunstharz / BXPF
Startec XP-F	11V9-100-10-3	D15	C100	Kunstharz / BXPF

Aufgrund der zunehmenden Bedeutung und Anwendung der Feinbearbeitung zur Erzeugung höchster Oberflächengüten wurde außerdem das Feinschleifen betrachtet. Hierzu kamen ebenfalls Schleifscheiben mit einem Bindungssystem aus Kunstharz mit einer Kornkonzentration von C100 zum Einsatz. Das Feinschleifen folgt als Schlichtbearbeitung mit geringem Aufmaß auf eine vorangegangene Schruppschleifoperation. Gegenüber der weit verbreiteten Bezeichnung „Polierschleifen" wird in dieser Arbeit von Feinschleifen gesprochen, da es sich bei dem Polieren um ein Zerspanen mit ungebundenen Diamantkörnern handelt [KLOC17].

Zur Analyse des Verschleißverhaltens der Schleifscheiben wurde im abgerichteten Zustand (vor dem Versuch) sowie in regelmäßigen Abständen Einstiche in ca. 1 mm dicke Abbildplättchen vorgenommen. Der Einstich erfolgte mit einer Zustellung von ca. 0,5 mm und einer geringen Vorschubgeschwindigkeit, sodass der Beitrag dieses Schrittes zum Gesamtverschleiß vernachlässigt werden konnte. Das Profil in den Plättchen wurde anschließend taktil mit einem Form- und Rauheitsmessgerät des Typs Form Taylsurf Seris 2 der Firma TAYLOR-HOBSON LTD. vermessen. Bewertet wurden der Kantenradius der Schleifscheiben $r_{\beta s}$ sowie im Fall der 1A1 Scheiben zusätzlich der maximale Schleifscheibenradialverschleiß $\Delta r_{s,max}$. Das Profil einer abgerichteten Schleifscheibe wurde dazu dem Profil einer Schleifscheibe nach dem Einsatz gegenübergestellt (Abbildung A.2).

Einsatzvorbereitung der Schleifmittel

Die Einsatzvorbereitung der Schleifmittel erfolgte grundsätzlich zweistufig. Nach dem erstmaligen Aufspannen der Schleifmittel können der Rund- bzw. Planlauf in einem Bereich von bis zu 100 µm liegen. Die Schleifscheiben wurden nach einem initialen Wuchtprozess mit einer Wuchtgüte von G < 2,5 mm/s daher zunächst extern durch den Anbieter BDW-BINKA DIAMANTWERKZEUGE GMBH abgerichtet. Zur Gewährleistung einwandfreier Laufeigenschaften in der Schleifmaschine und zur reproduzierbaren Einstellung der Topographie erfolgte ein zweites Abrichten innerhalb der Schleifmaschine. Für das Profilieren kamen SiC-Formrollen der Firma TYROLIT zum Einsatz, vgl. Tabelle 4.4. Der Prozess wurde unter Nutzung von Schleiföl durchgeführt. Das Schärfen erfolgte anschließend durch radiales (1A1-Scheiben) bzw. axiales (11V9-Scheiben) Einstechen in einen Aluminiumoxid-Schärfstein mit keramischer Bindung. Die Abrichtparameter (vgl. Abbildung A.1 im Anhang) basieren auf Empfehlungen durch TYROLIT und entsprechen dem industriellen Standard. Das Abrichten wurde nach dem Schleifen von 18 Nuten mit einem maximalen bezogenen Zerspanvolumen von jeweils $V'_{w,max} \approx 20$ mm³/mm wiederholt.

Tabelle 4.4: Abrichtwerkzeuge

Dressing tools

Abrichtwerkzeuge	Spezifikation	Geometrie	Anwendung für
SiC-Formrolle	C80 H8 V15	D = 250 mm B = 12 mm	D76
	C120 H5A V18		D54 / D35
Al_2O_3-Formrolle	A400V		D15
Al_2O_3-Schärfstein	89A 240 H5A V83	BxDxL = 50 x 25 x 200 mm	D35 / D54 / D76

Die Schleifscheibentopographie hat einen maßgeblichen Einfluss auf die mikroskopischen Kontaktbedingungen beim Schleifen und folglich auf die sich ausbildende Randzone und, als Teil dieser, auf die Oberfläche. Für das Verständnis der Phänomene der Spanbildung beim Schleifen sowie der entstehenden Oberflächen ist die Kenntnis der Topographie demnach elementar. Zur Charakterisierung aller Schleifscheiben im abgerichteten Zustand wurde ein taktiles Tastschnittgerät der Firma MAHR GMBH vom Typ MarSurf LD 260 genutzt. Vorteilhaft ist die Generierung von 3-dimensionalen Messschrieben durch ein Zusammensetzen von Einzelmessungen. Für alle Messungen wurde ein Taster mit Diamantspitze (Radius r_{TN}: 2 µm, Spitzenwinkel $\delta_{TN} = 60°$) genutzt. Durch regelmäßige optische Kontrollen der Tastspitze konnte Verschleiß an dieser ausgeschlossen werden. Die Messfelder mit einer Größe von insgesamt $A_{mess} = 2 \times 7$ mm² wurden durch 250 Einzelmessungen in einem Zeilenabstand von $d_z = 8$ µm (D15: $d_z = 3$ µm) erfasst. Mit optischen Verfahren auf Basis der Konfokalmikroskopie konnten keine verlässlichen Messungen durchgeführt werden, da sich die teils transparenten Diamantkörner nicht zuverlässig erfassen ließen. Anschließend wurden die Messdaten mit der Analysesoftware Mountains® weiterverarbeitet.

Zur Charakterisierung der Schleifscheibentopographien wurden gemäß DIN EN ISO 25178-2 [DIN12] die in Abbildung 4.7 aufgeführten und für alle Schleifscheiben ermittelten Kennwerte herangezogen. Analog zu der Arbeit von BARTH [BART19] erfolgte die Bewertung der Oberflächen primär anhand der reduzierten Spitzenhöhe Spk. Der Kennwert entspricht der mittleren Höhe der Spitzen oberhalb des Oberflächenkerns [DIN12]. Die reduzierte Spitzenhöhe korreliert mit dem Kornüberstand, ist jedoch nicht mit diesem gleichzusetzen. Spk lässt sich aus der Abbott-Kurve ablesen, die die Profilhöhe über dem Materialanteil darstellt. Ferner sind die maximale Höhe Sz, die mittlere arithmetische Höhe Sa und die mittlere quadratische Höhe der skalenbegrenzten Oberfläche Sq quantifiziert. Die korrespondierende Auswertung der 11V9 Scheiben kann Abbildung A.3 entnommen werden.

Der linke Teil von Abbildung 4.7 zeigt einen Ausschnitt der Topografie der 1A1-Scheibe mit der Korngröße D54. Deutlich erkennbar sind die hervorstehenden Körner, deren Spitzen weiß dargestellt sind. Die Scheibe zeigt eine offenporige Struktur. Im Vergleich aller Schleifscheiben fällt auf, dass Spk für die Korngröße D54 mit ca. 12 µm sein Maximum erreicht. Demgegenüber stiegen alle weiteren Oberflächenkennwerte mit zunehmender Korngröße an. Für den Kornüberstand über der Bindung wird als Richtwert 30 % angegeben, wobei mit zunehmender Belastung beim Schleifen stark abrasiver Werkstoffe geringere Werte von 20 % anzustreben sind [SCHL82; KLOC17]. Eine mögliche Ursache für den geringeren Kornüberstand trotz höherem, mittleren Korndurchmesser liegt in der stärkeren Abschattung der Bindung hinter den Körnern. Der Vergleich der Topographien zeigt, dass die größeren Diamantkörner blockiger und damit weniger spitz ausgeprägt sind. Folglich reduzieren sie die Angriffsfläche der Bindung für den Eingriff mit dem Korund-Schärfstein. Insgesamt decken sich die Beobachtungen mit den Ergebnissen von Schröer an hybridgebundenen D64-Schleifscheiben mit gleicher Kornkonzentration [SCHR18]. An den Schleifscheiben mit einem Korndurchmesser D15 wurde entsprechend den Herstellerempfehlungen nach dem Abrichten keine gesonderte Schärfoperation durchgeführt. Der Kornüberstand war mit unter 1 µm daher sehr gering und bei Betrachtung der Topographie kaum noch zu erkennen. In Anbetracht der erwarteten mittleren Einzelkornspanungsdicken entsprechend der Berechnung nach Lierse [LIER98] von $h_{cu,m}$ = 0,15 µm erschienen die Werte ausreichend.

Oberflächenkennwerte der Schleifscheiben Startec XP-P 1A1 nach dem Schärfen

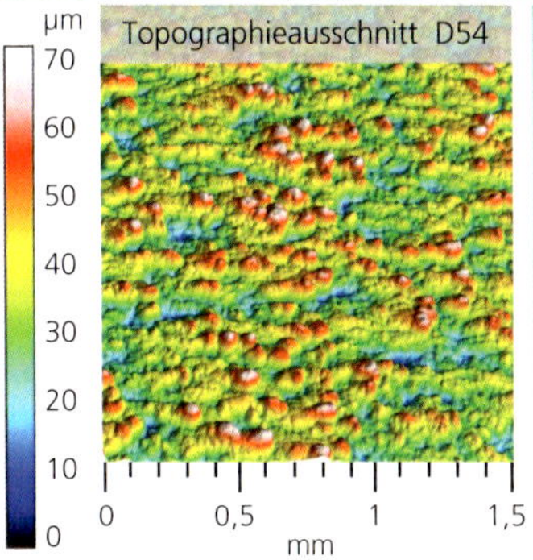

	D76	D54	D35	D15[1]
Spk / µm	8,64	12,2	5,91	0,67
Sa / µm	7,86	7,27	5,23	1,03
Sz / µm	80,8	70,6	58,9	17,8
Sq / µm	10,1	9,3	7,02	1,42

Taktile Messung: MahrSurf LD 260, d_z = 8 µm ([1] 3 µm), A_{mess} = 2x7 mm², r_{TN} = 2 µm, δ_{TN} = 60°

Abbildung 4.7 Flächenhafte Kennwerte der Topographie der Nutschleifscheiben
Surface characteristic values of the topography of flute grinding wheels

Während beim Nutenschleifen das Material durch den Schleifscheibenumfang bis in den Bereich des Schleifscheibenkantenradius $r_{\beta S}$ zerspant wird, erfolgt die Zerspanung an der Freifläche aufgrund des geringen Materialaufmaßes von maximal $a_{p,FF}$ = 0,129 mm primär durch den Kantenradius (vgl. auch Abbildung A.4) bis in den Bereich der Planfläche der Schleifscheibe. Da die Charakterisierung eines ausreichend großen Ausschnitts der Topographie am Kantenradius nicht möglich war, erfolgte die Analyse der 11V9 Schleifscheiben an den Planflächen. Unter Berücksichtigung der erhöhten Kornkonzentration (C160 = 7,04 Karat/cm³) wurde der Zeilenabstand von 8 auf 5 µm reduziert. Insgesamt sind die Werte für die reduzierte Spitzenhöhe Spk für die 11V9 Scheiben gegenüber den 1A1 Schleifscheiben bei größeren Korndurchmessern um ca. 2 bis 6 µm reduziert. Bei der Diskussion möglicher Ursachen müssen sowohl die erhöhte Kornkonzentration als auch die weichere Kunstharzbindung berücksichtigt werden. Mit steigender Kornkonzentration nimmt bei gleicher Korngröße die Anzahl der Körner zu. Insbesondere für die größeren und blockigeren Körner steigt hierdurch die Diamantkornoberfläche. Hierdurch wird das Eindringen der Al_2O_3 Partikel in die Bindung erschwert. Gleichzeitig können sich die beim Profilieren und Schärfen belasteten Körner stärker in die nachgiebigere Bindung eindrücken. Es ist davon auszugehen, dass die Überlagerung beider Effekte den reduzierten Kornüberstand bedingen.

4.2.3 Mechanische Schneidstoffbeanspruchung im Analogieprozess

Mechanical load on the cutting material in the analogy process

Zur Ermittlung der mechanischen Belastung beim Schleifen unter Einsatz der definierten Schleifmittel wurden Schleifkraftmessungen an Hartmetallrohlingen durchgeführt. Die Versuche dienten primär dem besseren Verständnis der wirkenden Phänomene beim Werkzeugschleifen. Besonders die Entstehung von Eigenspannungen in der Randzone des Hartmetalls wird maßgeblich durch die lokalen Einzelkornbelastungen beeinflusst (vgl. Kapitel 2.2.2), welche integral in messbaren Schleifkräften resultieren. Weiterhin liegen bisher keine Angaben zu Schleifkräften bei der Bearbeitung der Freifläche an Schaftfräswerkzeugen vor. Verglichen mit der Nutoperation sind die Schleifkräfte beim Schleifen der Fase aufgrund des reduzierten Materialabtrags gering. Die Zerspanung findet an der 11V9 Scheibe primär im Bereich des Schleifscheibenkantenradius statt. Gleichzeitig sind höhere Einzelkornspanungsdicken zu erwarten, vgl. Kapitel 4.2.1. Entsprechend wurde erwartet, dass die auf die Scheibenbreite bezogene Belastung diese des Nutenschleifens übersteigt.

Die Werkstückvorschubgeschwindigkeit v_w bestimmt direkt die Hauptzeit des Prozesses und stellt folglich eine der wichtigsten Prozessstellgrößen des Werkzeugschleifens dar. Der Einfluss von v_w auf die Schleifnormalkraft F_n und das Schleifkraftverhältnis aus Tangential- zu Normalkraft μ kann Abbildung 4.8 entnommen werden. Je Versuchspunkt erfolgten zwei Wiederholungen. Aufgrund der geringen Varianz von $< \pm 2$ N wurde auf die Angabe von Fehlerbalken verzichtet. Die Werkstückvorschubgeschwindigkeit wurde gemäß Tabelle 4.2 in drei Stufen variiert. Zur Berücksichtigung des Feinschleifens erfolgte die Untersuchung ebenfalls für die Korngröße D15. Dabei dient das Feinschleifen der Erzeugung hoher Oberflächengüten nach einem Vorschleifen der Nut, durch das radial und axial ein Aufmaß von $a_{e,FS} = a_{p,FF} = 0{,}1$ mm eingestellt wurde. Aufgrund des geringen Kornüberstandes sind die nutzbaren Prozessparameter für das Feinschleifen limitiert, weshalb eine Parametervariation entfiel.

Die Schleifnormalkräfte F_n stiegen erwartungsgemäß mit Zunahme des bezogenen Zeitspanungsvolumens $Q'_{w,max}$ von 1,67 auf 5 mm³/mms von ca. 55 bis 60 N auf 150 bis 165 N an. Der Anstieg ist annähernd linear und durch die Zunahme des Zerspanvolumens in demselben Zeitraum begründet. Mit zunehmender Diamantkorngröße konnte ein geringfügiger Abfall der Schleifnormalkraft beobachtete werden. Ein Anstieg von d_g bedingt bei gleicher Kornkonzentration und vereinfachter Annahme der Körner als Kugeln eine kubische Reduktion der Anzahl der Diamantkörner im Schleifbelag. Die gesamte Zerspanarbeit verteilt sich demnach auf deutlich weniger kinematische Schneiden N_{kin}, die jeweils mehr Material zerspanen als kleinere Diamantkörner. Gleichzeitig steigt die Einzelkornkraft nicht im gleichen Verhältnis, wie die Einzelkornkontaktfläche. Dieser Effekt kann durch die Abnahme der spezifischen Schleifenergie mit größerer Einzelkornspanungsdicke erklärt werden. Insbesondere wird mit höherem Spanungsquerschnitt der Anteil der elastischen und plastischen Werkstoffverformung herabgesetzt [ZEPP05; KLOC17]. Eine Abnahme der Schleifnormalkraft mit zunehmender Diamantkorngröße wurde ebenfalls von Marzenell und von Friemuth berichtet [MARZ01; FRIE02]. Insgesamt sind die Ergebnisse hinsichtlich Verläufen und Kraftniveaus übereinstimmend mit den Beobachtungen von Hübert und Schröer für das Schleifen von Schaftfräswerkzeugen [HÜBE12; SCHR18].

Die Schleifnormalkraft erreichte beim Feinschleifen trotz des deutlich geringeren Zerspanvolumens knapp 90 N. Gegenüber dem Schleifen ins Volle wird ein maßgeblicher Anteil des zerspanten Materialvolumens an der Spanfläche abgetragen. Die starke Überhöhung der Schleifnormalkraft liegt einerseits in der um den Faktor 47 gesteigerten Anzahl von Diamantkörnern und der somit ansteigenden Anzahl kinematischer Schneiden begründet. Anderseits kommt aufgrund des geringen Kornüberstandes vermutlich die Bindung in Kontakt mit dem Werkstück. Die starken Reibvorgänge rufen das beobachtete Kraftniveau hervor.

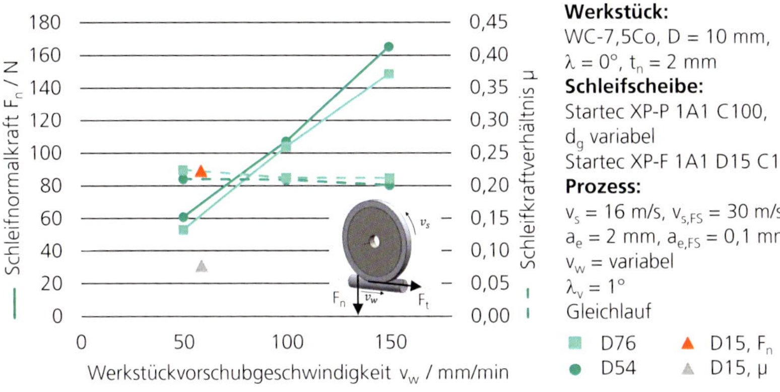

Abbildung 4.8: Schleifkräfte in Abhängigkeit von der Werkstückvorschubgeschwindigkeit beim Nutenschleifen

Grinding forces depending on the workpiece feed rate for flute grinding

Das Schleifkraftverhältnis μ als Quotient aus Tangential- und Normalkraft erreichte Werte zwischen 0,2 und 0,23. Die Werte für die Diamantkorngröße D76 überstiegen dabei leicht diese für die Korngröße D54. Eine nennenswerte Veränderung mit Zunahme der Werkstückvorschubgeschwindigkeit konnte nicht festgestellt werden. Dies deutet auf vergleichbare Spanbildungsmechanismen hin [SCHR18]. Zu beachten ist, dass das Schleifkraftverhältnis neben der Abhängigkeit vom Schleifscheibenverschleiß auch von der Drehrichtung der Schleifscheibe beeinflusst werden kann. Der Eintritt der Schleifscheibe im Bereich maximaler Spanungsdicken beim Gleichlaufschleifen erzeugt eine zum Werkstück gerichtete Kraftkomponente, die den Betrag der Normalkraft erhöht. SCHRÖER führte ein größeres Schleifkraftverhältnis beim Gegenlaufschleifen ferner auf die verbesserte KSS-Zufuhr aufgrund des Vorhaltewinkels der Schleifscheibe λ_v zurück [SCHR18].

Die Abhängigkeit der Schleifnormalkraft F_n und des Schleifkraftverhältnisses μ von der Schleifscheibenumfangsgeschwindigkeit v_s geht aus Abbildung 4.9 hervor. Im untersuchten Bereich fiel die Schleifnormalkraft über v_s leicht ab. Ursächlich hierfür ist die Reduktion von Einzelkornspanungsdicke und kinematischer Schneidenanzahl mit steigender Schleifscheibenumfangsgeschwindigkeit. Das Zeitspanvolumen verteilt sich in diesem Fall auf entsprechend mehr Umdrehungen der Schleifscheibe. Mit erhöhter Werkstückvorschubgeschwindigkeit wurde eine stärkere Reduktion von F_n beobachtet, die für die Diamantkorngröße D54 bei 23 % gegenüber 19 % für v_w = 50 mm/min lag. Aus den nahezu konstanten Werten des Schleifkraftverhältnisses kann gefolgert werden, dass die Zerspanung mit gleicher Effektivität erfolgt.

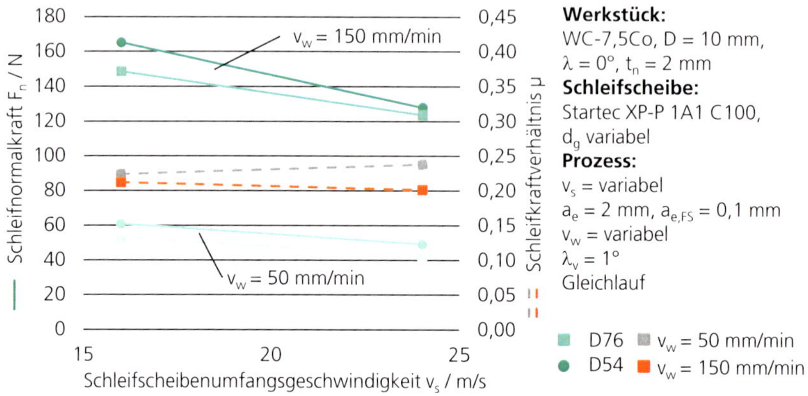

Abbildung 4.9: Schleifkräfte in Abhängigkeit der Schleifscheibenumfangsgeschwindigkeit beim Nutenschleifen

Grinding forces depending on the grinding wheel circumferential speed for flute grinding

In analoger Vorgehensweise zum Nutenschleifen wurden die Prozesskräfte beim Schleifen der 1. Freifläche ermittelt. Die Berechnung der Schleifnormal- und Tangentialkräfte erfolgte unter Beachtung des Werkzeugfreiwinkels α durch eine Koordinatentransformation. Aufgrund des geringen Zerspanvolumens (maximale Schnitttiefe der Schleifscheibe: $a_{p,FF} = 0{,}129$ mm, vgl. Abbildung 4.10) und der damit einhergehenden Sensitivität des abgetragenen Volumens und folglich der Messwerte für mögliche Maß- oder Winkelfehler wurde der Schleifprozess für alle verwendeten Schleifscheiben zuvor exakt eingestellt. Dazu erfolgte eine Anpassung der in der Steuerung hinterlegten Geometriedaten für die Schleifscheiben, so dass der Freiwinkel mit einer Abweichung von max. 0,2° sowie mit einer max. Abweichung der Breite der Freiflächen von 10 µm geschliffen werden konnten. Aufgrund des geringen Aufmaßes entfiel ein Vorschleifen vor dem Feinschleifen.

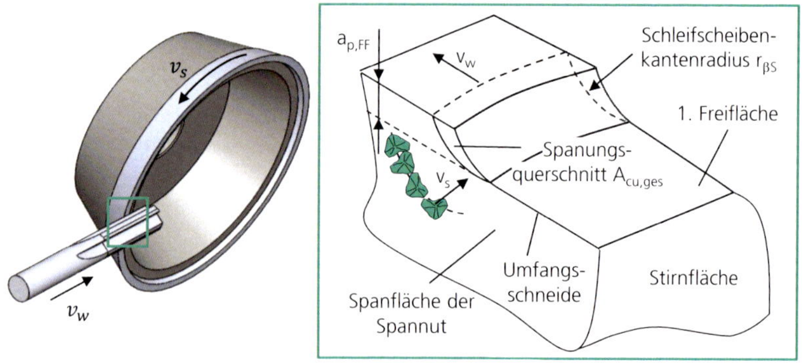

Abbildung 4.10: Eingriffsverhältnisse beim Schleifen der Freifläche

Engagement conditions for grinding of the flank face

Absolut betrachtet lagen die Kraftkomponenten für das Schleifen der Freifläche bei unter 1 N, Abbildung 4.11. Bezogen auf die maximale Schnitttiefe der Schleifscheibe von $a_{p,FF} = 0,129$ mm erreichten die Werte die gleiche Größenordnung wie diese des Nutenschleifens. Trotz des geringen absoluten Kraftniveaus war die Zunahme der Kraftkomponenten mit Steigerung der Werkstückvorschubgeschwindigkeit deutlich erkennbar. Gleichwohl fällt bei Betrachtung von Abbildung 4.11 auf, dass die Zunahme einen degressiven Verlauf aufweist. Eine Ursache hierfür ist der Eingriff der Schleifscheibe ausschließlich im Bereich des Schleifscheibenkantenradius $r_{\beta s}$. Dieser liegt mit ca. 80 bis 100 µm in dem Bereich des an der Freifläche abzutragenden Aufmaßes. Im Radiusbereich fällt die effektive Einzelkornspanungsdicke zur erzeugten Oberfläche hin ab. Diese geringen Spanungsdicken werden weniger durch die Steigerung des Vorschubs beeinflusst als die maximalen Spanungsdicken entlang des Radiusbogens.

Die Schleiftangentialkraft F_t war für die kleinste Werkstückvorschubgeschwindigkeit größer als die Schleifnormalkraft F_n. Insgesamt lagen die Schleifkraftverhältnisse deutlich über diesen beim Nutenschleifen. Begründet sind die im Verhältnis zur Schleiftangentialkraft geringen Schleifnormalkräfte durch die schmale Kontaktzone zwischen Freifläche und Schleifscheibenkantenradius. Entgegen dem Nutenschleifen war das Schleifkraftverhältnis für das Feinschleifen insgesamt vergleichbar bzw. leicht erhöht gegenüber dem Schleifen mit gröberem Diamantkorn ($d_g \geq 54$ µm). Die Kraftkomponenten $F_{i,FS}$ erreichten absolut betrachtet ein vergleichbares Niveau wie diese für das Schleifen mit $d_g = 54$ µm bzw. 76 µm und $v_w = 150$ mm/min. Bei identischem Zerspanvolumen wird die Belastung beim Feinschleifen durch die Vielzahl der eingreifenden Körner und durch den Kontakt zwischen Bindung und Werkstück geprägt. Zu berücksichtigen ist außerdem, dass beim Feinschleifen der Freifläche, anders als beim Feinschleifen der Nut, auf ein Vorschleifen verzichtet wurde.

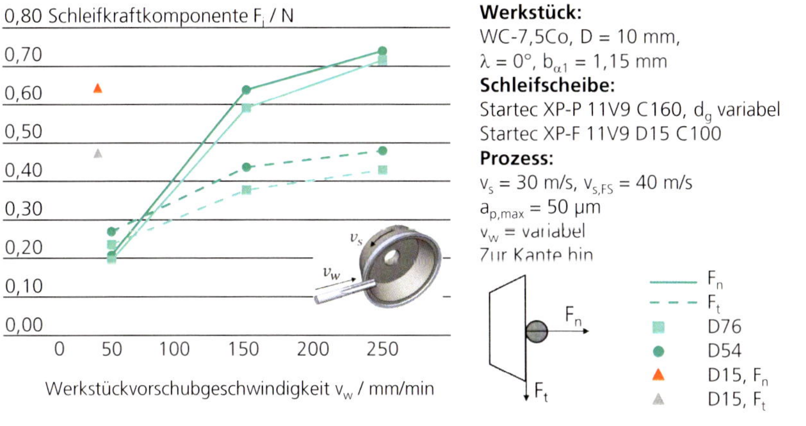

Abbildung 4.11: Schleifkräfte in Abhängigkeit der Werkstückvorschubgeschwindigkeit beim Nutenschleifen der 1. Freifläche

Grinding forces depending on the workpiece feed rate for grinding of 1. flank face

Die mechanische Schneidstoffbelastung konnte durch die gewählten Prozessparameter in weiten Bereichen variiert werden. Für das Feinschleifen mit der Diamantkorngröße D15 wurde gegenüber den Korngrößen D54 und D76 eine deutlich reduzierte Schleifprozesseffektivität ermittelt, die auf den geringen Kornüberstand und die massiv erhöhte Kornanzahl zurückgehen. Im Verlauf der Arbeit muss überprüft werden, inwieweit diese mechanischen Beanspruchungen eine entsprechende thermische Beanspruchung und damit eine Schädigung der Randzone hervorrufen können. Dieser Aspekt wird bei der Analyse der Randzone in Kapitel 4.2.6 wieder aufgefriffen. Für die Schleifscheiben mit größeren Diamantkörnern zeigte sich, dass die Werkstückvorschubgeschwindigkeit gegenüber der Diamantkorngröße und der Schleifscheibenumfangsgeschwindigkeit die dominierende Stellgröße in Bezug auf die Schneidstoffbelastung ist. Entsprechend kann erwartet werden, dass durch einen Anstieg von v_w gleichfalls die Oberflächerauheit und die Randzonenbeeinflussung zunehmen. Diese Aspekte werden im kommenden Teilkapitel untersucht.

4.2.4 Analyse der Oberflächenrauheit

Analysis of the surface roughness

Die Untersuchungen zur Beeinflussung der Oberflächenrauheit, der Schartigkeit sowie der Eigenspannungen und der Randzonenschäden durch das Schleifen und Gleitschleifen wurden an anwendungsnahen, gedrallten Schaftfräswerkzeugen durchgeführt. Gegenüber den Versuchen zur Schleifkraftermittlung wurden zusätzlich Schleifscheiben mit der Diamantkorngröße D35 berücksichtigt. Dies diente der Beantwortung der Frage, inwieweit auch ohne die zur Vorbereitung des Feinschleifens notwendige Vorschleifoperation hohe Oberflächengüten erreicht werden können.

Zur Analyse von Span- und Freifläche kam jeweils ein vollfaktorieller Versuchsplan zur Anwendung. Der Versuchsplan wurde randomisiert, um den Einfluss systematischer Veränderungen oder Störgrößen auf das Ergebnis möglichst gering zu halten. Je Prozessparameterkombination wurden insgesamt zwei Nuten geschliffen. Bei einem maximalen bezogenen Zerspanvolumen je Nut von $V'_{w,max} \approx 20$ mm³/mm betrug das gesamte, maximale bezogene Zerspanvolumen je Schleifscheibe etwa 360 mm³/mm. Zur Untersuchung der sich ausbildenden Schneidkatenqualität erfolgte die Variation der jeweiligen Prozessparameter sowohl an der Span- als auch an der Freifläche um den entsprechenden Betrag. Nach dem Schliff der Nut mit bspw. $v_w = 50$ mm/min und $v_s = 20$ m/s wurde die Freifläche mit $v_w = 50$ mm/min und $v_s = 26$ m/s erzeugt. Hierdurch ließ sich der Versuchsaufwand begrenzen bei gleichzeitiger Erzeugung der Extremausprägung der Schartigkeit. Die Analyse des Feinschleifens erfolgte aufgrund der sehr geringen Diamantkorngröße und des geringen Kornüberstands ohne Variation der Schleifprozessparameter.

In Abbildung 4.12 sind die Verläufe der Oberflächenrauheit Sa an der Freifläche über der Werkstückvorschubgeschwindigkeit v_w für die drei untersuchten Schleifscheibenumfangsgeschwindigkeiten dargestellt. Die ermittelten Rauheiten lagen insgesamt in einem Bereich zwischen 0,03 und 0,35 µm. Deutlich zu erkennen ist der starke Anstieg der Rauheit mit Zunahme von v_w. Die Steigerung von v_w von 50 auf 250 mm/min führte z.B. für $v_s = 22$ m/s und D76 zu einem Anstieg von Sa um ca. 193 %. Mit steigender Schleifscheibenumfangsgeschwindigkeit nahm die Rauheit leicht ab. Die beobachteten Effekte lassen sich grundsätzlich durch die Zunahme der Einzelkornspanungsdicke mit steigendem Verhältnis v_w/v_s erklären, vgl. Gleichungen 2.2 und 4.1. Dabei ist zu berücksichtigen, dass die Erzeugung der Freifläche durch den Schleifscheibenkantenradius $r_{\beta s}$ der 11V9 Scheiben erfolgt. Die Werte von $r_{\beta s}$ betrugen nach dem Abrichten zwischen ca. 90 und

100 µm und erreichten nach Verwendung für die beschriebenen Versuche ca. 120 µm, vgl. Abbildung A.4. Entsprechend müssen im Bereich der Oberflächenerzeugung gegenüber $h_{cu,max}$ deutlich reduzierte, effektive Einzelkornspanungsdicken wirken, vgl. Abbildung 4.10.

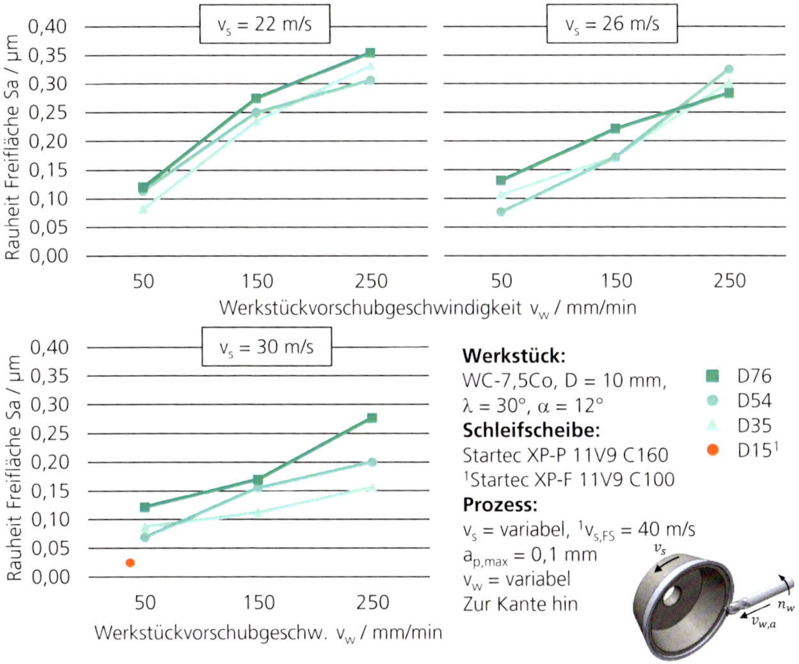

Abbildung 4.12: Einfluss der Schleifprozessparameter auf die Freiflächenrauheit

Influence of grinding process parameter on the surface roughness at the flank face

Die Zunahme der Diamantkorngröße bewirkte in der Tendenz ebenfalls eine Steigerung der Rauheit, was aufgrund der Zunahme der Einzelkornspanungsdicke bei gleichzeitigem Rückgang der Anzahl kinematischer Schneiden erwartbar war. In Teilen wurden jedoch höhere Werte von Sa für geringere Diamantkorngrößen ermittelt, vgl. u.a. den Verlauf für v_s = 26 m/s. Dieses Phänomen kann zum einen durch die Oberflächenerzeugung im Bereich des Schleifscheibenkantenradius erklärt werden, vgl. Abbildung 4.10. Die Abnahme von $h_{cu,max}$ entlang des Radius $r_{\beta s}$ lässt sich vereinfacht über den Sinus des Kontaktwinkels φ beschreiben. Die Zerspanung der letzten 5 µm Materialaufmaß an der Freifläche erfolgt dann mit Einzelkornspanungsdicken, die lediglich 30 % der Maximalwerte betragen. Zum anderen stellen maximale bzw. mittlere Einzelkornspanungsdicke rein theoretische Größen dar, die die tatsächliche Form und folglich die Kontaktflächen der kinematischen Schneiden A_{cu} im Bereich des Schleifscheibenkantenradius sowie deren Abstände nicht ausreichend beschreiben können. Mit zunehmender Größe werden die Diamantkörner breiter bzw. blockiger. Dies hat Auswirkung auf den Querschnitt bzw. die Form einzelner Schleifriefen. Die Rauheit resultiert wiederum aus der Überlagerung der Kontaktflächen aller kinematischer Schneiden [HEIS14]. Dabei ragen aufgrund ihrer zufälligen Verteilung und unbestimmten Form einzelne Diamantschneiden weiter aus der Bindung heraus als andere. [KLOC17] Diese Schneiden rufen im Zerspanvorgang dementsprechend tiefere Riefen hervor, die im Fall von spitzeren bzw. gesplitterten Körnern schmaler sind als für blockige Diamantkörner.

In der Diskussion der Ergebnisse sind ebenfalls die Verschleißmechanismen zu berücksichtigen. Die mit v_s = 30 m/s erzeugten Oberflächen zeigten gegenüber den anderen Schleifscheibenumfangsgeschwindigkeiten eine stärkere Abhängigkeit der Rauheit von der Diamantkorngröße. Eine mögliche Erklärung liegt in dem im Laufe der Versuche zunehmenden Kantenverschleiß der 11V9-Scheibe, der entsprechend Abbildung A.4 für Scheiben mit Korngröße D35 stärker ausgeprägt ist als für die gröberen Diamantkörner. Der makroskopische Kornverschleiß setzt sich aus den mikroskopischen Verschleißformen Korn- und Bindungsverschleiß zusammen, die beide durch mechanische (z.B. Abrasion) und thermische Mechanismen (z.B. thermischer Bindungsverschleiß) verursacht werden können [KLOC17]. Kornverschleiß tritt in Form von Absplitterungen, Abflachung, Spananhaftungen und Kornbrüchen auf [DENK11; KLOC17]. Kleinere und spitzere Körner neigen stärker zu Absplitterungen und Abflachungen als größere Körner. Verschleißbedingt wird der Kornüberstand reduziert, was sich in einer reduzierten Oberflächenrauheit äußert. Gleichzeitig steigen bei zunehmender Abflachung die Reibfläche und Einzelkornkräfte, die dann vielfach zu einer mechanischen Überlastung der Bindung führen.

Zur genaueren Analyse der tatsächlich vorliegenden Oberflächenausprägung wurden REM-Aufnahmen ausgewählter Werkzeuge angefertigt. In Abbildung 4.13 sind die Oberflächen verschiedener Freiflächen gegenübergestellt, bei deren Fertigung stark unterschiedliche Einzelkornspanungsdicken vorlagen. Für eine bessere Vergleichbarkeit sind die theoretischen maximalen Einzelkornspanungsdicken angegeben.

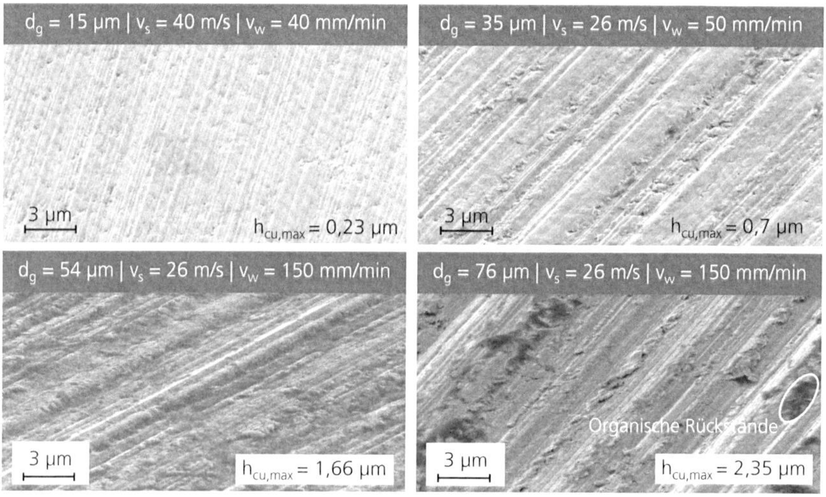

Abbildung 4.13: REM-Bilder (3000x) geschliffener Freiflächen

SEM pictures (3000x) of grinded flank faces

Die feingeschliffene Oberfläche erscheint in den Bildern glatt mit feinsten Riefen und mikroskopisch kleinen Mulden. Dies deutet auf eine in weiten Teilen duktile Spanbildung hin. Für die Korngröße D35 wies die Oberfläche immer noch einen dominierenden Glattanteil auf, der jedoch von Schleifriefen mit beginnenden Aufwürfen und teils wieder zugeschmierten Mulden unterbrochen wurde. Für ein $h_{cu,max}$ von über 1,5 µm wurde die Oberfläche auch entlang der Schleifriefen deutlich rauer und zeigte verstärkt Aufwürfe. Die weitere Steigerung der Einzelkornspanungsdicke resultierte neben tieferen Riefen und stärker ausgeprägten Aufwürfen in sich lösenden Werkstoffpartikeln (von WIRTZ als Schollen bezeichnet). Analog zu den Beobachtungen von WIRTZ konnten mit Zunahme der Werkstückvorschubgeschwindigkeit bzw. der Steigerung der Korngröße demnach vermehrt Phänomene beobachtet werden, die auf eine Zunahme des Anteils spröder Spanbildung hindeuten. Gleichwohl wurden keine kontinuierlichen Werkstoffausbrüche mit offenliegendem WC-Skelet identifiziert, deren Beginn WIRTZ als Übergang zu sprödharter Werkstofftrennung definierte. [WIRT18] Dem entsprechend war anhand der äußerlichen Analyse der Werkzeuge nicht von einer Überlastung des Hartmetalls durch den Schleifprozess auszugehen.

Die nach dem Schleifen der Spannuten gemessenen Rauheiten sind in Abbildung 4.14 zusammengefasst.

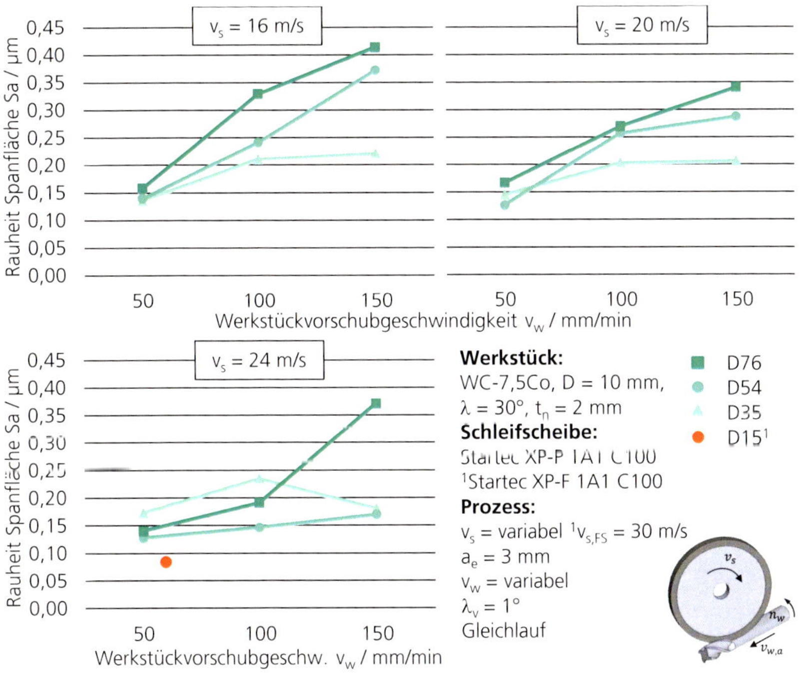

Abbildung 4.14: Einfluss der Schleifprozessparameter auf die Spanflächenrauheit

Influence of grinding process parameter on the surface roughness at the rake face

Die Verläufe und das Niveau der Messwerte ähneln grundsätzlich diesen der Freifläche. Insbesondere für die höchste Werkstückvorschubgeschwindigkeit wurden trotz leicht geringerer maximaler Einzelkornspanungsdicken erhöhte Rauheiten von bis zu 0,42 µm erfasst. Eine mögliche Ursache ist in der schlechteren Zufuhr von Schleiföl aufgrund des deutlich verlängerten Kontaktbogens zu sehen. Ein weiterer Einfluss resultiert aus den Bindungseigenschaften der Schleifscheiben. Exponierte und folglich höher belastete Schneiden können in die beim Freiflächenschleifen verwendete, weichere, Kunstharzbindung gedrückt werden. Hierdurch wird die Einzelkornspanungsdicke reduziert, gleichzeitig nimmt die Tiefe der Riefen tendenziell ab. [HEIS14] Bei den Metallbindungen der 1A1 Scheiben tritt dieses Phänomen nicht auf.

Im Untersuchungsbereich zeigte die Anhebung von v_w den dominierenden Effekt auf Sa. Für v_w = 150 mm/min trat gleichzeitig die Auswirkung der steigenden Diamantkorngröße am deutlichsten hervor. Dies ist zum einen auf die maximale Ausprägung der Einzelkornspanungsdicke zurückzuführen. Zum anderen kann der Effekt verschleißbedingt sein. Insbesondere bei Einsatz der Korngröße D35 wurde mit einer Steigerung von v_w über 100 mm/min hinaus keine weitere Zunahme bzw. sogar eine Abnahme der Rauheit beobachtet. Die kleineren Diamantkörner sind stärker von Verschleiß betroffen als die größeren, vgl. Abbildung A.5. Die Zunahme des Schleifscheibenkantenradius betrug während der Bearbeitung mit der Korngröße D35 über 60 %, während diese für die Korngröße D76 bei ca. 26 % lag. Gleichzeitig kommen aufgrund der hohen Kornhaltekräfte der verschleißresistenten Metallbindung tendenziell mehr abgestumpfte und abgeflachte Diamantkörner zum Einsatz. Das Feinschleifen mit d_g = 15 µm führte analog zur Bearbeitung der Freifläche auch an der Spanfläche näherungsweise zu einer Halbierung der Oberflächenrauheit gegenüber den mit der Schleifscheibe D35 erzeugten Werten.

4.2.5 Analyse der Schneidkantenschartigkeit

Analysis of the roughness of the cutting edge

Die Schneidenschartigkeit Rz_{SK} beschreibt die Unregelmäßigkeit der Schneidkante, die durch Mikroausbrüche beim Schleifen hervorgerufen wird [EYRI09; VENT09; HÜBE12]. Die vorliegenden Erkenntnisse zum Einfluss der Prozessparameter beim Schleifen von Schaftfräswerkzeugen auf die Schneidkantenqualität sind entweder auf einen kleinen Parameterbereich beschränkt oder analysieren lediglich einzelne Prozessstellgrößen. Zur Untersuchung der Schneidkantenschartigkeit wurden die jeweiligen Parameter des Nut- und Freiflächenschleifens simultan variiert, d.h. bei Erhöhung des Vorschubs zum Schleifen der Spanfläche wurde auch der Vorschub beim Schleifen der Freifläche gesteigert. Dieses Vorgehen wurde gewählt, um die Schneidkante in möglichst weiten Grenzen zu variieren. Auf eine Variation der Schleifstrategie wurde verzichtet, da die Strategie »zur Kante hin« in verschiedenen Arbeiten übereinstimmend als vorteilhaft identifiziert wurde, vgl. [HÜBE12; DENK21]. In Abbildung 4.15 sind die Messwerte Rz_{SK} für die im Parameterraum erzeugten Schneidkanten gegenübergestellt. Für jede Parameterkombination wurden aufgrund des stochastischen Charakters der Schartigkeit drei Einzelmessungen je Schneidkante bei zwei untersuchten Schneidkanten je Werkzeug durchgeführt und gemittelt, vgl. Kapitel 4.1.3. Die Fehlerbalken repräsentieren die Standardabweichungen des jeweiligen Messergebnisses. Die Indizes SF und FF kennzeichnen die jeweiligen Parameter an Span- und Freifläche.

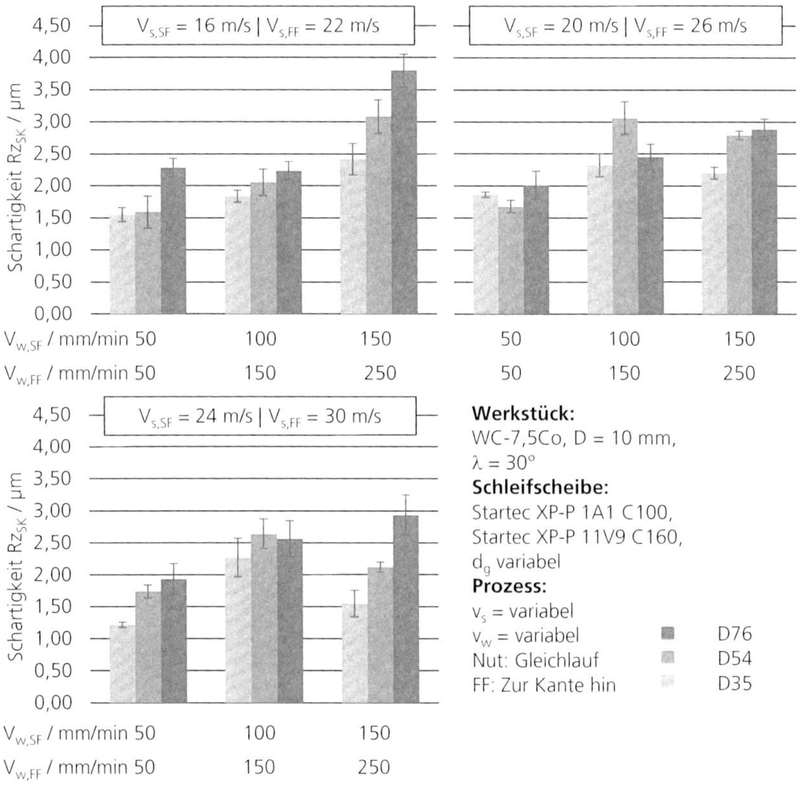

Abbildung 4.15: Einfluss der Schleifprozessparameter auf die Schneidkantenschartigkeit

Influence of grinding process parameter on the cutting edge roughness

Die erfassten Werte von Rz_{SK} lagen zwischen ca. 1 µm und 4 µm. Insbesondere die Steigerung der Werkstückvorschubgeschwindigkeit und der Diamantkorngröße bedingten eine deutliche Zunahme der Schartigkeit Rz_{SK}. Dieser Zusammenhang lässt sich auf die erhöhte Einzelkornspanungsdicke und die entsprechend größere mechanische Belastung zurückführen. Ein Effekt der Umfangsgeschwindigkeit war nur in geringfügigem Maße erkennbar. Tendenziell sanken die Maximalwerte der Schartigkeit mit Zunahme von v_s. Dies lässt sich einerseits durch die Abnahme von h_{cu} erklären. Gleichzeitig wird bei erhöhter Schleifscheibenumfangsgeschwindigkeit mehr Wärme erzeugt, die eine Anhebung der Temperatur und folglich der Duktilität des Schneidstoffs herbeiführen kann, vgl. [DENK21]. In der Folge sinkt die Gefahr des Ausbrechens größerer Partikel.

Bei mittleren und hohen Schnittgeschwindigkeiten erreichte die Schartigkeit für kleine und mittlere Diamantkorngrößen ihr Maximum für $v_{w,SF}$ = 100 mm/min. Dies korreliert mit den ermittelten Werten der Spanflächenrauheit. Ein möglicher Erklärungsansatz liegt in der thermischen Beanspruchung der Schneidkante: mit steigender Einzelkornspanungsdicke steigen Schleiftangentialkraft und folglich die Schleifleistung. Diese wird in Wärme umgesetzt, welche zu einer Steigerung der Werkstücktemperatur und in der Konsequenz zu einer erhöhten Duktilität beiträgt [DENK21]. Dieser Effekt tritt bei höheren Schleifscheibenumfangsgeschwindigkeiten verstärkt auf. Bei großen Diamantkorngrößen überwiegt demgegenüber die mechanische Belastung und resultiert in größeren Mikroausbrüchen.

Für die feingeschliffenen Werkzeuge wurden im Mittel Werte von etwa 1,5 µm erzielt, Werte unterhalb von 1 µm konnten nicht beobachtet werden. Trotz grundsätzlich gleichmäßiger Schneidkante traten vereinzelt Mikroausbrüche auf, vgl. Abbildung 4.16 links oben. Ursächlich kann die hohe thermomechanische Belastung sein, die aus der Vielzahl von Schneideneingriffen mit sehr geringen Einzelkornspanungsdicken resultiert.

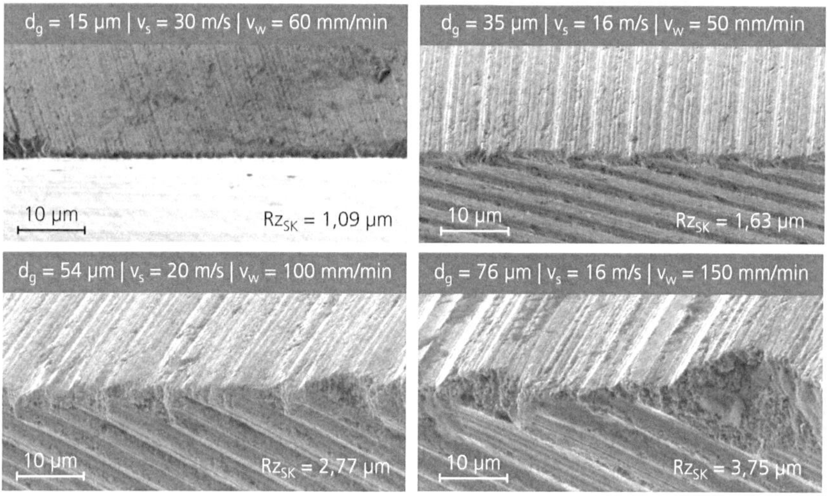

Abbildung 4.16: REM-Bilder (1000x) der Schneidkanten geschliffener Werkzeuge
SEM pictures (1000x) of cutting edges of grinded tools

Aus dem Vergleich der REM-Bilder in Abbildung 4.16 geht hervor, dass die Schneidkanten mit steigender Einzelkornspanungsdicke durch zunehmend große Mikroausbrüche geprägt wird. Für d_g = 35 µm resultiert die Schneidkantenschartigkeit aus der Durchdringung der Rauheitsspitzen und -täler, wie theoretisch bereits 1951 von HEIß beschrieben [HEIß51]. Ausbrüche traten kaum bzw. nur in stark begrenzter Größe auf. In den beiden unteren Bildern lassen sich Mikroausbrüche anhand des freiliegenden WC-Skeletts gut erkennen. Einzelne Mikroausbrüche erreichten entlang bzw. orthogonal zur Schneidkante eine Ausdehnung von bis zu 10 µm. Es bleibt zu prüfen, inwieweit diese Mikrodefekte durch die nachfolgende Schneidkantenpräparation entfernt werden können.

Aus der Arbeit von HÜBERT ist bekannt, dass bei Anwendung der Schleifstrategie »zur Kante hin« grundsätzlich die Nutschleifoperation gegenüber dem Schleifen der Freifläche die Ausbildung der Schneidkante dominiert [HÜBE12]. Zur Validierung dieser Erkenntnisse wurden die Werte der Schartigkeit jeweils mit den Rauheiten von Span- und Freifläche korreliert, vgl. Abbildung 4.17.

Die Analyse ergab eine stärkere Abhängigkeit der Schartigkeit von der Spanflächenrauheit Sa_{SF} (Korrelationskoeffizient R^2 = 62,6 %, Steigung der Geraden: 5,52) als von der Freiflächenrauheit Sa_{FF} (R^2 = 39,9 %, Steigung der Geraden: 3,99). Begründet ist dieser Effekt durch die Bearbeitungsreihenfolge. Beim Schleifen der Nut (Schritt 1) im Gleichlauf wird das Material an der entstehenden Schneidkante durch umliegenden Schneidstoff gestützt. Die Rauheit der Spanfläche ergibt sich aus der Überlagerung der Einzelkorneingriffe. Bei der nachfolgenden Schleifbearbeitung der Freifläche (Schritt 2) fehlt beim Eindringen der Schleifkörner in das Material die Stützwirkung in Kantennähe [GANT18]. Eine größere Rauheit ist gleichbedeutend mit tieferen Schleifriefen und entsprechend exponierten Oberflächenerhebungen. Tritt ein Diamantkorn an einer solchen Erhebung in die Spanfläche ein, steht weniger Material zur Aufnahme der lateralen Spannungen zur Verfügung, welche aus den Schleifnormalkräften resultieren. In der Folge können größere Ausbrüche auftreten, die zu einer Steigerung der Schartigkeit führen.

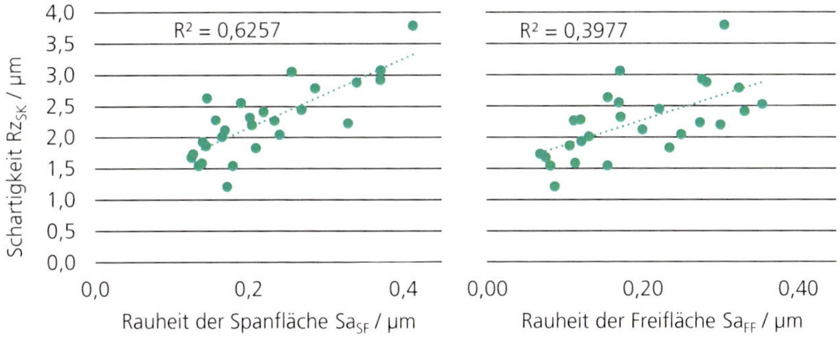

Abbildung 4.17: Korrelation zwischen Span- und Freiflächenrauheit und Schartigkeit

Correlation between roughness of rake and flank face and cutting edge chipping

4.2.6 Analyse der Randzoneneigenschaften

Analysis of the properties of the surface layer

Zur Analyse der Randzoneneigenschaften wurden zum einen Längs- und Querschliffe der geschliffenen Werkzeuge angefertigt. Dadurch konnten die Randzonen im Bereich der Span- und der Freifläche genauer analysiert werden. Zusätzlich erfolgten Eigenspannungsmessungen in beiden Bereichen.

Charakterisierung der Eigenspannungen

Röntgenographische Eigenspannungsmessungen wurden an ausgewählten Werkzeugen durchgeführt um zu klären, welches Eigenspannungsniveau vorliegt und inwieweit die Eigenspannungen durch die Schleifprozessparameter beeinflusst wurden. Die Auswahl der untersuchten Werkzeuge erfolgte nach dem Kriterium einer zunehmenden maximalen Einzelkornspanungsdicke beim Werkzeugschleifen. Die Eigenspannungsanalyse wurde unter den in Kapitel 4.1.3 beschriebenen Randbedingungen durchgeführt. In Abbildung 4.18 sind für beide Messtiefen jeweils die beiden Hauptspannungen sowie die zugehörigen Messunsicherheit der Einzelmessungen dargestellt.

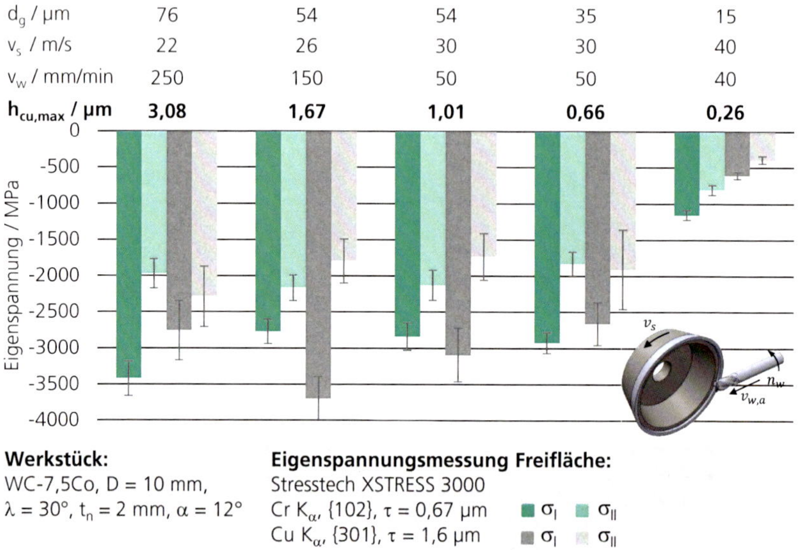

Abbildung 4.18: Eigenspannungen an der Freifläche geschliffener Werkzeuge
Residual stresses at the flank face of grinded tools

Für alle Werkzeuge traten ausgeprägte Druckeigenspannungen auf, die mit Ausnahme des feingeschliffenen Werkzeugs für σ_I unterhalb von -2.500 MPa und für σ_{II} unterhalb von -1.500 MPa lagen. Kritische Zugeigenspannungen wurden in keinem Fall beobachtet. Das erlaubt den Rückschluss, dass die jeweiligen Schleifprozesse nicht zu einer thermischen Überlastung des Schneidstoffs führten, welche aufgrund der fokussierten Öl-Zufuhr und der geringen Kontaktlänge auch nicht erwartet worden war. Die ersten Hauptspannungen sind näherungsweise orthogonal zu den Schleifriefen orientiert, was der Erwartung entspricht. Die Spannungen in Schleifrichtung sind üblicherweise reduziert, da ein Teil des in dieser Richtung deformierten Volumens unmittelbar wieder abgetragen wird. Mit abnehmender Einzelkornspanungsdicke von links nach rechts ist tendenziell eine Reduktion des Spannungsniveaus erkennbar. Ursächliche sind die geringeren mechanischen Belastungen und die daraus folgend geringeren plastischen Deformationen des Gefüges. Zwischen den Einzelkornspanungsdicken von 3,08 und 0,66 µm zeigten die oberflächennahen (τ = 0,67 µm) Druckeigenspannungen jedoch nur geringfügige Änderungen. Die Beobachtung deutet darauf hin, dass bereits bei vergleichsweise kleinen Spanungsdicken erhebliche plastische Deformation der WC-Körner in der Randzone auftreten und zu einem hohen Grundniveau der Druckeigenspannungen führen.

Der Eigenspannungsgradient nahe der Oberfläche war gering bzw. teilweise sogar negativ, was aus dem vergleichbaren Niveau der Eigenspannungsbeträge für die beiden Messtiefen hervorgeht. Diese Beobachtung deutet auf eine ausgeprägte Tiefenwirkung der herrschenden mechanischen Belastung hin. Dies deckt sich mit den Beobachtungen von WIRTZ, der mit Steigerung der Werkstückvorschubgeschwindigkeit plastische Deformationen der WC-Körner bis in größere Tiefen feststellte [WIRT18]. Stellenweise konnten für τ = 1,6 µm höhere Werte gemessen werden als für

$\tau = 0{,}67$ µm. Dies lässt sich u.a. mit der Entfernung des in Schleifrichtung durch die Schleifkörner deformierten Materials erklären. Die unter den exponierten Diamantkörnen durch ausgeprägte Druckspannungen hervorgerufenen Versetzungen im WC-Korn können sich dann in höheren Eigenspannungen äußern als diese in der äußeren Schicht der Randzone, welche lokal betrachtet mit geringeren Einzelkornspanungsdicken erzeugt wurde. Eine weitere mögliche Ursache für die Lage des Eigenspannungsmaxima unterhalb der Oberfläche liegt in der Morphologie der Randzone. Unterschiedliche Forscher beobachteten eine starke Fragmentierung der äußersten Randzone, welche einen Abbau der Druckeigenspannungen zur Folge haben kann. Ein dritter Aspekt ist in der jeweiligen Topographie der Oberfläche zu sehen. In den geschliffenen Oberflächen können wiederkehrende, im Verhältnis zum umliegenden Material tiefere, Riefen vorliegen. Diese stellen eine Unterbrechung einer geschlossenen, ideal ebenen Oberfläche dar. Innerhalb dieser Riefen fehlt Material, welches die vorliegenden Druckeigenspannungen aufnehmen kann. In Übereinstimmung mit dieser Erklärung führte KLEINJANS die bessere Abstützung unterhalb der Oberfläche als Ursache für das dort vorliegende Maximum der Druckeigenspannungen auf [KLEI03].

Die Eigenspannungen an der Spanfläche über $h_{cu,max}$ sind in Abbildung 4.19 dargestellt. Für alle Werkzeuge lagen ebenfalls ausschließlich Druckeigenspannungen vor. Gegenüber den Eigenspannungen an der Freifläche sind die an der Spanfläche ermittelten Beträge für die größte Einzelkornspanungsdicke $h_{cu,max} = 2{,}23$ µm um ca. 300 bis 500 MPa erhöht.

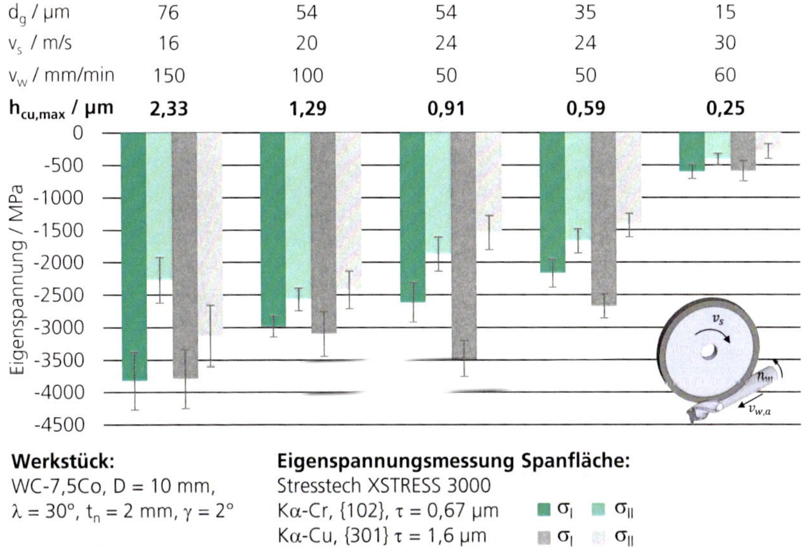

Abbildung 4.19: Eigenspannungen an der Spanfläche geschliffener Werkzeuge

Residual stresses at the rake face of ground tools

Höhe und Verlauf der Spannungen mit abnehmender Einzelkornspanungsdicke sind vergleichbar mit den an der Freifläche ermittelten Werten. Insgesamt ist die Reduktion des Druckeigenspannungsniveaus mit sinkendem $h_{cu,max}$ jedoch deutlicher als für die Freifläche. Ein Erklärungsansatz für die gegenüber der Freifläche geringeren Eigenspannungen bei einem $h_{cu,max}$ von ca. 0,6 und

0,9 µm findet sich in der höheren thermischen Beanspruchung der Randzone aufgrund der fast achtfachen Kontaktbogenlänge. Diese kann in einem zunehmendem Kornverschleiß resultieren, welcher durch vermehrte Reibung höhere Temperaturen und folglich geringere Druckeigenspannungen bedingt. Insgesamt resultiert die Abnahme der Druckeigenspannungen aus der sinkenden Einzelkornspanungsdicke durch kleinere Diamantkorngrößen sowie das reduzierte Verhältnis v_w/v_s. Die mechanische Einzelkornbelastung geht zurück, gleichzeitig steigt aufgrund der erhöhten Schnittgeschwindigkeit sowie der größeren Schneidenanzahl die thermische Belastung.

Es bleibt anzumerken, dass die tatsächlichen Einzelkornspanungsquerschnitte neben den Prozessparametern, der Korngröße und der Kornkonzentration auch von weiteren Faktoren abhängen. Dies umfasst die Form und Verteilung der kinematischen Schneiden, den Kontaktbereich zwischen Schleifscheibe und Werkstück und die Schartigkeit der Schleifscheibenkante.

Beschreibung und Klassifizierung der Randzonendefekte

Neben der quantitativen Analyse der Randzone anhand der Eigenspannungen war zu prüfen, in welchem Ausmaß und mit welcher Eindringtiefe Randzonendefekte durch die Schleifprozesse hervorgerufen wurden. Die Ausprägung und Häufigkeit von Rissen, Poren oder fragmentierten Körnern kann eine Auswirkung auf das spätere Verschleißverhalten der Werkzeuge im Einsatz haben. Ferner erlaubt die Untersuchung von Gefügeschliffen qualitative Rückschlüsse auf die wirkenden Belastungen im Schleifprozess und die zu Grunde liegenden Trennmechanismen.

Zur Untersuchung von Randzonendefekten wurden an den Span- und Freiflächen ausgewählter Werkzeuge jeweils Querschliffe angefertigt. Die Schliffe wurden freiflächenseitig parallel zur Werkzeugachse und orthogonal zu den Schleifriefen ausgerichtet. Zur Bewertung der Spanfläche wurden Schliffe orthogonal zur Werkzeugachse bzw. in der Arbeitsebenen angefertigt. Die dementsprechend getrennten Werkzeugsegmente wurden in eine Epoxidharzmasse eingebettet, anschließend geschliffen, poliert und mit einer Murakami-Lösung mit Kaliumhydroxid (KOH) für zehn Sekunden angeätzt, vgl. Beschreibung in Kapitel 4.1.1. In Abbildung 4.20 sind die Querschliffe unterschiedlich geschliffener Spanflächen gegenübergestellt. Aufgrund der beim Einsatz der Werkzeuge äußerlich wirkenden Normalspannungen und der folglich erwarteten inneren Zugspannung, vgl. [AGME17], war insbesondere zu prüfen, inwieweit kritische Defekte wie Risse durch den Schleifprozess hervorgerufen wurden. Die Analysen fokussierten sich auf den schneidkantennahen Bereich, da hier beim Schleifen die maximalen Einzelkornspanungsdicken auftreten und dieser im Fräsprozess mit dem Werkstoff in Kontakt kommt. Eine analoge Darstellung der Randzone geschliffener Freiflächen kann Abbildung A.6 entnommen werden.

Die Randzone des feingeschliffenen Werkzeugs zeigte trotz der geringen Einzelkornspanungsdicke von $h_{cu,max}$ = 0,25 µm und sehr geringer Rauheit in der äußerten Lage von WC-Körnern transgranulare Risse und Fragmentierungen. Letzte äußerten sich in kleinsten Bruchstücken, die aus Karbidkörnern an der Oberfläche entstanden sein müssen. Die Phänomene deuten darauf hin, dass die lokal wirkenden Schub- und Normalspannungen die Bruchfestigkeit des Karbidkorns überstiegen haben. Demnach lag in Teilbereichen der Kontaktzone kein hydrostatischer Druckspannungszustand vor, der die Voraussetzung für elastische oder plastische Formänderung sprödharter Werkstoffe ist [MOHR00; MOHR06; BLET19].

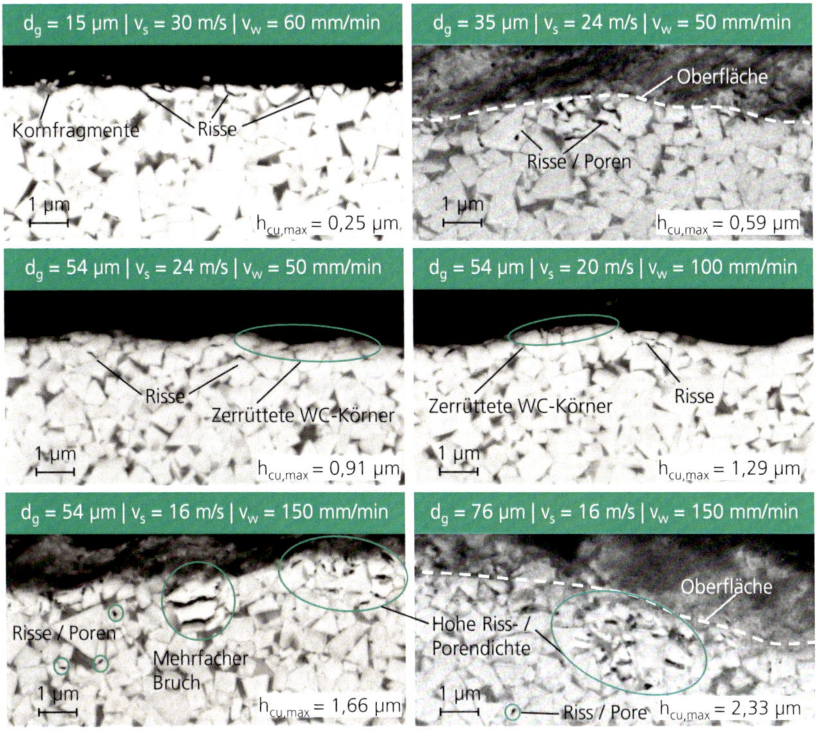

Werkstück:
WC-7,5Co, D = 10 mm,
λ = 30°, t_n = 2 mm

Prozess:
$a_{e,max}$ = 3 mm
λ_v = 1°
Gleichlauf

Schleifscheibe:
Startec XP-P 1A1 C100,
Startec XP-F 1A1 C100 (D15)
d_g variabel

Abbildung 4.20: Randzonendefekte an der Spanfläche geschliffener Werkzeuge
Surface layer defects at the rake face of grinded tools

Risse bzw. Anrisse von WC-Körnern bis in eine Tiefe von ca. 1 µm blieben mit steigender Einzelkornspanungsdicke das dominante Schadensphänomen. Vermutlich durch eine Verschiebung der gebrochenen Fragmente entstanden porenartige Strukturen, die in den Bildern als schwarze Punkte mit einer Größe von ca. 0,2 µm auffallen. Mit zunehmender Einzelkornspanungsdicke stiegen tendenziell Häufigkeit und Tiefenausdehnung der Defekte, was durch die gesteigerten Einzelkornkräfte erklärt werden kann. Risse oder Poren wurden jedoch in keinem Fall in Tiefen von über 3 µm festgestellt. Die Analyse der Querschliffe erlaubte weiterhin den Nachweis von zertrümmerten und teils wieder eingebetteten Körnern, die bevorzugt in Rauheitsspitzen zu erkennen waren. Der bereits äußerlich an der Oberfläche sichtbare Anteil von spröder Materialtrennung konnte demnach auch in der Randzone beobachtet werden. Eine vollständig deformierte Randzone aus pulverisierten WC-Körnern, wie sie von HEGEMANN ET AL. beschrieben wurde, lag in allen analysierten Fällen nicht vor [HEGE01]. Ebenso wurden keine von der Oberfläche ausgehenden

Risse mit einer Länge größer als der mittleren Karbidkorngröße sowie keine Fehlstellen im Grundgefüge (Poren, übergroße Körner etc.) beobachtet.

Beim Schleifen der Freifläche wurden grundsätzlich dieselben Randzonendefekte in ähnlicher Ausprägung eingebracht, vgl. Abbildung A.6. Denkbare Auswirkungen der Defekte auf das spätere Einsatzverhalten sind eine reduzierte Bruchfestigkeit oder ein beschleunigter Abrasivverschleiß. Aufgrund der insgesamt geringen Eindringtiefe der Defekte erscheint es jedoch fraglich, inwieweit die Defektausprägung und -anzahl für die untersuchten Werkzeugvarianten ein signifikant verändertes Einsatzverhalten hervorrufen können. Diese Analyse erfolgt in Kapitel 6.2.

4.3 Einfluss des Gleitschleifens auf Schneidkante und Randzone

Influence of drag finishing on cutting edge and surface layer

Aus der Analyse im Stand der Technik geht hervor, dass der Großteil aller Werkzeuge nach dem Schleifen einer Schneidkantenpräparation unterzogen werden muss. Aufgrund der hohen thermomechanischen Belastungen beim Fräsen sollten insbesondere Werkzeuge zur Zerspanung von Nickelbasislegierungen einen definierten Schneidkantenradius aufweisen. Für das Schlichtfräsen wurden übereinstimmend kleine Radien in einem Bereich zwischen 5 und 15 µm empfohlen, vgl. Kapitel 2.3. Eines der gängigsten Verfahren zur Schneidkantenpräparation ist das Gleitschleifen. Verfahrensbedingt kann das Abrasivmittel neben der Rundung der Schneidkante auch Veränderungen der Oberfläche bzw. der Randzone hervorrufen, vgl. Kapitel 2.2.3. Diese Veränderungen müssen bei der Analyse der Auswirkungen der Herstellprozesskette auf das Einsatzverhalten berücksichtigt werden. Die in diesem Teilkapitel zu beantwortenden Fragestellungen lauten:

1. Wie lässt sich für die vorliegenden Werkzeuge reproduzierbar ein Schneidkantenradius in einem Bereich von 8 bis 10 µm einstellen?
2. Welche Veränderung der Schneidkantenschartigkeit resultiert aus dem Gleitschleifen?
3. Inwieweit treten durch die Schneidkantenpräparation Veränderungen der Oberflächenrauheit, der Eigenspannungen und der Randzone auf?

4.3.1 Versuchsaufbau

Experimental setup

Für die Schneidkantenpräparation kam eine Gleitschleifanlage des Typs DF 35 der Firma OTEC PRÄZISIONSFINISH GMBH zum Einsatz. Die Anlage verfügt über einen elektrischen Hauptantrieb mit einem Getriebe. Die Halter und die Werkstückaufnahmen sind über ein Getriebe mit fester Übersetzung mit dem Rotor verbunden. Die Maschine ist mit drei Haltern ausgestattet, welche jeweils bis zu sechs Werkzeuge aufnehmen können. Aufgrund der mechanischen Verbindung lassen sich die Drehzahlen und Drehrichtungen der Halter und Werkstückaufnahmen nicht unabhängig vom Rotor einstellen. Der Halter, der Rotor und die Werkstückaufnahmen drehen immer in die gleiche Richtung. Die Angabe der Drehrichtung bezieht sich auf die Betrachtung von oben. Die Drehrichtung rechtsdrehend bzw. im Urzeigersinn entspricht dem mathematisch negativen Drehsinn und wird daher mit einem Minus (-) gekennzeichnet. Dem mathematisch positiven Drehsinn entsprechend, wird die Drehrichtung linksdrehend bzw. gegen den Uhrzeigersinn mit einem Plus (+) gekennzeichnet. Die zu präparierenden Werkzeuge werden in den Werkstückaufnahmen eingespannt. Für den Vorgang des Gleitschleifens wird das Werkzeug in ein ruhendes Schleifmedium eingetaucht. Die Relativbewegung zwischen dem Schleifmedium und den Werkzeugen resultiert aus der Überlagerung der Rotationen von Rotor, Halter und Werkzeug. Die Einstellung der Eintauchtiefe T_E in dem Verfahrensmittel wird über eine Lineareinheit realisiert. Dabei wird das Werkzeug bis zum Kontakt mit der Verfahrensmitteloberfläche abgesenkt. Diese Position gilt als die Nullposition, von der aus die Eintauchtiefe eingestellt werden kann.

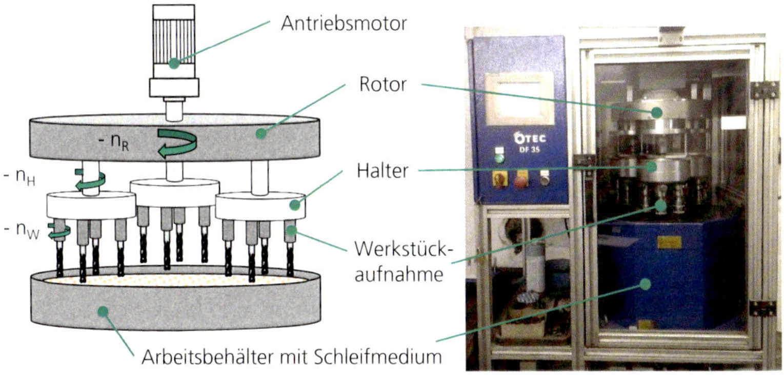

Drehzahl Rotor, Halter, Werkstück: n_R: 20 - 45 min^{-1} n_H: 60 - 135 min^{-1} n_W: 180 - 405 min^{-1}

Abbildung 4.21: Kinematik der Gleitschleifmaschine DF 35

Kinematic of drag finishing machine DF 35

Als Verfahrensmittel wurde ein Trockenschleifgranulat mit der Bezeichnung TZM 2/3 verwendet. Die Schleifkörper mit einer Größe von 2 bis 3 mm weisen eine zylindrische Form auf und bestehen aus Polyurethan mit SiC als Schleifzusatz. Aufgrund der elastischen Bindung sollen Ausbrüche an der Schneidkante vermieden werden. Das Verfahrensmittel findet bevorzugt Anwendung zur Herstellung von Schneidkantenradien an Werkzeugen mit innenliegen Kühlschmierstoffkanälen. [OTEC21]

In Kapitel 2.2.3 wurden vor allem die Bearbeitungszeit t_B, die Eintauchtiefe T_E und die Drehzahl n als relevante Prozessstellgrößen in Bezug auf den Schneidkantenradius identifiziert. Die jeweiligen Ergebnisse lassen sich jedoch nicht ohne weiteres auf die spezifische Werkzeuggeometrie dieser Arbeit übertragen. Daher wurden diese Prozessstellgrößen in den Versuchen variiert. Weiterhin war die Frage zu klären, inwieweit durch eine Variation der Zeitanteile der jeweiligen Drehrichtung eine Beeinflussung des Zerspanvolumens an der Schneidkante möglich ist. Aufgrund der primären Nutzung der Anlage für die laufende Produktion wurde auf einen Austausch des Verfahrensmittel verzichtet.

Den Versuchen lag ein vollfaktorieller Versuchsplan mit vier Faktoren zu Grunde, die je auf zwei Stufen variiert wurde. Die Untersuchungen wurden insgesamt zweimal durchgeführt. Zur Prüfung auf Linearität wurde ein Zentralpunkt untersucht. Um ein möglichst weites Feld entstehender Schneidkantenradien und möglicher Randzonenveränderungen erfassen zu können, wurde die Bearbeitungszeit zwischen 1 und 30 min variiert. Die Zeitanteile der Drehrichtung rechtsdrehend DR_{rd} bzw. linksdrehend DR_{ld} wurden jeweils mit 20 und 80 % festgesetzt. Der Ausgangszustand der untersuchten Werkzeuge ist in folgender Tabelle dargestellt. Angegeben sind die Mittelwerte der Messungen an sechs Werkzeugen, wobei jedes sechste Werkzeug nach dem Schleifen charakterisiert wurde.

Tabelle 4.5: Zustand der geschliffenen Fräswerkzeuge vor dem Gleitschleifen
Condition of grinded milling tools before drag finishing

Werkzeugmerkmal	Einheit	Messwert Umfangsschneide
Keilwinkel β	°	76,2 ± 0,4
Schneidkantenradius r_β	µm	2,82 ± 0,47
Schartigkeit Rz_{SK}	µm	2,96 ± 0,34
Formfaktor K	-	0,87 ± 0,1

4.3.2 Analyse der Schneidkantengeometrie
Analysis of the cutting edge geometry

In Abbildung 4.22 sind die gemessenen Schneidkantenradien in Abhängigkeit von den Gleitschleifparametern dargestellt. Die erzeugten Radien lagen in einem Bereich von ca. 7 bis 24 µm. Die Schneidkantenradien konnten in den Wiederholversuchen mit sehr geringen Abweichungen reproduziert werden. Aus Abbildung 4.22 geht hervor, dass die Bearbeitungszeit t_B der dominierende Faktor ist. Ein Anstieg von t_B auf 30 min führte näherungsweise zu einer Verdopplung des Schneidkantenradius r_β, wobei die Zunahme von r_β degressiv verläuft. Das für eine gleichbleibende Radiuszunahme abzutrennende Materialvolumen an der Schneidkante steigt mit Zunahme von r_β immer weiter an. Je kleiner der Keilwinkel β, umso stärker ist dieser Anstieg. Gleichzeitig sinkt das Zeitspanungsvolumen aufgrund der verbesserten Stützwirkung des umliegenden Materials bei größeren Schneidkantenradien. [UHLM12; LÖWE14]

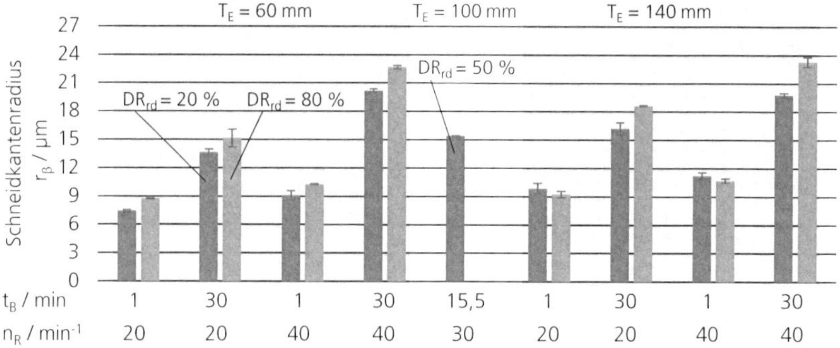

Werkstück:
WC-7,5Co, D = 10 mm,
λ = 30°, β = 76°

Verfahrensmittel:
TZM 2/3

Messgerät:
Alicona Infinite Focus G5
Objektiv: 20 x

Abbildung 4.22: Schneidkantenradius in Abhängigkeit von den Gleitschleifparametern
Cutting edge radius as a function of the drag finishing parameters

Der Faktor mit der zweitstärksten Auswirkung ist die Rotordrehzahl n_R, deren Verdopplung vor allem bei hohen Bearbeitungszeiten einen Anstieg des Schneidkantenradius um knapp 50 % hervorruft. Ursächlich für diesen Effekt ist die Zunahme der Strömungsgeschwindigkeit und folglich der Energie der auftreffenden Schleifkörper. Die Eintauchtiefe T_E und die Zeitanteile der Drehrichtung sind in Ihrer Wirkung stark begrenzt. Beachtlich ist, dass ein dominierender Zeitanteil der Rechtsdrehung DR_{rd} = 80 % zu einem höheren Zerspanvolumen an der Schneidkante führt als die entgegengesetzte Richtung. Spanfläche bzw. Spannut stellen einen größeren Widerstand dar als der Schneidenrücken, wodurch der Kontaktdruck auf die Schneidkante im Rechtslauf steigt. Zusätzlich erfolgt durch die identische Drehrichtung aller Achsen und für das rechtsschneide Werkzeug bei rechtsdrehender Bearbeitung die Anströmung des Werkzeugs durch das Verfahrensmedium gegen die Spanfläche mit höheren Geschwindigkeiten als bei der Anströmung in der entgegengesetzten Richtung (z.B. für die gegenüberliegende Schneide bei identischer Position des Werkzeugs), vgl. Berechnungen in [RISS06; LÖWE14]. Bei umgekehrter Drehrichtung erfolgt die Anströmung mit höherer Geschwindigkeit über die Freifläche hinweg. Der Einfluss der Drehrichtungsänderung konnte in Untersuchungen von LÖWENSTEIN nicht nachgewiesen werden, was mit reduzierter Stoßenergie aufgrund des feineren Verfahrensmittels begründbar ist. [LÖWE14]

Die Beeinflussung der Schneidkantenschartigkeit durch das Gleitschleifen kann Abbildung 4.23 entnommen werden. Gegenüber dem Ausgangswert von 2,96 µm konnte für alle Parameterkombinationen eine deutliche Reduktion der Schartigkeit Rz_{SK} erzielt werden. Bereits nach einer Bearbeitungszeit von 1 min wurde die Schartigkeit um bis zu 30 % abgesenkt. Lose oder beschädigte Schneidstoffpartikel bieten nur einen geringen Widerstand und werden bereits nach kurzen Bearbeitungszeiten abgelöst. Dies ist insofern beachtlich, als das eine Optimierung der Schneidkantenqualität mit dem verwendeten Verfahrensmittel auch mit minimalen Prozesszeiten erreicht werden kann. Demgegenüber benötigte LÖWENSTEIN für die analysierten Verfahrensmittel 2 bis 4 min für einen prozentual vergleichbaren Abfall der Schartigkeit [LÖWE14]. Mit Bearbeitungszeiten von über 15 min konnten die Werte von Rz_{SK} auf 1,5 µm bis 1,09 µm gesenkt werden und damit um bis zu 63 %. Erwartungsgemäß korreliert die Reduktion mit der Größe des Schneidkantenradius. Mit zunehmendem Abtrag an der Schneidkante wird diese immer weiter egalisiert, vgl. REM-Aufnahmen in Abbildung 4.26. In gleichem Maße, wie die Prozessparameter zu einer Steigerung des Schneidkantenradius beitragen, führen sie zu einer Reduktion von Rz_{SK}.

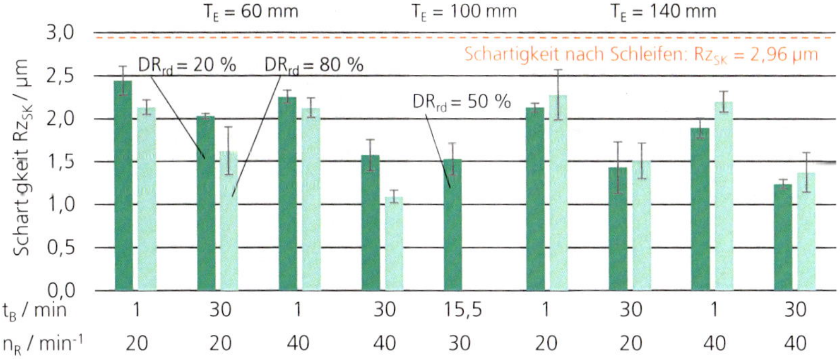

Werkstück:
WC-7,5Co, D = 10 mm,
λ = 30°, β = 76°

Verfahrensmittel:
TZM 2/3

Messgerät:
Alicona Infinite Focus G5
Objektiv: 20 x

Abbildung 4.23: Schartigkeit in Abhängigkeit von den Gleitschleifparametern
Cutting edge chipping as a function of the drag finishing parameters

Neben der Größe des Schneidkantenradius und der Schartigkeit der Schneidkante hat auch der Formfaktor K einen maßgeblichen Einfluss auf die Zerspankraft und das Standvermögen von Werkzeugen, vgl. u.a. [DENK14; REHE15; BERG17]. Für die gezielte Einstellung des Formfaktors eignet sich das Gleitschleifen nicht [DENK14]. Grundsätzlich wurde vor den Versuchen eine gleichmäßige Abtrennung an Span- und Freifläche erwartet und damit Werte von K im Bereich von 1, vgl. [LÖWE14]. Es sollte jedoch überprüft werden, ob insbesondere durch die jeweils vorherrschende Drehrichtung eine einseitig dominante Zerspanung auftritt. Die erfassten Werte des Formfaktors sind in Abbildung 4.24 zusammengestellt.

Der Formfaktor nahm im untersuchten Parameterraum Werte zwischen etwa 0,6 und 1 an. Bei der Interpretation muss die vor allem bei kleinen Schneidkantenradien ausgeprägte Streuung beachtet werden. Für einen geringen Materialabtrag und damit kleine Werte von r_β liegen die Formfaktoren im Bereich von 1. Mit zunehmendem Zerspanvolumen an der Schneidkante verstärkt sich die Asymmetrie in Richtung der Freifläche. Die Ergebnisse bestätigen die Erkenntnisse von LÖWENSTEIN, der eine Zunahme des Materialabtrags an der Freifläche mit zunehmend abrasivem Verfahrensmittel feststellte [LÖWE14]. Eine mögliche Ursache liegt darin, dass für die Gleitschleifkörper über die Freifläche hinweg im Gegensatz zur Richtung entgegen der Spanfläche ein freies Abfließen möglich ist. Folglich wirken freiflächenseitig lokal höhere Relativgeschwindigkeiten, was die stärkere Abrasivwirkung erklärt. Der Effekt verstärkt sich mit zunehmender Einwirkdauer t_B bzw. gesteigerter Energie (Zunahme n_R). Durch die Bearbeitung im Uhrzeigersinn verschieben sich die Werte von K in Richtung 1, also hin zu einer symmetrischen Verrundung. Verantwortlich ist der bereits oben beschriebene Mechanismus einer höheren Stoßwirkung auf die Spanfläche bei vornehmlich rechtsdrehender Bearbeitung. Eine Abhängigkeit von der Eintauchtiefe T_E konnte nicht festgestellt werden.

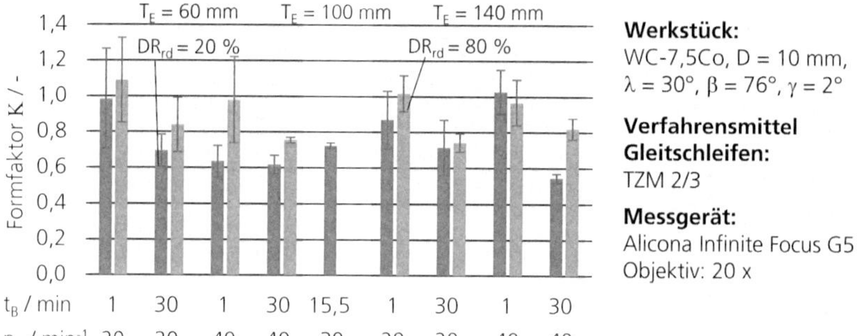

Abbildung 4.24: Formfaktor K in Abhängigkeit der Gleitschleifparameter

Form factor K as a function of drag finishing parameters

Zusammenfassend lässt sich festhalten, dass mit dem untersuchten Parameterbereich eine weite Spanne von Schneidkantenradien herstellbar ist. Bereits nach kurzen Bearbeitungszeiten von einer Minute konnten Schneidkantenradien von bis zu 10 µm erreicht werden, währenddessen die Schartigkeit um knapp 30 % reduziert wurde.

4.3.3 Analyse der Randzoneneigenschaften

Analysis of the surface layer properties

Der primäre Zweck des Gleitschleifens ist die Einstellung einer definierten Schneidkantengeometrie. Die Wirkung des Schleifmittels erzeugt auch einen Materialabtrag an der Span- und Freifläche. Aus [LÖWE14] ist bekannt, dass das Gleitschleifen auch eine Reduktion der Rauheit an Span- und Freifläche hervorruft sowie zu einer Reduktion des Kobaltanteils in der Randzone um knapp 30 % führen kann. Die letztere Erkenntnis führte er auf die Verwendung sehr feiner Schleifmittel zurück. Einzelne Quellen berichteten zudem von einer Steigerung der Eigenspannungen durch das Gleitschleifen, vgl. [WANG20]. Diese Beeinflussung muss quantifiziert werden, um den finalen Zustand von Oberfläche und Randzone als Resultat der Herstellprozesskette genau zu kennen und eine ganzheitliche Analyse der Auswirkungen auf das Werkzeugeinsatzverhalten zu ermöglichen.

Grundsätzlich ist von einer Reduktion der Rauheit an Span- und Freifläche auszugehen. Es ist jedoch fraglich, ob diese Reduktion gleichmäßig ausgeprägt ist oder vornehmlich in der Nähe der Schneidkante auftritt. Die abrasive Wirkung des Schleifgranulats wirkt primär an der Schneidkante, weshalb relative Änderung der Rauheit gegenüber relativen Änderungen der Schartigkeit gering sind. Gleichzeitig können die spezifischen Topografien für identisch geschliffenen Werkzeuge variieren. Für eine genaue Bestimmung der Änderungen der Oberflächenrauheit wurden daher ausgewählte Werkzeuge jeweils vor und nach dem Gleitschleifen an derselben Position charakterisiert. In Abbildung 4.25 werden die ermittelten flächenbezogenen arithmetischen Flächenrauheiten Sa vor und nach dem Gleitschleifen an Frei- und Spanfläche miteinander verglichen. Die Bearbeitungszeit t_B und die Rotordrehzahl n_R wurden variiert. Der Schleifprozess der Freifläche erfolgte mit den Parametern d_g = 54 µm, v_w = 150 m/min und v_s = 26 m/s. Die Spanfläche wurde mit variierenden Werten von v_w geschliffen, um den Effekt verschiedener initialer Rauheiten bewerten zu können.

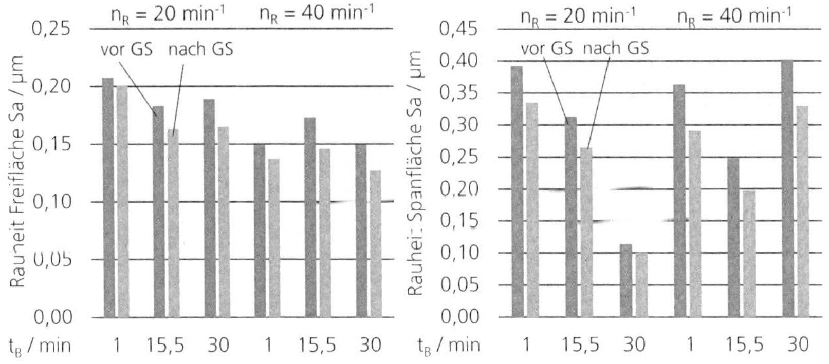

Werkstück:
WC-7,5Co, D = 10 mm,
$\lambda = 30°$, t_n = 2 mm
$\alpha = 12°$

Gleitschleifprozess:
TZM 2/3
T_E = 60 mm
DR_{rd} = 80 %

Messung Rauheit:
Freifläche: Nanofocus µsurf custom / 20 x
Spanfläche: Alicona Infinite Focus G5 / 20 x

Abbildung 4.25: Veränderung der Rauheit an der Freifläche (links) und an der Spanfläche (rechts) durch das Gleitschleifen

Change of surface roughness at flank face (left) and at rake face (right) due to drag finishing

Im Bereich der Freifläche lag die Ausgangsrauheit zwischen 0,15 und 0,2 µm. An allen Werkzeugen wurde durch das Gleitschleifen eine Reduktion von Sa gemessen, deren Betrag vor allem von der Bearbeitungszeit t_B abhing. Mit gesteigerter Rotordrehzahl stieg das Zerspanvolumen zusätzlich an. Während die relative Änderung für eine Bearbeitungszeit von einer Minute bei 3,4 % (n_R = 20 min^{-1}) bzw. bei 8,1 % (n_R = 40 min^{-1}) lag, erreichte sie mit t_B = 30 min 12,7 % bzw. 14,8 %. In qualitativer Hinsicht zeigten die Prozessparameter damit erwartungsgemäß die gleiche Wirkung auf die Rauheit wie auf die Schartigkeit. Die Abnahme der Rauheit über der Bearbeitungszeit verläuft degressiv, da mit zunehmender Einwirkdauer der Schleifkörper die noch vorhandenen Rauheitsspitzen immer weiter abflachen und für die gleiche Rauheitsreduktion ein überproportionaler Volumenabtrag von Nöten ist.

An der Spanfläche lagen Rauheiten zwischen 0,25 und 0,4 µm vor. Das Werkzeug mit der Ausgangsrauheit von 0,11 µm wurde gezielt mit einer niedrigen Werkstückvorschubgeschwindigkeit von v_w = 50 m/min geschliffen, um den Einfluss einer geringen Ausgangsrauheit zu ermitteln. Die relative Änderung der Rauheit war an der Spanfläche insgesamt höher als an der Freifläche und erreichte ca. 20 %. Auffällig ist die stärkere Abnahme von Sa für die Werkzeuge mit kurzer Bearbeitungszeit t_B = 1 min. Die Werte betragen 14,5 % (n_R = 20 min^{-1}) bzw. 19,8 % (n_R = 40 min^{-1}). Eine mögliche Erklärung liegt in der gegenüber der Freifläche um knapp den Faktor 2 erhöhten Ausgangsrauheit. Aufwürfe an den Schleifriefen und lose Partikel werden bereits nach einer kurzer Einwirkdauer entfernt und bedingen das Absinken von Sa. Folglich hat neben den Prozessparametern des Gleitschleifens auch der Ausgangszustand des Werkzeugs eine Relevanz für die Änderung der Rauheit. Trotz einer Bearbeitungszeit von t_B von 30 min war der Rückgang der Rauheit des Werkzeugs mit niedriger Ausgangsrauheit mit 11,4 % deutlicher geringer als die Abnahme für geringe Werte von t_B. Die bereits initial verhältnismäßig gleichmäßige Topographie bietet für das Abrasivmittel wenig Angriffsfläche in Form von Rauheitsspitze.

Die Auswirkungen des Gleitschleifens mit zunehmender Bearbeitungsintensität lassen sich gut in REM-Aufnahmen der jeweiligen Schneidkanten erkennen, Abbildung 4.26. Im linken Bild ist neben der noch ausgeprägten Rauheit der Span- und Freifläche auch die Schartigkeit aufgrund des geringen Schneidkantenradius von knapp 6 µm erkennbar. Mit zunehmender Bearbeitungszeit bzw. -intensität erscheint die Freifläche in der Nähe der Schneidkante leicht geglättet, wobei die Schleifriefen weiterhin zu sehen sind. Die tieferen Schleifriefen an der Spanfläche bleiben auch nach der max. Bearbeitungsdauer von 30 min deutlicher sichtbar. Insgesamt reicht die Abrasivwirkung des Prozesses nicht für eine Rauheitsreduktion von mehr als 20 %.

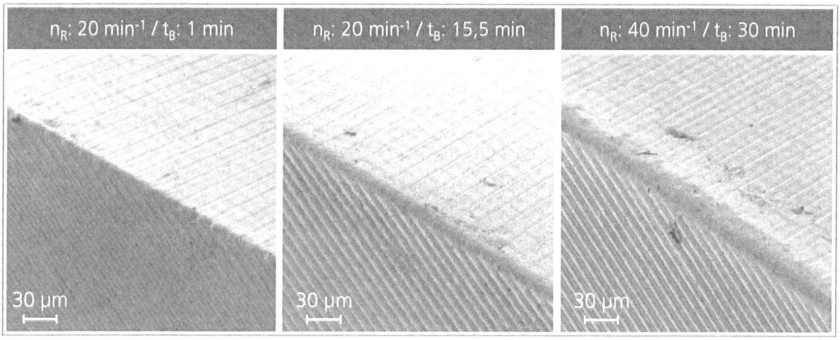

Abbildung 4.26: REM-Analyse (300x) gleitgeschliffener Werkzeuge

SEM Analysis of drag finished cutting tools

Freiflächenseitig ist erkennbar, dass der Rückgang der Rauheit in einem Korridor mit ca. 30 µm Breite in unmittelbarerer Nähe zur Schneidkante deutlich stärker ausgeprägt ist als an der restlichen Freifläche. Mit Zunahme der Bearbeitungszeit nimmt die Tiefe der Schleifriefen in der Nähe der Schneidkante immer weiter ab. Dieser Eindruck konnte messtechnisch bestätigt werden. Die gemittelte Rautiefe Rz nahm für das Werkzeug rechts in Abbildung 4.26 in einem Abstand von 20 µm zur Schneidkante gegenüber dem geschliffenen Zustand um 35 % ab, in einem Abstand von 200 µm lediglich um 20 %. Ursächlich ist vermutlich ein erhöhter Kontaktdruck der Schleifkörper, der sich beim Umströmen der Schneidkante ergibt. Eine Abnahme der lokalen Rauheit in der Nähe der Schneidkante konnte an der Spanfläche nicht festgestellt werden. Es ist davon auszugehen, dass die Relativgeschwindigkeit zwischen Fräswerkzeug und Schleifkörpern im Bereich der Spannut geringer ist als an der Freifläche. Die Freifläche kann von den Schleifkörpern frei umströmt werden, während die Spannut selbst ein Hindernis darstellt. Die Beeinflussung der Oberflächentopografie der Freifläche ist demnach neben der Ausgangsrauheit und den Prozessparametern auch von der jeweiligen Messposition abhängig.

Abschließend war die Frage zu beantworten, inwieweit durch das Gleitschleifen eine Änderung der Eigenspannungen hervorgerufen wird. Zur Klärung dieser Frage wurden an den in Bezug auf die Rauheit analysierten Werkzeugen nach dem Gleitschleifen Eigenspannungsmessungen an der Freifläche durchgeführt. Diese Eigenspannungen wurden den nach dem Schleifen vorliegenden Eigenspannungen gegenübergestellt, Abbildung 4.27. Aufgrund der ähnlichen Rauheitsreduktion und der deutlich höheren Aufwände für Präparation und Messung wurde auf eine Messung der Eigenspannungen an der Spanfläche in gleichem Umfang verzichtet.

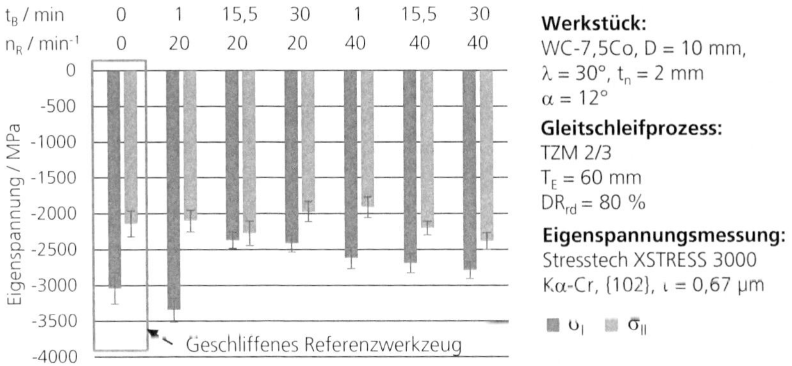

Abbildung 4.27: Einfluss des Gleitschleifens auf die Eigenspannungen an der Freifläche

Influence of drag finishing on the residual stresses at the flank face

Die beiden linken Balken entsprechen dem geschliffenen Referenzwerkzeug. Alle Schneiden wurden in einem Los geschliffen und anschließend den Angaben entsprechend verrundet. Aufgrund der hohen Messzeiten und einer eingeschränkten Verfügbarkeit der Eigenspannungsmessung konnte nicht jedes einzelne Werkzeug des Loses vor dem Gleitschleifen charakterisiert werden. Die Fehlerbalken stellen die Unsicherheit der Einzelmessung dar. Am Referenzwerkzeug wurden zusätzlich die tiefer liegenden Eigenspannungen mittels Cu-Strahlung zu σ_I = -2.744 MPa und σ_{II} = -1.931 MPa erfasst. Entsprechend nahmen die Spannungen über der Messtiefe ab. Die auffälligste Änderung durch das Gleitschleifen lag in der leichten Reduktion der am geschliffenen

Werkzeug dominierenden ersten Hauptspannung σ_I um ca. 15 %, welche näherungsweise parallel zur Schneidkante und orthogonal zu den Schleifriefen verläuft. Ursächlich für den Abbau dieser Spannungen kann das Abtrennen der Rauheitsspitzen sein. Durch das Schleifen werden höhere Eigenspannungen quer zur Schleifrichtung erzeugt, die u.a. durch die stark verformten WC-Körner in den Schleifriefen begründet sind. Bei der zweiten Hauptspannung σ_{II} trat eine derartige Reduktion nicht auf.

Für die mit n_R = 20 min^{-1} gleitgeschliffenen Fräser nahmen die Eigenspannungen mit Zunahme von t_B tendenziell ab. Innerhalb der Gruppe der mit n_R = 40 min^{-1} bearbeiteten Werkzeuge wurden mit zunehmender Bearbeitungszeit steigende Hauptspannungen σ_{II} ermittelt. Daraus kann unter Beachtung der Messunsicherheiten und der möglichen Schwankung der Eigenspannungen zwischen verschiedenen, gleich geschliffenen Werkzeugen kein statistisch signifikanter Effekt der Bearbeitungszeit abgeleitete werden. Nichtsdestotrotz deuten die niedrigeren Messwerte von σ_I bei allen Werkzeugen auf eine geringfügige Reduktion der Eigenspannungen i.H. von wenigen 100 MPa durch das Gleitschleifen hin. Das für 1 min mit n_R = 20 min^{-1} gleitgeschliffene Werkzeug wies aufgrund der sehr geringen Rauheitsänderung von 3 % unter Berücksichtigung der Messunsicherheit die gleichen Eigenspannungen auf wie das geschliffene Werkzeug. Die Erkenntnisse für die Freifläche konnten durch eine Validierungsmessung an der Spanfläche eines Werkzeugs jeweils vor und nach dem Gleitschleifen bestätigt werden. Die durch das Schleifen eingebrachten Werte von σ_I = -2.987 MPa und σ_{II} = -2.569 MPa wurden um ca. 8 % bzw. ca. 11 % auf σ_I = -2.745 MPa und σ_{II} = -2.287 MPa reduziert.

Insgesamt bleibt festzuhalten, dass das nach dem Schleifen vorliegende, global messbare Spannungsniveau durch das Gleitschleifen in geringem Maße verändert wird. Eine Quantifizierung lokaler Phänomene an der Schneidkante wird durch die Messungen nicht abgebildet. Eine lokal begrenzte Zunahme der Druckeigenspannung im Bereich des Schneidkantenradius erscheint vor dem Hintergrund einer Detailanalyse einer Schneidkante im REM denkbar, vgl. Abbildung A.7 im Anhang. An mehreren benachbarten WC-Körnern konnten auffällige Linien beobachtet werden, bei denen es sich vermutlich um Versetzungen und / oder Risse handelt. In beiden Fällen würde dies auf lokal hohe mechanische Belastungen hindeuten, durch die neue Eigenspannungen induziert werden können.

4.4 Fazit

Conclusion

Im vorliegenden Kapitel wurden umfassende Untersuchungen zur Beeinflussung der Randzoneneigenschaften von Schaftfräswerkzeugen durch die Prozessführung des Werkzeugschleifens und des Gleitschleifens beschrieben. Die Auswahl der Prozessstellgrößen des Werkzeugschleifens erfolgte unter Berücksichtigung der makroskopischen Eingriffsbedingungen und der kritischen Einzelkornspanungsdicke $h_{cu,krit}$ zur Vermeidung spröder Spanbildung. Im betrachteten Versuchsraum wurden durch Variation von Diamantkorngröße d_g, Werkstückvorschubgeschwindigkeit v_w und Schleifscheibenumfangsgeschwindigkeit v_s Spanungsdicken zwischen $h_{cu,max}$ = 0,25 und 3,1 µm erreicht. In Bezug auf die Schleifkraft ist die Werkstückvorschubgeschwindigkeit die relevante Stellgröße. Die Schleifnormalkraft nahm proportional mit v_w zu und erreichte Maximalwerte von ca. 160 N. Die Schleiftangentialkraft lag für das Nutschleifen bei ca. 20 bis 25 % der Schleifnormalkraft. Eine leichte Reduktion der Schleifnormalkraft mit Zunahme der Diamantkorngröße ist durch die Reduktion der spezifischen Schleifenergie begründet. Die auf die Schnitttiefe bezogenen Schleifkraftkomponenten erreichten für das Schleifen der Freifläche vergleichbare Werte wie für das Nutenschleifen. Absolut betrachtet lagen die Schleifnormal- und -tangentialkräfte unter 1 N. Das deutlich höhere Schleifkraftverhältnis ist durch die geringe Kontaktfläche im Bereich des Schleifscheibenkantenradius und die geringen effektiven Spanungsdicken im Bereich der Freiflächenoberfläche zu erklären.

Die ermittelten Rauheiten Sa an der Freifläche lagen in einem Bereich zwischen 0,03 und 0,35 µm, an der Spanfläche wurden Werte zwischen 0,08 und 0,4 µm gemessen. Analog zur Beeinflussung der Schleifkräfte dominierte die Vorschubgeschwindigkeit die Ausprägung der Oberflächenrauheit. Beim Schleifen der Spanfläche trat eine deutlichere Abhängigkeit der Rauheit von der Diamantkorngröße bei hohen Werkstückvorschubgeschwindigkeiten auf. Ursächlich kann ein stärkerer Schleifscheibenverschleiß bei kleiner Diamantkorngröße bei gleichzeitig hoher Kantenstabilität der Metallbindung der 1A1-Scheiben sein. Anhand von REM-Aufnahmen der Werkzeugoberflächen war für beide Funktionsflächen eine Zunahme des Anteils spröder Spanbildung mit gesteigerter Einzelkornspanungsdicke erkennbar. Kritische Oberflächenphänomene, wie Ausbrüche oder großflächige Abschieferungen als Anzeichen für eine potenzielle Überlastung des Schneidstoffs, waren nicht zu beobachten. Die Schartigkeit der Schneidkante Rz_{SK} erreichte im betrachteten Versuchsraum Werte zwischen ca. 1 und 4 µm. Anhand einer Regressionsanalyse konnte gezeigt werden, dass der Schleifprozess der Spanfläche bzgl. der sich ausbildenden Schartigkeit dominant ist. In Einzelfällen erreichten die Schneidkantenausbrüche Ausprägungen von ca. 10 µm.

An beiden Funktionsflächen des Fräswerkzeugs lagen für alle untersuchten Prozessparameterkombinationen ausschließlich Druckeigenspannungen vor, die oberflächennah Beträge von teils über 3000 MPa erreichten und an Span- sowie Freifläche vergleichbar hoch ausfielen. Mit zunehmender Messtiefe war teilweise ein Anstieg der Druckeigenspannungen zu beobachten, was auf die ausgeprägte Tiefenwirkung von plastischen Deformationen des Schleifprozesses hindeutet. Oberhalb einer maximalen Einzelkornspanungsdicke von ca. 1 µm lag insbesondere für das Schleifen der Freifläche eine geringe Abhängigkeit der Spannungsniveaus von den Prozessparametern vor. Selbst für das Feinschleifen mit Einzelkornspanungsdicken von unter 0,25 µm wurden noch Eigenspannungen i.H. von ca. -1.100 MPa an der Freifläche bzw. -600 MPa an der Spanfläche bestimmt. Anhand der Analyse von Randzonenquerschliffen konnten für nahezu alle Einzelkornspanungsdicken oberflächennah Defekte wie transgranulare Risse und Fragmentierungen festgestellt werden. Die Defektdichte steigt grundsätzlich mit Zunahme der Einzelkornspanungsdicke bis in eine Tiefe von 3 µm an. Kritische Defekte wie vollständig zerrüttete Randzonen oder Risse mit einer Ausdehnung > 1 µm wurden jedoch in keinem Fall beobachtet. Vor diesem Hintergrund können die betrachteten Prozessparameterkombinationen als geeignet für das Werkzeugschleifen angesehen werden.

In Bezug auf den Gleitschleifprozess wurde die Bearbeitungszeit als Haupteinflussgröße identifiziert. Bereits nach einer Minute stellten sich Schneidkantenradien zwischen 6 und 9 µm ein. Die Reduktion der Schartigkeit korrelierte mit der Größe des Schneidkantenradius, wobei bereits nach Prozesszeiten von 1 min eine Abnahme um 30 % beobachtet werden konnte. In ähnlichem Maße erfolgte auch eine Abnahme der Oberflächenrauheiten i.H. von bis zu 15 % an der Freifläche bzw. von bis zu 20 % im Bereich der Spanfläche. Erwartungsgemäß verläuft die Glättung der Rauheitsspitzen mit Zunahme der Prozesszeit degressiv. Symmetrische Schneidkanten mit Formfaktoren im Bereich von 1 wurden lediglich für eine Bearbeitungszeit von 1 min erzielt. Einer Absenkung von K auf Werte < 1 mit höheren Werten von t_B kann durch die Wahl rechtsdrehender Bearbeitung entgegengewirkt werden. In Bezug auf die Randzoneneigenschaften ist die Auswirkung des Gleitschleifens limitiert. Durch die Kantenpräparation traten lediglich messbare Änderungen der primären Haupteigenspannung in einem Bereich von ca. 8 bis 20 % auf. Die sekundären

Hauptspannungen blieben von der Nachbehandlung unbeeinflusst. Insbesondere bei kurzer Bearbeitung und geringer Drehzahl sind die Messwerte nicht von den Ausgangswerten zu unterscheiden. Hierdurch besteht das Potenzial, eine gewünschte Variation des Schneidkantenradius ohne Abnahme des Druckeigenspannungsniveaus umzusetzen.

Die erste Forschungsfrage (»*In welchem Maße werden die Randzoneneigenschaften von Schaftfräswerkzeugen durch die Überlagerung von Schleifprozess und Werkzeugnachbehandlung beeinflusst?*«) ist damit beantwortet.

5 Methodik zur gezielten Einstellung von Randzonen

Methodology for targeted adjustment of surface layers

Im Stand der Technik wurde gezeigt, dass eine große Herausforderung in der Ermittlung der Ursache-Wirkungs-Zusammenhänge zwischen den Prozessstellgrößen der Werkzeugherstellung und dem Einsatzverhalten besteht. Dem Grundgedanken der Prozesssignaturen folgend sind jedoch nicht die Prozessparameter der Herstellung direkt standwegbestimmend, sondern die jeweiligen Ausprägungen der Randzone inkl. der Oberfläche des Werkzeugs. Im vorhergehenden Kapitel wurde detailliert analysiert, in welchen Wertebereichen sich die Randzoneneigenschaften der Fräswerkzeuge durch bestimmte Prozessfolgen aus Schleifen und Gleitschleifen variieren lassen. Die Herausforderung einer genauen experimentellen Analyse der Auswirkung einzelner dieser Eigenschaften auf den Werkzeugverschleiß liegt in der möglichst gezielten und isolierten Einstellung der zu betrachtenden Werkzeugmerkmale. Die Erzeugung von Oberflächen mit großer Rauheit durch das Schleifen mit hoher Werkstückvorschubgeschwindigkeit v_w geht bspw. einher mit zunehmenden Druckeigenspannungen in der Randzone. Hierdurch werden zumindest zwei Werkzeugmerkmale gleichzeitig verändert, was eine Zuordnung dieser Merkmale zum Werkzeugverschleiß stark erschwert. Aus den genannten Gründen besteht der Bedarf nach einer Methode zur Fertigung von Werkzeugen, die sich jeweils immer nur in einem Oberflächen- bzw. Randzonenmerkmal voneinander unterscheiden, z.B. in Bezug auf die Oberflächenrauheit.

5.1 Entwicklung eines Versuchsplans für die Verschleißversuche

Development of an experimental design for the tool wear tests

In einem ersten Schritt müssen die zu variierenden Werkzeugmerkmale festgelegt und eindeutig definiert werden. Hierfür sind drei Kriterien zu erfüllen:

1. Es ist ein Effekt des Merkmals auf das Standverhalten der Werkzeuge zu erwarten
2. Das Merkmal kann durch Messverfahren eindeutig quantifiziert werden
3. Das Merkmal muss möglichst isoliert von anderen Werkzeugmerkmalen variierbar sein

Für die folgenden Untersuchungen wurde der Fokus auf die Merkmale Rauheit, die Eigenspannungen sowie den Schneidkantenradius gelegt. Die Auswertung des bisherigen Forschungsstandes legte nahe, dass diese Merkmale auch einen Einfluss auf das Verschleißverhalten beim Fräsen von Nickelbasislegierungen haben können. Alle Merkmale sind durch Messverfahren quantifizierbar. Gegenüber der Rauheit und dem Schneidkantenradius wird der Eigenspannungszustand jedoch durch Eigenspannungen in unterschiedlichen Richtungen und somit durch mehrere Einzelwerte charakterisiert. Die Angabe der Spannung in eine Richtung würde die tatsächlich vorliegenden Spannungszustände in der Randzone nicht ausreichend wiedergeben. Eine Möglichkeit zur Berücksichtigung aller Normal- und Schubeigenspannungen in einem Wert liegt in der Berechnung von Vergleichseigenspannungen $\sigma_{v,ES}$. Ausgehend von den vorliegenden Hauptspannungen lässt sich die Vergleichseigenspannung entsprechend folgender Gleichung berechnen [GROS16]:

$$\sigma_{v,ES} = \sqrt{\frac{1}{2}[(\sigma_I - \sigma_{II})^2 + (\sigma_{II} - \sigma_{III})^2 + (\sigma_{III} - \sigma_I)^2]} \quad (5.1)$$

In Bezug auf die Entstehung von Rauheit und Eigenspannungen ist das Schleifen der dominante Herstellprozess. Dabei sind Rauheit, Eigenspannungen und Schneidkantenschartigkeit alle von der Einzelkornspanungsdicke h_{cu} abhängig. Die unterschiedliche Sensitivität dieser Zielgrößen für eine Variation der Prozessstellgrößen kann jedoch dazu genutzt werden, Werkzeuge mit jeweils unterschiedlicher Ausprägung von Rauheit und Eigenspannungen zu schleifen. Vergleichsweise geringe Eigenspannungen wurden z.B. beim Feinschleifen erzielt. Aufgrund der nur für sehr geringe h_{cu} erreichten, niedrigen Eigenspannungen ist eine Erzeugung hoher Rauheiten bei gleichzeitig geringen Eigenspannungen nicht durch spanende Prozesse möglich. Dementsprechend war für die Merkmalskombination eine alternative Lösung zu finden, auf die im Verlauf des Kapitels eingegangen wird. Dominant bzgl. der Ausprägung des Schneidkantenradius ist das Gleitschleifen. Gleichzeitig verändert der Prozess die Randzoneneigenschaften nur in geringem Maße. Der Schneidkantenradius kann daher weitestgehend unabhängig von Rauheit und Eigenspannungen eingestellt werden.

Randzonenschädigungen können grundsätzlich durch unterschiedliche Kenngrößen charakterisiert werden. Aufgrund des begrenzten Volumens bei einer Randzonenanalyse erscheint eine für das gesamte Werkzeug repräsentative Quantifizierung von Merkmalen wie der Dicke einer zerrütteten Randschicht, der Eindringtiefe von Rissen oder Poren oder der Reduktion des Co-Anteils sehr schwer bis unmöglich. Gleichzeitig korrelieren diese Ausprägungen mit der Einzelkornspanungsdicke beim Schleifen und folglich mit der Oberflächenrauheit, sodass Randzonenschäden nicht unabhängig von anderen Werkzeugmerkmalen provoziert werden können. Gleiches galt für die Schneidkantenschartigkeit, die entsprechend den Untersuchungen in Kapitel 4.2.5 in einem engen Zusammenhang mit der Oberflächenrauheit an Span- und Freifläche steht.

Die Ermittlung statistisch signifikanter Zusammenhänge fußt auf einer entsprechenden Versuchsplanung (engl.: Design of Experiments – DoE). Der erste Schritt der Versuchsplanung ist die Festlegung des Untersuchungsziels. Im Rahmen der vorliegenden Arbeit sollte ermittelt werden, welches Merkmal einen signifikanten Effekt auf den Verschleiß hervorruft und wie stark dieser Effekt ausgeprägt ist. Für derartige Fragestellungen eignen sich zweistufige Versuchspläne. Mit diesen kann allerdings nicht bewertet werden, welche Art von mathematischem Zusammenhang zwischen Faktoren und Zielgrößen besteht (linear, quadratisch, etc.). Bei Berücksichtigung der oben identifizierten k = 3 unabhängigen Faktoren Rauheit, Vergleichseigenspannung und Schneidkantenradius beträgt die Anzahl der Faktorstufenkombinationen:

$$m = 2^k = 8 \tag{5.2}$$

Im nächsten Schritt war die Gesamtzahl der Einzelversuche und damit entsprechend der Versuchsumfang N festzulegen. Der Versuchsumfang ist abhängig von der zufälligen Streuung der Bewertungsgröße, ausgedrückt durch die Standardabweichung σ, und die Größe des Effektes Δμ, der mit hoher Wahrscheinlichkeit erkannt werden soll. Der Zusammenhang kann näherungsweise durch die folgende Gleichung beschrieben werden [KLEP11]:

$$N = n \cdot m \approx 60 \cdot \left(\frac{\sigma}{\Delta\mu}\right) \tag{5.3}$$

Die zentrale Bewertungsgröße zur Quantifizierung des Verschleißes ist die maximale Verschleißmarkenbreite VB_{max}. In Vorversuchen wurden insgesamt fünf identisch hergestellte und geometrisch gleiche Werkzeuge in einem Zerspanversuch eingesetzt. Die Werkzeuge erreichten nach einem Vorschubweg l_f von 5 m im Mittel eine maximale Verschleißmarkenbreite von 105 µm bei einer Standardabweichung von 9,6 µm. Durch die Verschleißversuche sollte eine Beeinflussung des Verschleißes i.H. von 15 µm aufgrund der Änderungen der Oberfläche und Randzone erkannt werden. Hierdurch ergab sich ein rechnerischer Versuchsumfang von $N = 24{,}576 \approx 25$, der sich auf die Realisierungen je Faktorstufenkombinationen n verteilt. Demnach sind bei acht Faktorstufenkombinationen rechnerisch 3,125 Realsierungen und damit vier Durchführungen je Faktorstufenkombination nötig.

Die Randzoneneigenschaften wie insbesondere die Eigenspannungen können nicht auf einen definierten Wert eingestellt werden. Trotz identischer Fertigung aller Werkzeuge einer Faktorstufenkombination streuen die jeweiligen Messwerte der Merkmale. Diese Tatsache musste bei der Wahl der Faktorstufen berücksichtigt werden. KLEPPMANN empfiehlt für Faktoren, deren Messwerte einer Streuung unterliegen, einen Abstand zwischen den Faktorstufen von 6σ [KLEP11]. Gleichzeitig sind die Ausprägungen der Oberflächenrauheit und der Eigenspannungen technisch durch die beim Schleifen anwendbaren Prozessparameter zu unteren und oberen Werten limitiert. Dementsprechend waren diese Prozessparameterkombinationen zu wählen, die möglichst stark unterschiedliche Oberflächenrauheiten und Eigenspannungen bei gleichzeitig geringer Streuung hervorbringen. Die höchsten Rauheiten und Eigenspannungen wurden beim Schleifen mit der Korngröße D76 sowie mit maximaler Werkstückvorschubgeschwindigkeit und minimaler Schleifscheibenumfangsgeschwindigkeit erreicht. Rauheiten in einem Bereich 0,15 µm und kleiner bei gleichzeitig hohen Druckeigenspannungen < -2.000 MPa konnten mit den Korngrößen D35 und D54 für v_w = 50 mm/s und für v_s = 24 m/s (Nut) bzw. v_s = 30 m/s (Freifläche) erzielt werden. Aufgrund der größeren Beständigkeit gegenüber Verschleiß (vgl. Abbildung A.4 und A.5) erschien die Nutzung der Schleifscheiben mit der größeren Diamantkorngröße zielführender. Durch das Feinschleifen wurden wiederum niedrige Druckeigenspannungen bei Rauheiten unterhalb von 0,05 µm (Freifläche) bzw. 0,1 µm (Spanfläche) ermittelt. In Kombination mit dem Gleitschleifen und basierend auf den Ergebnissen der Schleif- und Gleitschleifuntersuchungen (vgl. Kapitel 4.2) lagen somit für sechs von acht gewünschten Versuchspunkten Prozessparameterkombination zur schleiftechnologischen Herstellung der entsprechenden Werkzeugklassen vor.

Zur Erzeugung der Werkzeuge für die Faktorstufenkombination „geringe Eigenspannung – hohe Rauheit" kamen spannende Verfahren nicht in Fragen. Grundsätzlich lassen sich Eigenspannungen in Hartmetall durch eine Wärmebehandlung abbauen. Ein Glühen bei Temperaturen oberhalb von 800 °C resultiert in lokalem Kriechen und kann damit zu einem nahezu vollständigen Abbau der Eigenspannungen führen [EXNE79; MARI09; KAYS19]. YANG ET AL. führten an Hartmetall eine einstündige Wärmebehandlung bei 920 °C im Vakuum durch, um den Einfluss weitestgehend eigenspannungsfreier Randzonen auf die Festigkeit des Werkstoffs zu bewerten. In analoger Weise wurden insgesamt sechs Fräswerkzeuge mit ausgeprägter Rauheit und randzonennahen Druckeigenspannungen von < -2.000 MPa am INSTITUT FÜR INDUSTRIEOFENBAU UND WÄRMETECHNIK DER RWTH AACHEN UNIVERSITY einer Wärmebehandlung unterzogen. Das Glühen erfolgte unter einer Argon Schutzgasatmosphäre (Reinheitsgrad 99,998 %) bei 800 °C für 1 h nach einer Aufheizrate von 5 K/min. Das Schutzgas diente der Vermeidung einer Oxidphasenbildung im Hartmetall. Vor der Wärmebehandlung wurden alle Werkzeuge mit Aceton in einem Ultraschallbad gereinigt. Ausgewählte Werkzeuge wurden vor und nach der Wärmebehandlung messtechnisch charakterisiert, um ungewollte Auswirkungen auf die Werkzeuggeometrie durch Verzug ausschließen zu können. Der Fokus der Messung lag auf den Schneidkeilwinkeln und dem Rundlauf, da diese Merkmale die Interaktion zwischen Schneide und Bauteil direkt beeinflussen. Die Randzone nach der Wärmebehandlung sowie der Vergleich der Eigenspannungen und Geometriemerkmale vor und nach dem Glühen sind in Abbildung 5.1 zusammengestellt.

Die Analyse des Querschliffs der Freifläche ließ eine unveränderte Randzone erkennen. Gegenüber den Randzonen des geschliffenen Werkzeugs waren hinsichtlich Phasenanteilen, Korngröße und Defekten keine Änderungen erkennbar. In Bezug auf die Haupteigenspannungen war eine signifikante Reduktion zu erkennen. Die vorliegenden Druckeigenspannungen wurden nahezu vollständig abgebaut. In Oberflächennähe (τ = 0,67 µm) wurden demgegenüber nach der Wärmebehandlung geringe Zugeigenspannungen i.H. von ca. 200 MPa gemessen.

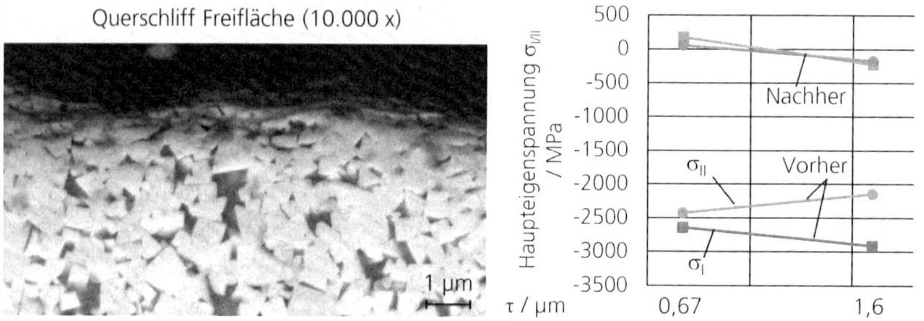

vor Wärmebehandlung				nach Wärmebehandlung			
	Rundlauf / mm	Spanwinkel / °	Freiwinkel / °		Rundlauf / mm	Spanwinkel / °	Freiwinkel / °
M1	0,0138	0,995	11,611	M1	0,0095	0,982	11,783
M2	0,0135	1,039	11,609	M2	0,0118	1,397	11,77
M3	0,0128	1,122	11,603	M3	0,0123	1,104	11,64
MW	**0,013**	**1,052**	**11,608**	**MW**	**0,011**	**1,161**	**11,731**

Werkstück:
WC-7,5Co, D = 10 mm
λ = 30°

Wärmebehandlung:
T_{WB} = 800 °C Schutzgas: Argon
t_{WB} = 1 h Δt = 5 K/min

Messung Geometrie:
Walter Helicheck Plus

Abbildung 5.1: Randzone, Eigenspannungen und Geometrie geglühter Fräswerkzeuge

Surface layer, residual stresses and geometry of heat-treated milling tools

Die Geometriemessungen erfolgten an einem ausgewählten Werkzeug mit jeweils drei Wiederholungen vor und nach dem Glühen. Zwischen jeder Einzelmessung wurde das Werkzeug aus- und neu eingespannt. Die Schwankungen zwischen den Einzelmessungen sind gering und lagen im Bereich der Messgenauigkeit, die bei Winkelmessungen ± 0,3° beträgt. Anzeichen für eine Beeinflussung der Werkzeuggeometrie durch die Wärmebehandlung lagen somit nicht vor. Gleichfalls wurden die Rauheiten der Freifläche vor und nach der Wärmebehandlung ermittelt. Der flächenbezogene, arithmetische Mittenrauwert Sa lag nach dem Schleifen im Bereich von 0,5 µm. Die nach dem Glühen erfassten Werte wichen um max. 0,02 µm von der Ausgangsrauheit ab. Das Glühen von Hartmetall eignete sich demnach für die gezielte Absenkung des Eigenspannungsniveaus ohne unbeabsichtigte Änderungen der Randzone, Rauheit oder Geometrie hervorzurufen.

5.2 Anwendung der Methodik zur Fertigung der Versuchswerkzeuge

Application of the methodology for the manufacturing of trial cutting tools

Die theoretischen Überlegungen zur gezielten Variation der Rauheit, der Eigenspannungen und des Schneidkantenradius sowie der Zuordnung der Werkzeuge in entsprechende Werkzeugklassen mussten im folgenden Schritt angewandt werden. Die verwendeten Prozessparameter zur Fertigung der jeweiligen Werkzeugklassen und die anvisierten Ausprägungen der Randzoneneigenschaften sind Tabelle 5.1 zu entnehmen. Die Variation der Prozessparameter respektive der Faktorstufen erfolgte zugleich an Span- und Freifläche, um einen größtmöglichen Effekt in Bezug auf den Werkzeugverschleiß beim Fräsen hervorrufen zu können.

Tabelle 5.1: Prozessparameter zur Herstellung der jeweiligen Werkzeugklassen

Process parameters for the manufacturing of the respective classes of cutting tools

Klasse	Schleifscheibe	v_s / m/s	v_w / mm/min	Wärmebehandlung	Ziel Randzone
D76	1A1 / D76 / C100	16	150	/	Sa ↑
	11V9 / D76 / C160	22	250		$\sigma_{v,ES}$ ↑
D54	1A1 / D54 / C100	24	50	/	Sa ↓
	11V9 / D76 / C160	30	50		$\sigma_{v,ES}$ ↑
FS	1A1 / D15 / C100	30	60	/	Sa ↓
	11V9 / D15 / C100	40	40		$\sigma_{v,ES}$ ↓ (≈ 0)
W	1A1 / D76 / C100	16	150	800 °C / 1 h / 5 K/min	Sa ↑
	11V9 / D76 / C160	22	250		$\sigma_{v,ES}$ ↓ (≈ 0)
XX-**GS**	Prozessparameter Gleitschleifen: T_E = 60 mm / n_R = 20 min^{-1} / t_B = 10 min / DR_{rd} = 80 %				

Für den Fall der Klasse FS (Feinschleifen) sind lediglich die Prozessparameter der abschließenden Feinschleifbearbeitung angegeben. Neben den vier Klassen ohne Schneidkantenverrundung wurden durch Anwendung des Gleitschleifens auch drei Werkzeugklassen mit definiertem Schneidkantenradius erzeugt (Klassen XX-GS). Gleitgeschliffene und wärmbehandelte Werkzeuge standen nicht zur Verfügung.

Im Zerspanversuch mussten je Klasse zur statistischen Absicherung vier Werkzeuge eingesetzt werden, vgl. Gleichung 5.3. Um jeweils min. an einem Werkzeug die spanflächenseitigen Eigenspannungen zerstörend analysieren und bei Bedarf auf ein Ersatzwerkzeug zurückgreifen zu können, wurden für jede Klasse min. sechs Werkzeuge hergestellt. Zur Begrenzung möglicher Einflüsse eines Schleifscheibenverschleißes erfolgte nach dem Schleifen von fünf Werkzeugen ein Schärfen sowie nach dem Schleifen von zehn Werkzeugen ein Abrichten. Die Entnahme der Werkzeuge für die Nachbearbeitung durch Gleitschleifen und Wärmebehandlung erfolgte in zufälliger Reihenfolge. Hierdurch sollte ein überlagerter Effekt auf die Randzoneneigenschaften durch mögliche, systematische Schwankungen im Schleifprozess vermieden werden. In Summe wurden sieben Klassen unterschiedlicher Werkzeuge untersucht und verglichen.

In Abbildung 5.2 sind für Span- und Freifläche isoliert die gemessenen Rauheiten Sa über den Vergleichseigenspannungen $\sigma_{v,ES}$ für die Messung mit Cu-Strahlung aufgetragen. Freiflächenseitig erfolgte die Eigenspannungsmessung an min. drei Werkzeugen je Klasse (21 Messungen). Den nicht messtechnisch analysierten Werkzeugen wurde für die Darstellung in den Diagrammen der Mittelwert der drei Messungen zugeordnet. Aufgrund der nötigen Trennung von Schneiden vor der Eigenspannungsmessung an der Spanfläche wurden diese Eigenspannungsmessungen nur an einem Werkzeug je Klasse durchgeführt (7 Messungen). Hieraus resultiert die lineare Anordnung der Punkte im unteren Teil von Abbildung 5.2. Aufgrund der hohen Messdauer von 6 bis 8 h je Messpunkt betrug die Durchführungszeit aller Eigenspannungsmessungen inkl. einzelner Wiederholungen etwa sechs Wochen.

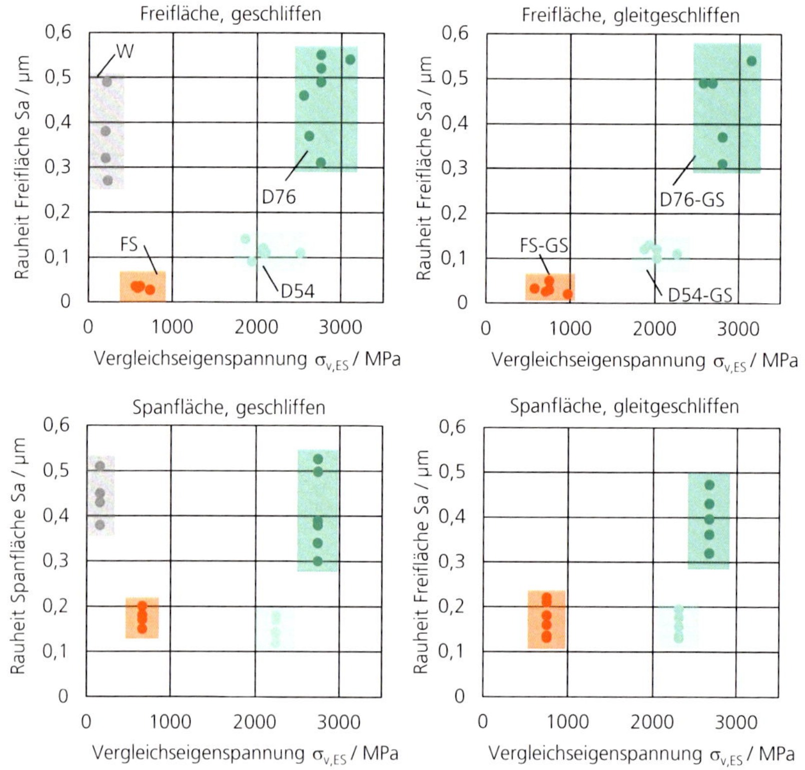

r_β	MW / µm	s / µm
W	3,11	0,38
FS	1,37	0,32
D54	2,99	0,48
D76	4,72	0,99

r_β	MW / µm	s / µm
W-GS	/	/
FS-GS	8,55	0,96
D54-GS	7,26	0,46
D76-GS	8,55	0,49

Abbildung 5.2: Zuordnung der gemessenen Werkzeugmerkmale zu den Klassen
Assignment of the measured tool characteristics to the classes

Die einzelnen Klassen überschneiden sich nicht und lassen sich deutlich voneinander unterscheiden. Die Messwerte erreichten im Mittel die Beträge, die auf Basis der Untersuchungen in Kapitel 4.2 bzw. der Vorversuche in Kapitel 5.1 erwartbar waren. Aus der Berechnung der Vergleichsspannung resultierte für alle Werkzeuge ein positives Vorzeichen. Lediglich für die geglühten Werkzeuge lagen nach der Wärmebehandlung oberflächennah Zugeigenspannungen im Bereich $0 < \sigma_I < 300$ MPa vor. An der Freifläche erreichten die Beträge von σ_v für die feingeschliffenen Werkzeuge im Mittel 757 MPa, für die Klasse D54 2.107 MPa und für die Klasse D76 2.760 MPa. Die Eigenspannungen der Werkzeuge nach dem Gleitschleifen wichen erwartungsgemäß nur geringfügig von den Messungen nach dem Schleifen ab.

Mit Zunahme der Rauheit bzw. der Vergleichseigenspannungen stieg tendenziell auch die Streuung der Messwerte in den Werkzeugklassen. Die Streuung ist durch die farbigen Rechtecke in Abbildung 5.2 hervorgehoben. Vergleichsweise auffällig ist die große Streuung von Sa für die Werkzeuge mit hoher Rauheit. Während die Standardabweichung der Rauheitsmessungen an der Freifläche aller feingeschliffenen Werkzeuge nur bei 0,004 µm lag, erreichte sie für die Klasse D76 0,09 µm. Eine kontinuierliche Veränderung der Rauheit im Laufe der Bearbeitungsfolge des Werkzeugschleifens konnte nicht beobachtet werden. Ein einfacher Zusammenhang zwischen bspw. der Zunahme des Profilverschleißes und der Abnahme der Rauheit besteht demnach nicht. Eine mögliche Ursache für die ausgeprägte Streuung der Rauheit liegt im mikroskopischen Kornverschleiß. Brechen einzelne Diamantkörner, welche die Tiefe und Form der Schleifriefen bestimmen, ab oder werden stumpf, können neue und bisher abgeschattete Diamantkörner zum Eingriff kommen. Dies beeinflusst die jeweilige Oberflächentopografie trotz konstanter Prozessparameter.

Die Mittelpunkte jeweils benachbarter Klassen sind immer min. um den Faktor 2 zueinander verschoben. Neben der Streuung der Messwerte ist jedoch auch die Messungenauigkeit zu berücksichtigen. Diese ist besonders bei der Eigenspannungsmessung relevant. Die Messungenauigkeit wurde vereinfacht als Standardabweichung von fünf Einzelmessungen an zwei unterschiedlich geschliffenen Fräswerkzeugen zu $\sigma_{2515\,MPa} = 290$ MPa und zu $\sigma_{ES,712\,MPa} = 81$ MPa bestimmt. Unter Berücksichtigung dieses Aspektes beträgt die minimale Differenz der Eigenspannungen zwischen den jeweils nächstgelegenen Punkten zweier Klassen:

$$\Delta_{\sigma_v min} = 3 \cdot \sigma_{2515\,MPa} + 3 \cdot \sigma_{712\,MPa} = 1113\,MPa \qquad (5.4)$$

Dieser Abstand wurde zwischen den jeweils benachbarten Klassen in jedem Fall eingehalten. Die Genauigkeit der Messung der Oberflächenrauheit wurde für ein Werkzeug mit hoher Rauheit aus fünf Einzelmessungen zu $\sigma_{Sa=0,39\mu m} = 0{,}021$ µm und für ein Werkzeug mit geringer Rauheit zu $\sigma_{Sa=0,11\mu m} = 0{,}009$ µm ermittelt. Damit muss zwischen den jeweils nächstgelegenen Punkten zweier Klassen ein Abstand von $\Delta_{Sa} - 0{,}09$ µm liegen. Im Sinne einer optimalen Versuchsplanung wäre eine noch stärkere Differenzierung zwischen den Faktorstufen wünschenswert. Im Hinblick auf die technologischen Prozessgrenzen war eine weitere Steigerung von Vergleichseigenspannungen und Rauheiten jedoch nicht realisierbar, ohne die Anwendbarkeit in der Praxis zu gefährden.

Im unteren Teil von Abbildung 5.2 sind die Mittelwerte und Standardabweichungen der Schneidkantenradien jeder Klasse angegeben. Die stark unterschiedlichen Werte der geschliffenen Werkzeuge sind auf die mitunter ausgeprägten Schartigkeiten zurückzuführen. Im präparierten Zustand erreichte r_β Werte zwischen ca. 7 und 9,5 µm. Neben dem quantitativen Unterschied der Werte von r_β ist das primäre Merkmal der Werkzeuge mit Schneidkantenpräparation das Vorhandensein einer definierten Verrundung der Schneidkante. Insgesamt können die erreichten Faktorstufen als guter Kompromiss zwischen methodischer Versuchsplanung und praxisnaher Anwendung verstanden werden. In jedem Fall ist bei Auswertung und Analyse der Versuchsergebnisse der Wertebereich der jeweiligen Faktorstufen zu berücksichtigen.

5.3 Fazit

Conclusion

Die übergeordnete Zielsetzung der Arbeit besteht in der eindeutigen Bestimmung der Einflüsse einzelner Randzoneneigenschaften des Werkzeugs auf das Verschleißverhalten. Die Herausforderung in Kapitel 5 bestand in der Entwicklung einer Vorgehensweise zur möglichst gezielten und isolierten Einstellung von zu untersuchenden Randzonenmerkmalen. Anhand definierter Kriterien wurden dazu zunächst die drei Merkmale Rauheit Sa, Vergleichseigenspannung $\sigma_{v,ES}$ und Schneidkantenradius r_β identifiziert. Im Gegensatz zur Schartigkeit der Schneidkante und oberflächennahen Defekten sind diese drei Größen quantifizierbar und lassen sich verhältnismäßig gut unabhängig voneinander variieren. Für die Ausbildung der Oberflächenrauheit und der Eigenspannungen ist jeweils der Schleifprozess maßgeblich. Nutzbar ist jedoch die Tatsache, dass die beiden Größen eine unterschiedliche Sensitivität für die Prozessstellgrößen beim Werkzeugschleifen zeigten (vgl. Kapitel 4.2). Die gewählte Versuchsdurchführung basiert auf einem zweistufigen, vollfaktoriellen Versuchsplan. Drei der vier Faktorstufen für unpräparierte Werkzeuge konnten durch die Kombination von Maximalausprägungen der Schleifscheibenkorngröße d_g, Werkstückvorschubgeschwindigkeit v_w und der Schleifscheibenumfangsgeschwindigkeit v_s erzielt werden. Zur Fertigung von Werkzeugen mit gleichzeitig hoher Oberflächenrauheit und geringer Vergleichseigenspannung wurden die Werkzeuge einer gezielten Wärmebehandlung zum Abbau von Eigenspannungen unterzogen. Hierdurch ließen sich die Werte von σ_v auf unter 300 MPa senken, ohne messbare Beeinflussung von Werkzeuggeometrie, Oberflächenrauheit oder Randzonengefüge des Werkzeugs. Unter Anwendung des Gleitschleifens, welches keine signifikanten Änderungen der Oberflächenrauheit und der Vergleichseigenspannungen hervorrief, ergaben sich somit die benötigten acht Faktorstufenkombinationen.

Die Anzahl von Versuchswiederholungen zur Bestimmung einer Abweichung der Zielgröße VB_{max} i.H. von 15 µm aufgrund von Einflüssen der Oberfläche und Randzone wurde mit n = 4 berechnet. Unter Berücksichtigung der notwendigen zerstörenden Prüfungen (u.a. die Messung von Eigenspannungen an der Spanfläche) wurden je Werkzeugklasse min. sechs identische Werkzeuge gefertigt und ihre jeweilige Ausprägung in einem Klassendiagramm aufgetragen. Insbesondere bei den jeweiligen Maximalausprägungen der Faktorstufen kam es zu größeren Streuungen der Werte von Vergleichseigenspannung und Oberflächenrauheit, die auf natürliche Streuung und Messunsicherheiten zurückführbar sind. Alle Klassen zeigten nichtsdestotrotz eine deutliche Abgrenzung voneinander auf, sodass der Anforderung der statistischen Versuchsplanung Rechnung getragen wurde. Eine weitere Differenzierung der Faktorstufen hätte lediglich durch technisch nicht sinnvolle Prozessstellgrößen erreicht werden können und wurde entsprechend nicht in Betracht gezogen. Die erzeugten Faktorstufendifferenzen können somit als ausreichende Grundlage zur Ermittlung systematischer Effekte auf den Werkzeugverschleiß in Kapitel 6.3 eingestuft werden.

Forschungsfrage 2 (»*Wie können Randzoneneigenschaften von Schaftfräswerkzeugen gezielt und möglichst isoliert eingestellt werden?*«) wurde somit erfolgreich beantwortet.

6 Analyse des Einsatzverhaltens der Werkzeuge

Analysis of the application behavior of the cutting tools

In Kapitel 5 wurde die Aufteilung der Versuchswerkzeuge in Werkzeugklassen anhand der Rauheit Sa, der Vergleichseigenspannung $\sigma_{v,ES}$ sowie des Schneidkantenradius r_β beschrieben. Im folgenden Kapitel werden die Ergebnisse des Einsatzes dieser Werkzeugklassen beim Fräsen von IN718 untersucht und diskutiert. Nach der Beschreibung der Versuchsaufbauten werden zunächst mögliche Auswirkungen der Werkzeugeigenschaften auf Zerspankraft und Spanbildung analysiert (Kapitel 6.2). Die Untersuchung des Verschleißes (Kapitel 6.3) der jeweiligen Werkzeugklassen stützte sich neben lichtmikroskopischen Verschleißmessungen vor allem auf REM-Analysen der Werkzeuge zu verschiedenen Zeitpunkten. Neben der Messgröße Verschleißmarkenbreite VB wurden zusätzlich die Veränderungen des Schneidkantenradius sowie der Spanfläche erfasst. Nach der technologischen Analyse wird eine statistische Auswertung der Daten durchgeführt.

6.1 Versuchsaufbau

Experimental setup

Das folgende Teilkapitel gliedert sich in die Charakterisierung des Versuchswerkstoffs (Kapitel 6.1.1) und in die Beschreibung des Aufbaus zur Analyse von Werkzeugverschleiß und mechanischer Belastung (Kapitel 6.1.2).

6.1.1 Versuchswerkstoff Inconel 718

Material Inconel 718

Die Zerspanversuche wurden in der hochwarmfesten Superlegierung NiCr19Fe19Nb5Mo3 (hier in der Kurzform als IN718 bezeichnet) durchgeführt. Die chemische Zusammensetzung des Versuchswerkstoffs ist in Tabelle 6.1 aufgeführt. Nach einem Schmiedeprozess entsprechend DIN 7527 wurde eine dreistufige Wärmebehandlung durchgeführt. Während des Lösungsglühens (Schritt 1) lösen sich die γ'-, γ''- und die δ-Phasenbestandteile bei Temperaturen oberhalb von 940 °C auf. Nach dem Abkühlen an Luft auf unter 600 °C (Schritt 2) erfolgt im dritten Schritt das Auslagern bei ca. 720 °C sowie anschließend bei ca. 620 °C für jeweils acht Stunden.

Tabelle 6.1: Chemische Zusammensetzung der Nickelbasislegierung Inconel 718

Chemical composition of the nickel-based alloy Inconel 718

Element	Ni	Cr	Fe	Nb	Mo	Ti	Co	Al	Si
Massenanteil / %	53,5	18,2	17,7	5,3	3,3	0,8	0,4	0,51	0,08
Element	Mn	Cu	P	S	B	C			
Massenanteil / %	0,08	0,05	0,009	0,002	0,004	0,03			

Das Gefüge des Versuchswerkstoffs zeichnet sich aus durch eine Korngröße im Bereich zwischen etwa 20 bis 60 µm, vgl. Abbildung 6.1. Der Werkstoff für die Verschleißversuche lag in Form von Blöcken mit den Abmessungen 220 x 150 x 100 mm vor. Entlang der Probe wurden Härtemessungen durchgeführt, um mögliche Eigenschaftsänderungen vom Zentrum zu den Randbereichen bewerten zu können. Die mittlere Makrohärte betrug 42 HRC bei einer Schwankungsbreite von ± 2 HRC. In Anbetracht der Größe des Versuchswerkstücks lag die Härte in einem akzeptablen

Toleranzfenster. Einem möglichen Einfluss der leicht variierenden Werkstoffhärte auf die ermittelten Standwege wurde bei der Versuchsplanung durch Versuchswiederholungen (vgl. Kapitel 5.1) und eine Randomisierung der Versuchsreihenfolge Rechnung getragen. Die Fertigung der Proben für die Analyse der mechanischen Belastungen im Analogieprozess (vgl. Kapitel 7.3) erfolgte durch Erodieren aus dem Vollmaterial und anschließendes Schleifen auf eine Breite von 3 mm.

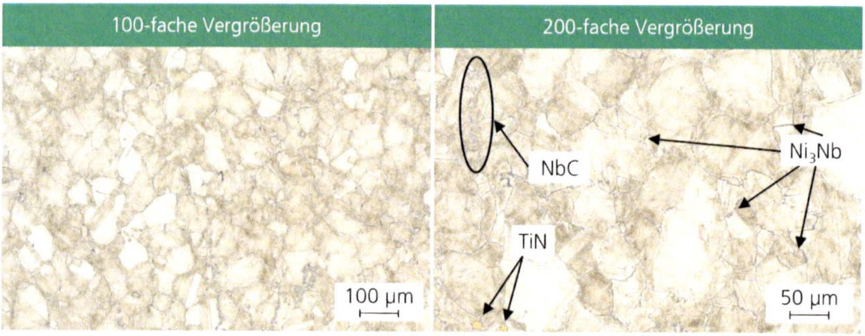

Abbildung 6.1: Gefügeschliff des Versuchswerkstoffes IN718
Grain structure of the machined material IN718

6.1.2 Erfassung von Werkzeugverschleiß und Zerspankraft

Measurement of tool wear and cutting forces

Die Standversuche wurden auf einem Bearbeitungszentrum vom Typ HELLER MC 25 durchgeführt. Die Spindel in horizontaler Anordnung mit einer HSK-63 Schnittstelle erreicht eine max. Drehzahl von 16.000 min^{-1}. Abbildung 6.2 zeigt den Versuchsaufbau für die Verschleißversuche. Das Bauteil mit den Abmessungen von 220 x 150 x 100 mm wurde mit drei Spannpratzen befestigt.

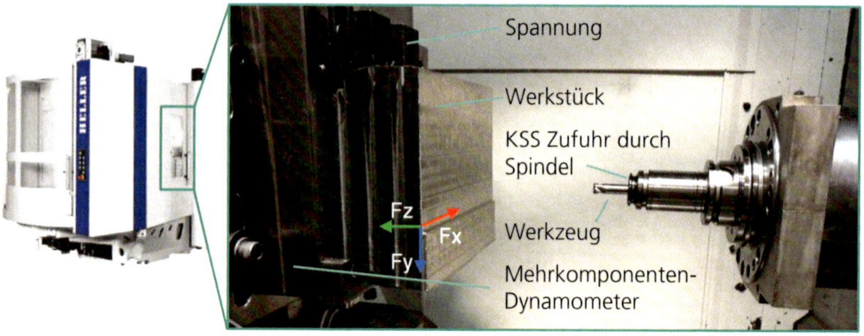

Abbildung 6.2: Experimenteller Aufbau zur Ermittlung mechanischer Belastung
Experimental setup for acquisition of mechanical load

Die Zufuhr des Kühlschmierstoffs erfolgte durch die Spindel sowie die geschlitzten Spannzangen von außen zum Werkzeug. Der Totaldruck der Pumpe betrug 71 bar. Die Konzentration der Emulsion B-Cool 9665 der Firma BLASER SWISSLUBE AG lag bei 8 %. Die Fräswerkzeuge (vgl. Abbildung 4.3) wurden mit einer Auskraglänge von 35 mm in ein Spannfutter vom Typ Rego-Fix HSK63A / PG 25 x 100 mit geschlitzten Spannzangen eingespannt.

Zur Beurteilung des dynamischen Verhaltes des Dynamometers und des Werkzeugs wurden die Frequenznachgiebigkeiten beider Systeme bestimmt. Dazu wurden das Werkstück auf dem Dynamometer sowie das Fräswerkzeug mit einem Impulshammer des Typs KISTLER 9722A2000 angeregt. Zur statistischen Absicherung wurde dieser Vorgang jeweils zehn Mal wiederholt. Die Messung der resultierenden Anregung erfolgte mit einem Beschleunigungssensor des Typs PCB 352C22 der Firma PCB PIEZOTRONICS. Der Beschleunigungssensor wurde mit Hilfe von Wachs am Werkstück befestigt. Die Frequenznachgiebigkeit lag für das Werkzeug und für das Werkstück unter 12^{-8} m/N. Werkstückseitig betrug die maximale Nachgiebigkeit in Vorschubrichtung $7{,}8 \cdot 10^{-8}$ m/N bei 75 Hz. Oberhalb von 250 Hz wurde werkstückseitig keine signifikante Nachgiebigkeit beobachtet. Die maximale werkzeugseitige Nachgiebigkeit i.H. von $11 \cdot 10^{-8}$ m/N wurde bei einer Frequenz von 514 Hz erreicht. Die Schneideneingriffsfrequenz betrug bei den Standversuchen 159,15 Hz. Somit lag bei insgesamt geringen Nachgiebigkeiten ein ausreichender Abstand zu den frequenzabhängigen Nachgiebigkeiten am Werkstück und am Werkzeug vor. Effekte durch selbsterregte Schwingungen konnten somit ausgeschlossen werden.

Messung des Verschleißes

Die Verschleißmessung erfolgte nach definierten Vorschubwegen mit Hilfe eines digitalen Lichtmikroskops des Typs VHX-500F bzw. des Typs VHX 6000 (für Detailaufnahmen) der Firma KEYENCE CORPORATION. Grundsätzlich wurden die Verschleißphänomene an allen vier Schneiden sowohl an der Frei-, als auch an der Spanfläche analysiert und dokumentiert. In die statistische Auswertung flossen die Daten der jeweils am stärksten verschlissenen Schneide ein. Zur Ansicht der Spanfläche wurde das Objektiv um 30° geneigt, um die optische Achse orthogonal zur Spanfläche auszurichten. So konnten die Spankontaktlänge und etwaige Defekte im Bereich der Nut erfasst werden.

Messung der Zerspankraft

Das beschriebene Vorgehen zur Messung der Zerspankraft ist in Abbildung 6.3 visualisiert.

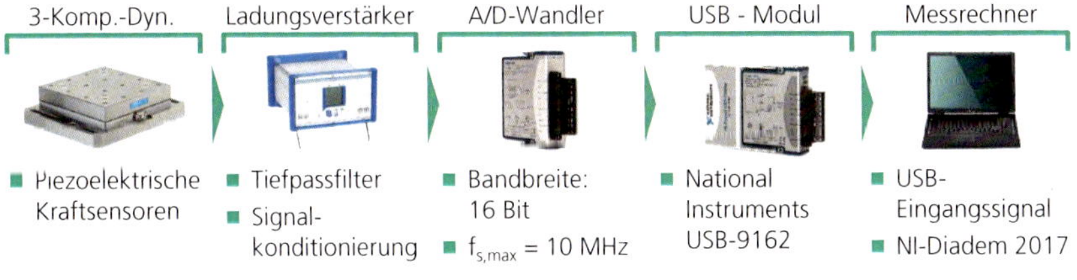

Abbildung 6.3: Messkette zur Kraftmessung an der HELLER MC 25
Measurement chain for force acquisition at HELLER MC 25

Die Zerspankraftkomponenten wurden über ein 3-Komponenten-Dynamometer vom Typ KISTLER 9255A mit einer Abtastfrequenz von 30 kHz aufgenommen. Die Verbindung zwischen den piezoelektrischen Sensoren und dem Ladungsverstärker KISTLER 5070 erfolgte durch ein Piezokabel. Die kraftproportionalen Ladungen wurden im Ladungsverstärker auf ± 10 V integriert. Zur Konditionierung des Signals für die A/D-Wandlung wurden im Ladungsverstärker Frequenzen über 10 kHz aus dem Signal herausgefiltert und das analoge Ausgangssignal auf das Spannungsniveau

± 10 V angehoben. Die A/D-Wandlung erfolgte mit einer Bandbreite von 16 Bit. Über das USB-Modul des Typs NATIONAL INSTRUMENTS USB-9162 wurden die digitalisierten Signale auf den Rechner übertragen. Zur Verarbeitung und Analyse der aufgezeichneten Messwerte kam die Software NATIONAL INSTRUMENTS Diadem 2017 zum Einsatz. Die Kraftakquisition startete nach Auslösen des Moduls der Software. Nach jeder Messung wurde das Signal am Ladungsverstärker in die Nullstellung gebracht.

6.2 Auswirkung der Randzoneneigenschaften auf Spanbildung und Zerspankraft

Influence of the surface layer properties on chip formation and cutting force

Im Stand der Technik wurde herausgearbeitet, dass neben der Werkzeuggeometrie auch die Oberflächeneigenschaften des Werkzeugs Einfluss auf die Spanbildung und folglich auf die Zerspankraft nehmen kann. Es ist daher zu überprüfen, inwieweit die Zerspanbarkeitskriterien Spanbildung und Zerspankraft für die Zerspanung von IN718 durch unterschiedliche Ausprägungen von insbesondere Oberfläche und Schneidkante beeinflusst werden. Die Spanbildung wird neben dem Werkstoff u.a. durch die Reibverhältnisse im Bereich der sekundären Scherzonen bestimmt. Aus der mit der Spanbildungsart zusammenhängen Spanform können Erkenntnisse zu den Bedingungen und Wechselwirkungen in den unterschiedlichen Scherzonen abgeleitet werden [AMOR03; MARK05; BUSC14]. Hieraus lassen sich wiederum mögliche Einflüsse der werkzeugseitigen Variationsgrößen auf den Prozess ableiten. Zum Einsatz kamen die Werkzeuge der sieben verschiedenen Werkzeugklassen, deren Herstellung in Kapitel 5 beschrieben wurde.

Spanbildung

Die Zerspanung von IN718 ist grundsätzlich durch eine ausgeprägte Segmentspanbildung gekennzeichnet. Ein Maß zur Quantifizierung der Ausprägung der Segmentspanbildung ist die Spansegmentierung G:

$$G = \frac{h_{ch,max} - h_{ch,min}}{h_{ch,max}} \tag{6.1}$$

Eine zunehmende Spansegmentierung geht aufgrund des Aufstauens und plötzlichen Ablösens des Materials einher mit gesteigerter dynamischer Belastung der Werkzeugschneide. Ein weiterer relevanter Kennwert ist die Spanstauchung, die definiert ist als Quotient aus der Span- und der Spanungslänge [BUSC14]:

$$\lambda_{ch} = \frac{l_{ch}}{l_c} \tag{6.2}$$

Zunehmende Werte der Spanstauchung können u.a. auf eine verstärkte Reibung im Bereich der Spanfläche hindeuten [MERC45; AMOR03]. In Abbildung 6.4 sind exemplarisch für weitere Spananalysen die Querschliffe sowie die erfassten Spankennwerte von zwei Spänen gegenübergestellt, die mit zwei Werkzeugen im verschleißfreien Zustand mit stark unterschiedlicher Spanflächenrauheit erzeugt wurden. Die Eigenschaften des Werkzeugs und die Spankennwerte sind jeweils angegeben.

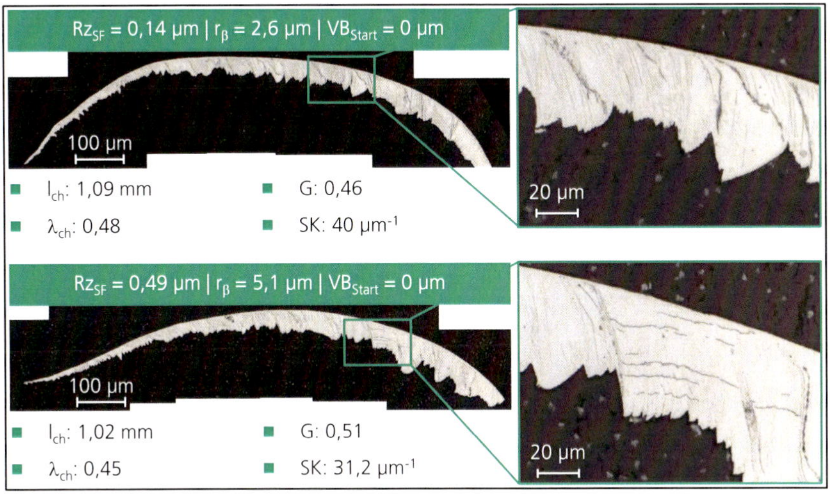

Abbildung 6.4: Vergleich der Spanbildung für variable Rauheiten der Spanfläche
Comparison of chip formation for tools with variable rake face roughness

Beide Spanquerschliffe erscheinen in ihrer Ausprägung geometrisch und morphologisch sehr ähnlich, was sich in den nahezu gleichen Werten der Spanstauchung und -segmentierung widerspiegelt. Die Spankrümmung SK als Kehrwert des Spanradius unterscheidet sich ebenfalls nicht deutlich, berücksichtigt man mögliche Messfehler. Die Spanbildung ist gekennzeichnet durch einen ausgeprägten Segmentierungsgrad, der die in anderen Untersuchungen [MARK05; BUSC14; SEIM19] ermittelten Werte von G übersteigt. Dies ist durch die leicht grobkörnige Gefügestruktur begründet [MARK05]. In den Querschliffen sind zusammenhängende Körner deutlich erkennbar. Die Scherungen erfolgen entlang der Korngrenzen, an denen sich als schwarze Bänder erkennbare γ''-Phasen (Ni_3Nb) und $M_{23}C_6$-Karbide abscheiden. Eine klare Trennung zwischen den Segmenten in Form von Scherbändern ist in den lichtmikroskopischen Aufnahmen nicht sichtbar. Scherbänder sind durch hohe Temperaturen, Dehnungen und Dehnraten charakterisiert, wobei die im Scherband vorliegenden Temperaturen oberhalb der Schmelztemperatur liegen können [CHOU91]. Für das lokale Werkstoffversagen gibt es in der Literatur zwei Erklärungsansätze: die Rissinitiierung und die thermoplastische Scherung. Bei der Rissinitiierung begründet die große Spannungsbelastung an der Werkstückoberseite die Segmentierung. Bei der thermoplastischen Scherung wirken Kaltverfestigung und thermische Materialerweichung gegeneinander. Sobald die Entfestigung die Verfestigung übersteigt, kommt es zur lokalen Festigkeitsabnahme. [GENT02; VELA06]. Zwischen den dominierenden Spansegmenten liegt eine Lamellenspanbildung vor. Die Spansegmentierung führt zu einer starken Schwellbelastung des Werkzeugs und erklärt eine Dynamik im Prozesssignal [BUSC14].

In Summe bleibt festzustellen, dass die unterschiedlichen Oberflächenrauheiten der Werkzeuge nicht zu signifikanten Auswirkungen auf die Spanbildung führen. Ursächlich hierfür ist vermutlich eine frühe Bildung von Werkstoffaufschmierungen an der Spanfläche des Werkzeugs. Diese zeigen sich bereits nach einem Vorschubweb von 0,2 m und folgen aus der hohen Adhäsionsneigung des Werkstoffs. Bei vorliegenden Aufschmierungen findet effektiv kein Werkzeug-Span-Kontakt mehr statt, sondern ein Werkstoff-Werkstoff-Kontakt. Folglich sind die Einflüsse der eigentlichen Werkzeugoberfläche sehr gering. Den Ergebnissen für die Spanbildung entsprechend wird lediglich eine geringe bzw. keine Auswirkung auf die Zerspankraftkomponenten erwartet.

Zerspankraft im Realprozess

Das folgende Teilkapitel fasst die Erkenntnisse zu den Auswirkungen der unterschiedlichen Oberflächen- und Randzoneneigenschaften auf die Zerspankraftkomponenten zusammen. Die Versuche wurden durchgeführt unter Nutzung des in Abbildung 6.2 beschriebenen Versuchsaufbaus. Erfasst wurden die Kräfte bei der ersten und zweiten Werkzeugbahn sowie aber der 5. Bahn jeweils nach 1,1 m. Die Methodik der Auswertung der Zerspankraftkomponenten ist in Abbildung 6.5 dargestellt.

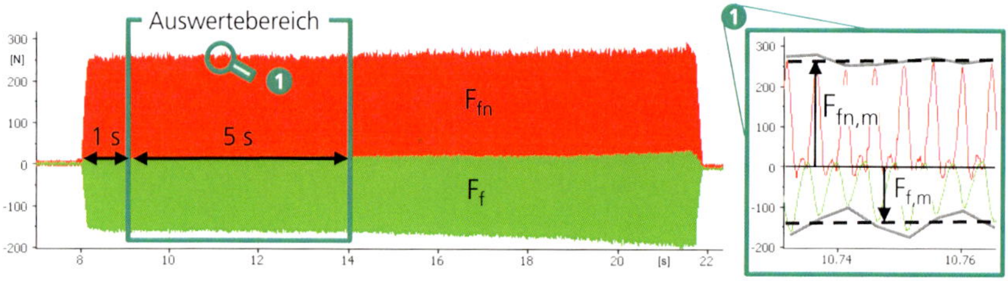

Abbildung 6.5: Methodik zur Bestimmung der Vorschub- und Vorschubnormalkraft
Methodology for determination of feed and feed normal force

Zur weiteren Analyse wurden die Vorschubkraft F_f (wirksam in x-Richtung) sowie die Vorschubnormalkraft F_{fn} (wirksam in y-Richtung) herangezogen. Die Auswertung der Kraftmessung erfolgte mit einem Skript in der Software Diadem 2017 der Firma NATIONAL INSTRUMENTS. Zur Kennwertbildung wurden nach einer Anschnittzeit von 1 s jeweils die ersten 5 s des Signals herangezogen, um einen möglichen Einfluss des zunehmenden Verschleißes im Bahnverlauf gering zu halten. Das Skript erzeugt eine Hüllkurve um den ausgewählten Ausschnitt des Signals und bildet somit die Maxima beider Kraftkomponenten ab. Aus den jeweiligen Maxima werden anschließend die Mittelwerte $F_{f,m}$ und $F_{fn,m}$ bestimmt.

Eine Bewertung des Einflusses der Werkzeugoberflächenrauheit kann lediglich im Neuzustand der Werkzeuge ohne stark ausgeprägten Verschleiß erfolgen. Daher wurden die gemessenen Vorschub- und Vorschubnormalkräfte zu Beginn des Werkzeugeinsatzes gegenübergestellt, so dass der initiale Verschleiß VB = 0 µm betrug. In Abbildung 6.6 sind die jeweils über alle Werkzeuge einer Klasse gemittelten Vorschub- und Vorschubnormalkräfte gegenübergestellt. Die Fehlerbalken visualisieren die Standardabweichungen über alle Werkzeuge innerhalb einer Werkzeugklasse. Die Werte für die Vorschubkraft F_f lagen zwischen 163 und 216 N, während die Vorschubnormalkraft F_{fn} Werte zwischen 326 und 472 N und somit etwa die doppelte Höhe von F_f erreichte. Unter den vorliegenden Schlichtbedingungen geht der Betrag von F_{fn} maßgeblich auf die wirkende Schnittnormalkraft F_{cn} zurück. Dieses Verhalten ist insbesondere für die Schlichtbearbeitung von IN718 bekannt und auf die starken Quetschvorgänge im Bereich der Schneidkante und der Freifläche sowie die Neigung des Werkstoffs zur Kaltverfestigung und der daraus resultierenden, schlechten Umformbarkeit des Materials zurückzuführen [ILLG90; CHOU98; MARK05]. Grundsätzlich lagen alle Werte der Vorschub- bzw. der Vorschubnormalkraft auf demselben Niveau. Eine Ausnahme stellten die wärmebehandelten Werkzeuge dar, deren Kraftkomponenten um ca. 40 N ($F_{f,m}$) bzw. um ca. 100 N ($F_{fn,m}$) gegenüber den Werkzeugen der anderen Klassen erhöht waren.

Ursächlich war ein frühzeitiges Versagen der Werkzeuge durch Schneidkantenausbrüche. Die detaillierte Analyse des Verschleißes folgt in Kapitel 6.3.2.

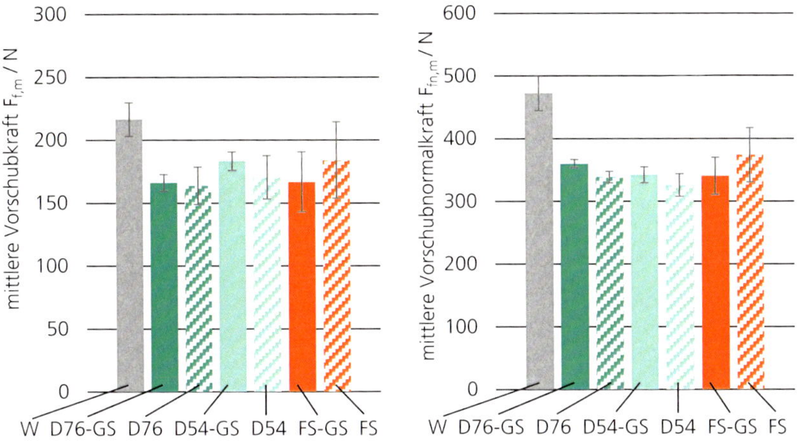

Prozess:		**Werkzeuge:**		**Werkstück:**
v_c = 75 m/min	a_p = 3 mm	D_w = 10 mm	Zustand: neu	IN718
f_z = 0,07 mm	p_{KSS} = 71 bar	z = 4		ausgelagert
a_e = 0,5 mm	Blaser B-Cool 9665	λ = 30°		

Abbildung 6.6: Mittlere Vorschub- und Vorschubnormalkraft für VB = 0 µm
Average feed and feed normal force for VB = 0 µm

Im Fall der Vorschubkraft $F_{f,m}$ ist kein eindeutiger Effekt der Rauheit bzw. des Schneidkantenradius erkennbar. Gleichwohl unterlagen die Kräfte für den Einsatz von präparierten Schneidkanten einer geringeren Streuung als für die Nutzung von Werkzeugen mit technisch scharfer Schneide. Die Verrundung der Schneidkante und das Entfernen loser Hartmetallpartikel tragen demnach zu einer Homogenisierung der Verschleißentwicklung bei, die sich in einer geringeren Streuung der Werte ausdrückt. Die beschriebene Beobachtung traf auch auf die Vorschubnormalkraft $F_{fn,m}$ zu. Für die Klassen D76 und D54 sind die durch den Einsatz von verrundeten Werkzeugen hervorgerufenen Kraftanteile erwartungsgemäß leicht erhöht gegenüber diesen für unpräparierte Schneiden. Eine Ausnahme stellten die feingeschliffenen Werkzeuge dar (Klasse FS / FS-GS). Die Schneidkantenpräparation verzögerte kurzzeitig die Bildung von größeren Ausbrüchen, welche für die unpräparierten Schneiden einen Kraftanstieg bereits während der ersten Werkzeugbahn zur Folge hatten. Grundsätzlich ist das Auftreten von (Mikro-) Ausbrüchen bei der Zerspanung von Nickelbasislegierungen ein bekanntes Phänomen. Ein derartig frühes Auftreten kann auch durch die engmaschige Beobachtung dieser Versuche begründet sein. Die Werkzeuge mit größerer Rauheit führten gegenüber diesen mit geringer Rauheit (D54 / D54-GS) zu einem leichten Anstieg von $F_{fn,m}$ um 4 % (technisch scharf) bzw. 5 % (verrundet). Neben der Rauheit kann dieser Effekt auch durch die leicht erhöhte Schneidkantenverrundung bzw. -schartigkeit begründet sein. Unter Berücksichtigung möglicher Störgrößen wie dem Werkzeugrundlauf oder leichten Veränderungen im Werkstoffgefüge konnte kein signifikanter Einfluss der Werkzeugoberfläche auf die Zerspankraft festgestellt werden. Damit ist die o.g. Vermutung bestätigt, dass die frühe Bildung von Aufschmierungen die Reibbedingungen gegenüber der initialen Oberflächenrauheit dominiert.

Zur Analyse einer möglichen Abhängigkeit der Entwicklung der Zerspankraftkomponenten von der initialen Oberflächenintegrität stellt Abbildung 6.7 den Verlauf der innerhalb jeder Werkzeugklasse gemittelten Vorschub- und Vorschubnormalkräfte über dem Vorschubweg dar.

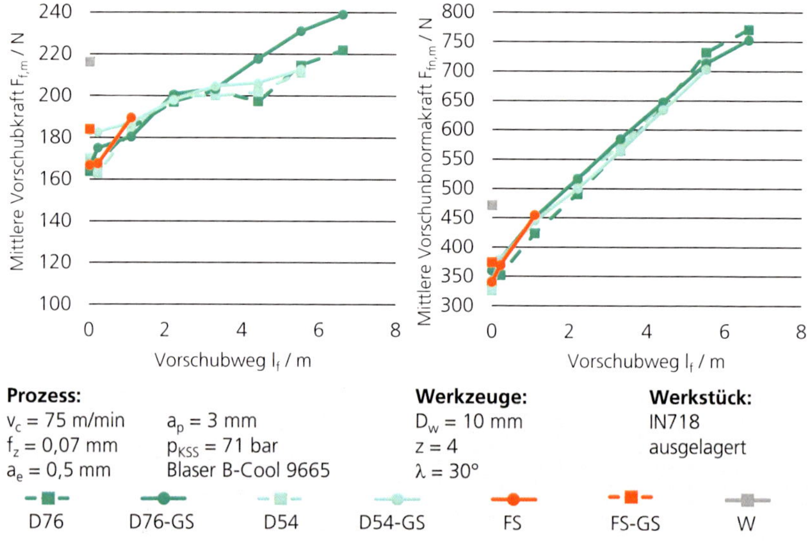

Abbildung 6.7: Entwicklung der Zerspankraftkomponenten über dem Vorschubweg
Development of cutting force components over the feed travel

Ausgehend von den Werten zu Beginn der Versuche unterlag vor allem die Vorschubnormalkraft einer ausgeprägten Steigerung. Nach einem Vorschubweg von ca. 6 m wurden um 98 bis 128 % höhere Beträge von $F_{fn,m}$ gemessen als für den verschleißfreien Zustand der Werkzeuge. Demgegenüber lag der Anstieg für $F_{f,m}$ bei Werten zwischen 16 und 39 %. Die starke Zunahme für die Vorschubnormalkraft ist vermutlich primär auf den entstehenden Freiflächenverschleiß zurückzuführen, der sich deutlich stärker auf $F_{fn,m}$ als auf $F_{f,m}$ auswirkt. Die wachsende Verschleißmarke vergrößert die Kontaktfläche im Bereich der freiflächenseitigen sekundären Scherzone und ruft hohe Schnittnormalkräfte hervor. Die Werkzeuge der Klassen W und FS fielen bereits nach kurzen Vorschubwegen mit dem Auftreten von Ausbrüchen kritischer Größe aus. Mit fortgeschrittenem Vorschubweg liegen die Kurven aller Werkzeugklassen nah beieinander. Dies deutet auf eine im Mittel für die jeweiligen Werkzeugklassen gleiche Entwicklung des Verschleißes und einer damit einhergehend gleichmäßigen, geometrischen Veränderung der Schneidkante hin. Der Verlauf von $F_{f,m}$ erscheint besonders für die Werkzeugklassen D54 und D54-GS zwischen l_f = 2 und 4 m Plateau ähnlich. Ursächlich ist der Ausfall einzelner Werkzeuge durch Ausbrüche.

Insgesamt ist anhand der vorliegenden Daten für die Werkzeuge im Realprozess kein signifikanter, direkter Effekt der Randzoneneigenschaften auf die Vorschub- und Vorschubnormalkräfte feststellbar. Es ist demnach davon auszugehen, dass die Variation insbesondere der Oberflächenrauheit keine nennenswerte und mit ausbildendem Verschleiß bleibende Beeinflussung der Reibverhältnisse an Span- und Freifläche hervorruft. Dies bestätigt die Erkenntnisse der Spananalyse, vgl. Abbildung 6.4. Ursächlich sind vermutlich adhäsive Anhaftungen an der Spanfläche, die bereits nach kurzer Zeit mit dem Lichtmikroskop sichtbar sind. Diese im Folgenden als Aufschmierungen bezeichneten Materialanhaftungen können die Reibbedingungen weitestgehend unabhängig von der initial vorliegenden Oberflächentopografie bestimmen. Nichtsdestotrotz traten deutliche Unterschiede hinsichtlich Art und Zeitpunkt des Werkzeugversagens auf. Diese werden im folgenden Teilkapitel eingehend diskutiert.

6.3 Auswirkung der Randzoneneigenschaften auf den Werkzeugverschleiß

Influence of surface layer properties on the tool wear

Die zuvor diskutierten Analysen der Spanbildung und der Zerspankraft zeigten auf, dass beide Zerspanbarkeitskriterien nicht direkt durch die variierten Oberflächen- und Schneidkanteneigenschaften beeinflusst wurden. Eine dominante Sensitivität der Zerspankraftkomponenten lag für den ansteigenden Werkzeugverschleiß vor. Dieser sowie das Versagensverhalten der jeweiligen Werkzeugklassen werden im Folgenden eingehend untersucht und diskutiert. Zunächst erfolgt eine kurze Beschreibung der Methodik zur Klassifizierung von Verschleiß- und Versagensformen sowie zu ihrer messtechnischen Ermittlung.

6.3.1 Methodik zur Klassifizierung von Verschleiß- und Versagensformen

Methodology for classification of wear and failure of the cutting tools

Das Verschleißverhalten bei der Zerspanung von IN718 ist vor allem gekennzeichnet durch die Mechanismen Abrasion und Adhäsion. Hieraus folgt als dominante Verschleißform insbesondere die Ausbildung einer Verschleißmarke, häufig in Kombination mit Kerbverschleiß im Bereich der verwendeten Schnitttiefe. Zusätzlich wurde in vielen Untersuchungen zum Fräsen von Nickelbasislegierungen ein frühzeitiges Auftreten von Ausbrüchen bzw. Mikroausbrüche festgestellt, vgl. Kapitel 2.3.4. Entsprechend der dort beschriebenen Zusammenfassung existiert keine eindeutige und allgemeingültige Definition eines Ausbruchs bzw. eines Mikroausbruchs. Trennbrüche und scherförmige Brüche sollen im Rahmen dieser Arbeit daher nicht dem Verschleiß bzw. den Verschleißformen, sondern den Versagensformen zugeordnet werden. Die Bewertung der unterschiedlichen Werkzeugklassen erfolgte anhand der folgenden vier Verschleiß- und Versagensformen:

Freiflächenverschleiß

Der Freiflächenverschleiß kann primär anhand der Verschleißmarkenbreite VB bzw. deren Maximum VB_{max} charakterisiert werden. Die Messungen erfolgten entlang der gesamten Hauptschneide, wobei keine dominante Position des auftretenden Verschleißmaximums beobachtet werden konnte. Als Referenzkante zur Messung von VB bzw. VB_{max} wurde, soweit möglich, die ursprüngliche Schneidkante und hier insbesondere deren Übergang in die Spanfläche herangezogen. Die verschleißbedingte Zunahme des Schneidkantenradius wurde folglich implizit miterfasst, was bei der Analyse der Ergebnisse zu berücksichtigen ist.

Ausbrüche

Bei geringer Ausdehnung und weitgehend intakter Schneidkante werden (Mikro-) Ausbrüche häufig bis zu einem gewissen Grad toleriert. Grenzwerte hängen primär von der Art des Zerspanprozesses und den geforderten Toleranzen des Bauteils ab. In den durchgeführten Untersuchungen wurden teilweise ebenfalls Ausbrüche beobachtet. Diese reichten von kleinsten Abmessungen ohne messbares Wachstum bis zu makroskopischen Brüchen. Im Sinne einer eindeutigen Benennung wurde zwischen folgenden Phänomenen unterschieden, vgl. auch Abbildung 6.8:

- Ausbröckelungen: Ausdehnung in alle Richtung < 10 µm
- Mikroausbrüche: $10 \leq AL_i / AB_i \leq 20$ µm
- Ausbrüche: 20 µm < AL_i und AB_i
- Flächige Abplatzungen: AL_F und $AB_F >> AB_S$ sowie AL_S und $AB_S >> AB_F$
- Schneidkantenbruch: $AL_i > 250$ µm und $AB_i > 100$ µm

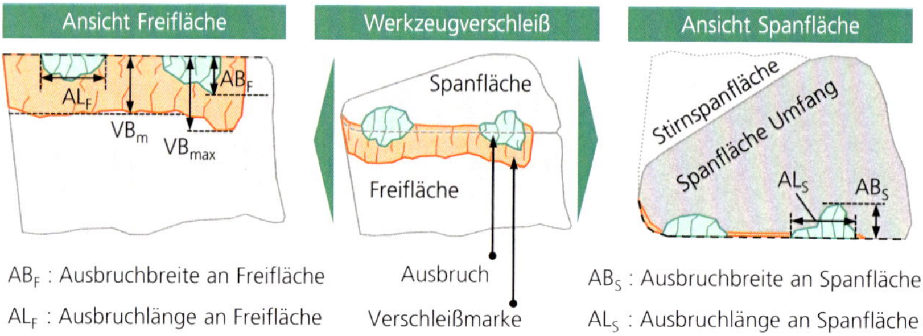

Abbildung 6.8: Definition von Messgrößen zur Charakterisierung von Ausbrüchen
Definition of measurands for the characterization of chipping

Das Erreichen der folgenden Standkriterien führte zum Abbruch der Versuche:

- $VB_{max} = 150$ µm
- Ausbrüche mit Ausdehnung in min. einer Richtung von > 50 µm

Verschleißbedingte Veränderung der Schneidkante

Resultierend aus den im Einsatz wirkenden Belastungen auf die Schneidkante zeigte sich bereits nach kurzen Schnitteinsatzzeiten eine messbare Zunahme des Schneidkantenradius bzw. die Entstehung eines solchen bei Werkzeugen ohne vorherige Schneidkantenpräparation. Eine derartige Modifikation der Werkzeugmikrogeometrie resultiert wiederum in einem steigenden thermomechanischen Lastkollektiv und einer Veränderung der Spanbildung. Demnach wurde für repräsentative Werkzeuge neben den Verschleißmessgrößen VB bzw. VB_{max} regelmäßig die momentane Schneidkantengeometrie ermittelt. Gegenüber gezielt präparierten Werkzeugen wiesen diese Schneidkanten lediglich geringfügige Abweichungen von einer idealen Radiusform auf, vgl. Abbildung 6.17. Zur Quantifizierung der Entwicklung wurde aus Gründen der Praktikabilität daher der Schneidkantenradius r_β herangezogen.

Kontaktlänge auf der Spanfläche KL

Neben der Freifläche wurde auch die Spanfläche in Bezug auf Verschleiß und Ausbrüche untersucht. Ziel war die Analyse der Kontaktlänge als Indikator für eine thermisch und mechanisch beeinflusste Randzone. Die Breite dieser Kontaktzone KL wurde mikroskopisch erfasst, wenngleich die Auswertung aufgrund des unscharfen Übergangs zwischen unbeeinflusster Oberfläche und Kontaktzone nicht immer eindeutig zu identifizieren war. Diese Fehleranfälligkeit ist bei der Analyse der Messwerte zu berücksichtigen. Die Messung erfolgte immer in einem Abstand von knapp 3 mm zur Stirnschneide.

Zur detaillierten Bewertung der wirkenden Verschleißmechanismen erfolgten allgemein für ausgewählte Werkzeuge Untersuchungen mit dem Rasterelektronenmikroskop NEON 40 EsB der Firma ZEISS. Dazu wurden die Werkzeuge gezielt nach einer begrenzten Einsatzzeit aus den Versuchen entnommen.

6.3.2 Technologische Analyse des Werkzeugverschleißes

Technological analysis of the tool wear

Im nachfolgenden Kapitel wird zur Einschätzung des Einsatzverhaltens der charakterisierten Werkzeugklassen der auftretende Werkzeugverschleiß quantitativ anhand der zuvor eingeführten Größen analysiert. Zunächst erfolgen Darstellung und Diskussion der erfassten Standwegverläufe aller Versuchswerkzeuge. Anschließend werden zur genaueren Analyse die aufgetretenen Verschleißformen dargestellt und charakterisiert. In Abbildung 6.9 ist für die Werkzeuge aller Klassen die maximale Verschleißmarkenbreite über dem Vorschubweg l_f dargestellt. Anhand der Farben können die Graphen den jeweiligen Klassen zugeordnet werden. Die beiden Diagramme sind nach dem Zustand der Schneidkante (technisch scharf und gleitgeschliffen) aufgeteilt. Sofern die Kurven nicht den Wert von VBmax = 150 µm erreichen, wurde der Versuch aufgrund von auftretenden Ausbrüchen beendet.

Die Werkzeuge erreichten maximal einen Standweg von L_f = 7,7 m bei Werten von VB_{max} im Bereich zwischen 130 und 150 µm. Die Verschleißkurven variieren deutlich, wobei die Unterschiede sowohl zwischen unterschiedlichen Klassen, als teilweise auch innerhalb einer Klasse sichtbar sind. Das Lebensdauerende wurde fast ausnahmslos durch Ausbrüche an der Schneidkante hervorgerufen. Insgesamt ist erkennbar, dass die Werkzeuge mit höheren Druckeigenspannungen und definierten Schneidkantenradien die größten Standwege zurücklegten. Unabhängig von der Oberflächenrauheit fielen gleichzeitig alle Werkzeuge mit geringen Eigenspannungen bereits nach kurzzeitigem Einsatz (l_f = 0,22 m) durch das Auftreten von Ausbrüchen mit AB_F > 50 µm bzw. durch vollständigen Schneidkantenbruch aus. Damit deuten die Standwegkurven auf einen Effekt des Faktors Eigenspannung hin. Druckeigenspannungen in einem Bereich σ_V < 1.000 MPa scheinen in Bezug auf die Schneidkantenstabilität unter den gegebenen Bedingungen nicht ausreichend zu sein.

Der Effekt der Schneidkantenpräparation tritt primär durch eine stark reduzierte Streuung des zurückgelegten Standweges L_f hervor. Die Werkzeuge mit definierter Schneidkantenverrundung in einem Bereich von r_β = 7,3 bis 8,6 µm erreichten mit einer Ausnahme mindestens einen Standweg von 5,5 m. Für die lediglich geschliffenen Fräswerkzeuge variierte L_f zwischen 2,2 m und 7,7 m (Klasse D76) bzw. sogar zwischen 0,22 m und 7,7 m (Klasse D54). Erste Ausbröckelungen bzw. Mikroausbrüche wurden für technisch scharfe Schneiden bereits nach 0,22 m und damit deutlich früher beobachtet als für die gleitgeschliffenen Werkzeuge. Die trotz größerer Schartigkeit leicht verminderte Streubreite der Werkzeugklasse D76 gegenüber der Klasse D54 kann ebenfalls auf den positiven Effekt der Eigenspannungen hindeuten, welche sich für beide Klassen um ca. 500 MPa unterschieden.

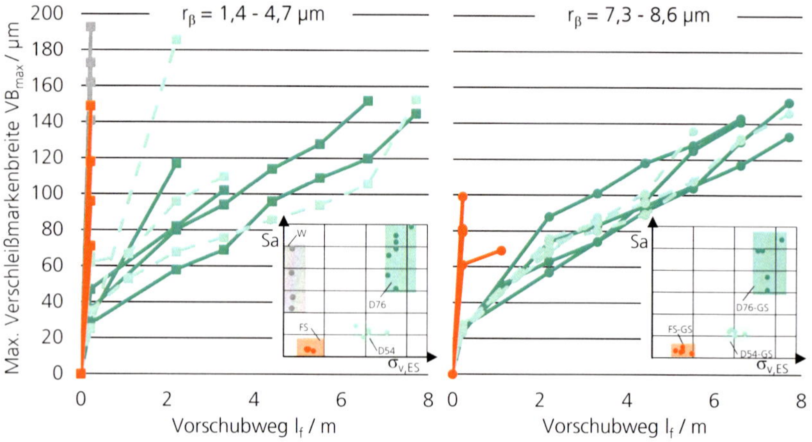

Prozess:
v_c = 75 m/min
f_z = 0,07 mm
a_e = 0,5 mm
a_p = 3 mm
p_{KSS} = 71 bar
Blaser B-Cool 9665

Werkzeuge:
D_w = 10 mm
z = 4
λ = 30°

Werkstück:
IN718
ausgelagert

Abbildung 6.9: Entwicklung von VB_{max} über dem Vorschubweg l_f für alle Werkzeuge
Development of VB_{max} over the feed travel path for all tools

Ein Einfluss der Oberflächenrauheit lässt sich aus den Diagrammen nicht ohne Weiteres ableiten. Für die Werkzeuge mit geringen Eigenspannungen ist die Höhe von VB_{max} durch die Größe der Ausbrüche bestimmt, deren Ausprägung wiederum stochastisch geprägt ist. Die Verläufe der Werkzeuge mit Eigenspannungen $\sigma_v \geq 2.000$ MPa liegen vergleichsweise nah beieinander. Damit und in Übereinstimmung mit den Erkenntnissen zur Spanbildung und zur Zerspankraft ist davon auszugehen, dass die Sa-Werte an Span- und Freifläche für das Fräsen von IN718 von untergeordneter Bedeutung sind. Zur genaueren Analyse werden die Verläufe der mittleren Verschleißmarkenbreiten VB_m herangezogen, Abbildung 6.10. Gegenüber den Messwerten in Abbildung 6.9 sind die Werte von VB_m nicht durch Ausbrüche beeinflusst.

Die mittlere Verschleißmarkenbreite entwickelte sich bis zum jeweiligen Standzeitende nahezu unabhängig von der Werkzeugklasse. Für die gleitgeschliffenen Werkzeuge überdecken sich die Kurven bis zu einen Vorschubweg von knapp 4 m. Mit zunehmendem Verschleiß steigt die Streuung leicht an, wobei die maximale Differenz von VB nach l_f = 6 m 15 µm nicht überschreitet. Im Gegensatz hierzu zeigten die technisch scharfen Werkzeuge zu Beginn des Einsatzes eine Variation von VB zwischen etwa 20 und fast 40 µm, welche vermutlich auf die undefinierte Schneidkante und die unterschiedliche initiale Schartigkeit Rz_{SK} zurückzuführen ist. Die weniger stark eingebundenen Substratpartikel an der Schneidkante können durch die wirkenden Belastungen mit beginnendem Einsatz schnell entfernt werden und führen entsprechend zu einer stärkeren Ausbildung der Verschleißmarkenbreite.

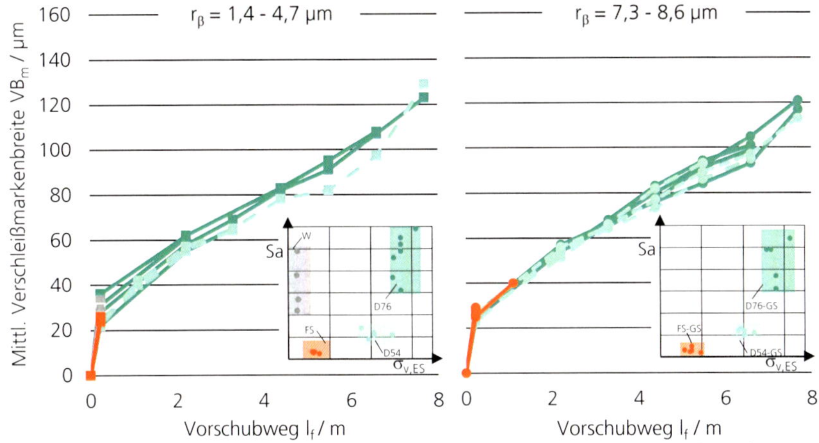

Prozess:
v_c = 75 m/min
f_z = 0,07 mm
a_e = 0,5 mm
a_p = 3 mm
p_{KSS} = 71 bar
Blaser B-Cool 9665

Werkzeuge:
D_w = 10 mm
z = 4
λ = 30°

Werkstück:
IN718
ausgelagert

Abbildung 6.10: Entwicklung von VB_m über dem Vorschubweg l_f für alle Werkzeuge
Development of VB_m over the feed travel path for all tools

Die geringen Abweichungen der Kurvenverläufe deuten auf eine hohe Reproduzierbarkeit der freiflächenseitig wirkenden Verschleißmechanismen hin. Diese waren offensichtlich unabhängig von der jeweiligen Oberflächenrauheit bzw. dem Eigenspannungsniveau am Werkzeug. Beachtlich ist, dass weder eine positive Wirkung durch feingeschliffene Werkzeuge auf Reibung und entsprechenden Freiflächenverschleiß, noch eine negative Wirkung hoher Oberflächenrauheiten hervorgerufen wurde. Die in der Literatur beschriebene reibungsmindernde Wirkung feingeschliffener Oberflächen (vgl. [HEYM15]) bzw. die Steigerung des Abrasivverschleißes durch höhere Rauheit und Schartigkeit (vgl. u.a. [WEIN96]) sind damit nicht auf die Zerspanung von IN718 übertragbar.

In Abbildung 6.11 sind die je Werkzeugklasse erreichten Standwege L_f zusammengefasst. Die Fehlerbalken repräsentieren die Standardabweichung der Standwege aller Werkzeuge je Klasse. Deutlich sichtbar ist der Effekt der Eigenspannungen. Alle Werkzeuge mit Vergleichseigenspannungen unter 1.000 MPa versagten unmittelbar zu Beginn des Versuches, wodurch die Standwege fast bei 0 liegen. Für die Werkzeuge mit Vergleichseigenspannungen σ_v > 2.000 MPa schwankten die mittleren Standwege zwischen ca. 3,5 und etwa 7,1 m. Durch eine Schneidkantenpräparation wurde sowohl der Standweg erhöht, als auch die Standardabweichung reduziert. Die Werkzeuge der Klasse D76 respektive D76-GS erzielten die längsten Einsatzzeiten. Die geringen Schwankungen der Werkzeuge in Klasse D76-GS zeigen auf, dass ein prozesssicherer Einsatz von unbeschichteten VHM-Werkzeugen zum Fräsen von IN718 mit reproduzierbaren Verhalten möglich ist. Bemerkenswert ist ebenso, dass die Werkzeuge der Klasse D54-GS trotz identischer (Mikro-) Geometrie und reduzierter Rauheit im Mittel einen um 20 % reduzierten Standweg erreichten als diese der Klasse D76-GS und zugleich die dreifache Standardabweichung aufwiesen.

Inwieweit der Effekt als signifikant einzuschätzen ist und welche Mechanismen der Beobachtung zu Grunde liegen, wird im weiteren Verlauf der Arbeit untersucht. Als Zwischenergebnis bleibt festzuhalten, dass durch die herstellprozessbedingte Ausprägung der Randzonenmerkmale ein massiver Einfluss auf die Einsatzeignung der Fräswerkzeuge hervorgerufen wird.

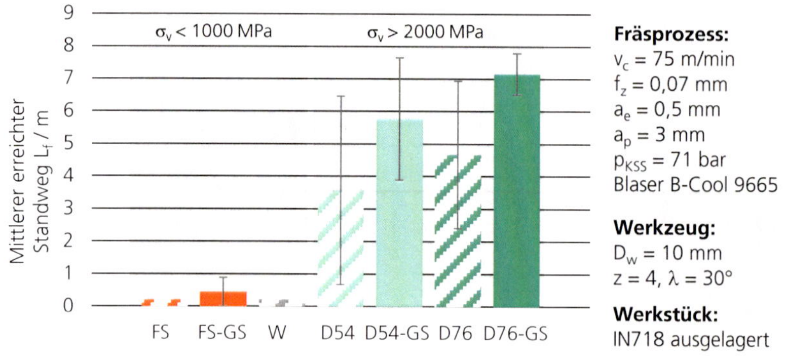

Abbildung 6.11: Übersicht erreichter Standwege L_f für alle Werkzeugklassen
Overview on achieved tool life L_f for every tool class

Aus den bisherigen Ergebnissen lässt sich ableiten, dass besonders der Zustand der Schneidkante und das Niveau der Druckeigenspannungen maßgeblich für das Verschleiß- bzw. Versagensverhalten der Werkzeuge sind. Für eine genauere Analyse der zugrunde liegenden Verschleiß- und Versagensausprägungen wurden typische Verschleißausprägungen der Werkzeugklassen genauer betrachtet. Abbildung 6.12 zeigt ein Werkzeug der Klasse D54 nach dem Erreichen des Standweges von L_f = 6,6 m. Im linken Teil der Abbildung ist die gleichmäßige Ausprägung der Verschleißmarke gut erkennbar. Für die Mehrheit aller untersuchten Schneidkanten konnte diese Verschleißausbildung beobachtet werden. Zur genaueren Analyse der Verschleißformen und -mechanismen wurden REM-Aufnahmen erzeugt, vgl. Abbildung 6.12 rechts.

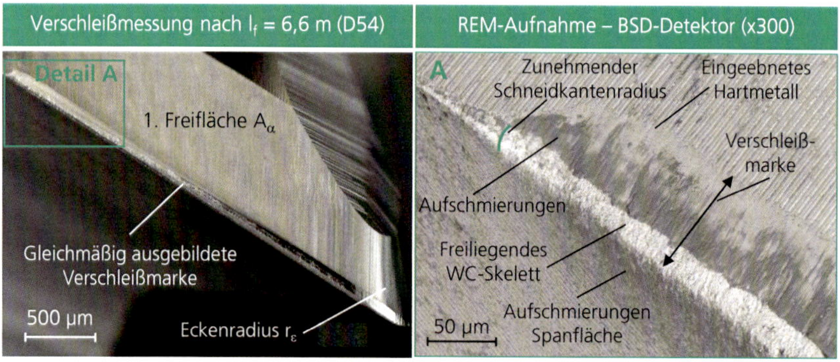

Abbildung 6.12: Freiflächenverschleiß und charakteristische Verschleißformen
Flank wear and characteristic wear forms

Durch die Nutzung eines Rückstreuelektronen Detektors (engl.: Backscatter Electron Detector – BSD) wird der Elektronenstrahl an verschiedenen chemischen Elementen jeweils unterschiedlich stark reflektiert. Die Intensität der Reflexion lässt sich durch Graustufen repräsentieren, wodurch die jeweiligen Werkstoffe gut voneinander zu unterscheiden sind. Die in der REM-Aufnahme deutlich erkennbare Verschleißmarke lässt sich in drei charakteristische Zonen unterteilen. In unmittelbarer Nähe zur Schneidkante ist das freiliegende WC-Skelett als weißer Streifen mit rau erscheinender Oberfläche erkennbar. Die Oberflächentopografie ist hier durch die freiliegenden WC-Körner gekennzeichnet. Der Streifen weist entlang der Schneidkante eine gleichmäßige Breite auf. Gleichzeitig ist die Zunahme des Schneidkantenradius gegenüber der unbeeinflussten Schneide gut erkennbar. Mit zunehmendem Abstand zur Schneidkante dominieren als dunkle Schicht sichtbare Aufschmierungen aus IN718. Der Werkstoff geht durch seine adhäsive Neigung eine enge Bindung zum Schneidstoff ein. Diese Aufschmierungen werden in Richtung der unbeeinflussten Freifläche und im Übergang zur dritten Zone zunehmend dünner. Zone 3 ist geprägt durch eine starke Einebnung des WC-Co Gefüges, das wie poliert wirkt. Eine vergleichbare Unterteilung von Kontaktzonen wurde von FALLQVIST beschrieben [FALL13].

Die Entstehung freiliegender WC-Körner unmittelbar an der Schneidkante ist eine Folge der sehr hohen Temperaturen und Pressungen in diesem Bereich und somit auf Adhäsiven zurückzuführen. An der sich ausbildenden Verschleißmarke bilden sich Aufschmierungen, die in folgenden Eingriffen der Schneide wiederholt mit dem Werkstoff in Kontakt kommen. Die Bindungskräfte zwischen dem Werkstoff und gleichartigen Aufschmierungen sowie zwischen Aufschmierungen und Schneidstoff können die inneren Bindungskräfte des Schneidstoffs an der Grenzschichten WC-WC bzw. WC-Co übersteigen, so dass Schneidstoffpartikel mit abgetragen werden [ZUMG87; TÖNS11; KLOC18]. Ebenso ist die Bildung einer Stagnationszone unmittelbar an der Schneidkante denkbar. Material wird unter hohen Drücken unter die Schneidkante gepresst und mit dem Austritt des Werkzeugs aus der Umschlingung vom Schneidkeil abgetrennt [ALAM21]. Die glatte Oberfläche in der dritten Zone wird dagegen durch die abrasive Wirkung des Werkstoffs sowie von abgetragenen WC-Partikeln ausgebildet. In diesem Bereich sind die Temperaturen geringer ausgeprägt, wodurch adhäsiver Verschleiß weniger stark bzw. nicht auftritt [HOIE17].

Der Adhäsionsmechanismus ist in den untersuchten Grenzen nahezu unabhängig von der Rauheit der Werkzeuge. Mit Vorliegen von Initialverschleiß können sich verstärkt Aufschmierungen an der Verschleißmarke bilden und Schneidstoffpartikel mit herausreißen, so dass die ursprüngliche Oberflächentopografie schnell verändert wird. Diese Theorie erklärt, warum kein Effekt der Rauheit auf die Entwicklung der mittleren Verschleißmarke VB_m zu beobachten war. Die nach dem Abscheren der Pressschweißungen sehr aufgeraute Oberfläche bietet effektiv eine große Oberfläche für neue Materialaufschmierungen. Demnach können sich neue adhäsive Schichten bilden, die bei Erreichen einer gewissen Dichte und Dicke wiederum herausgerissen werden. Folglich ist davon auszugehen, dass es sich um einen zyklischen Prozess handelt. Zusätzlich können Schneidstoffpartikel auch direkt an der neu erzeugten Schnittfläche des Werkstücks haften und herausgetrennt werden [TÖNS11].

Neben sich gleichmäßig entwickelndem Freiflächenverschleiß konnten bei diversen Werkzeugen im Laufe des Einsatzes Mikroausbrüche bzw. Ausbrüche festgestellt werden. Beobachtet wurde das Auftreten der Ausbrüche entlang der gesamten eingreifenden Schneidkante, ohne dass eine Häufung in einem bestimmten Bereich der Schneide feststellbar war. In Abbildung 6.13 sind Ausbrüche unterschiedlicher Größe aus jeweils zwei Perspektiven dargestellt.

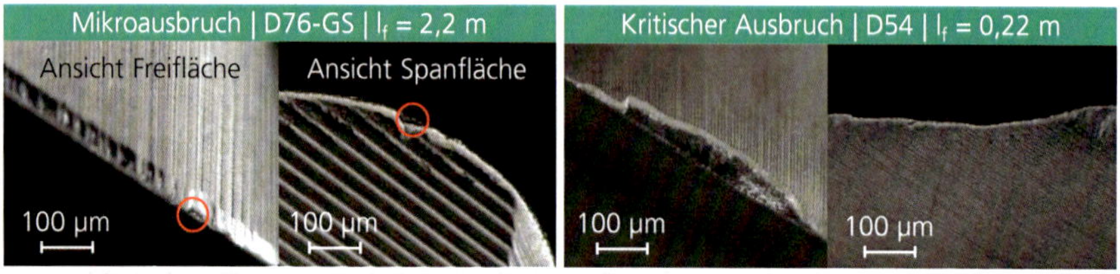

AB_F = 15 µm, AB_S = 18 µm, AL_F = 27 µm AB_F = 52 µm, AB_S = 32 µm, AL_F = 410 µm

Abbildung 6.13: Mikroausbruch (links) und kritischer Ausbruch (rechts) zu Beginn der Zerspanversuche

Microchipping (left) and chipping (right) at the beginning of cutting tests

Früh auftretende Mikroausbrüche wie im Bild links zu sehen zeigten in den meisten Fällen eine unkritische Entwicklung, da diese durch zunehmenden Verschleiß entfernt wurden und nicht zu einem katastrophalen Ausfall des Werkzeugs führten. Dieser Sachverhalt spricht für eine gute Stabilität der betreffenden Schneiden. Der Ausbruch in Abbildung 6.13 rechts wurde durch einen Sprödbruch verursacht. An der gleichmäßigen Breite der Verschleißmarke entlang von Schneid- und Bruchkante ist erkennbar, dass das Versagen der Schneide bereits während der ersten Eingriffe eingetreten sein muss. Der betreffende Versuch wurde nach l_f = 0,22 m gestoppt.

Aus Abbildung 6.14 geht nach Werkzeugklassen aufgegliedert hervor, wie viele Schneiden eines Werkzeugs im Mittel nach welchem Vorschubweg (Mikro-) Ausbrüche aufwiesen. Für die Werkzeugklassen mit geringen Eigenspannungen traten unmittelbar zu Beginn der Zerspanversuche an mindestens drei von vier Schneiden Ausbrüche und in Teilen auch Schneidkantenbrüche auf. Bei der Klasse FS waren sämtliche Schneiden aller vier Werkzeuge betroffen. Kennzeichnend war zudem, dass in den meisten Fällen mehrere Ausbrüche pro Schneidkante vorlagen.

Offensichtlich wurden nahezu alle Schneiden unmittelbar bei eintretender Beanspruchung überlastet. Für die Werkzeugklassen mit Vergleichseigenspannungen σ_v > 2.000 MPa traten die Ausbrüche erst im Verlauf des Einsatzes mit zunehmender Häufigkeit auf. Hierbei muss im Detail zwischen den jeweiligen Klassen differenziert werden. Generell ist feststellbar, dass die gleitgeschliffenen Werkzeuge in geringerem Umfang betroffen waren als scharfkantige Werkzeuge. Werkzeuge der Klassen -GS zeigten nach 0,22 respektive 2,2 m primär Mikroausbrüche < 20 µm, wohingegen für unpräparierte Werkzeuge vor allem Ausbrüche > 20 µm auftraten. Dies deckt sich mit den Erkenntnissen im Stand der Technik, vgl. Kapitel 2.2.3 und kann u.a. auf die geringere Stabilität der technisch scharfen Schneidkante zurückgeführt werden.

Anzeichen für einen negativen Einfluss einer zunehmenden Schartigkeit fanden sich in der Analyse der Ausbrüche nicht. Unpräparierte Schneidkanten mit großer Schartigkeit (D76) waren deutlich seltener von Ausbrüchen betroffen als solche mit einer geringen Schartigkeit (D54). Während nach l_f = 2,2 m für die Klasse D76-GS nur an jeder achten Schneide ein Mikroausbruch auftrat, wurden an den Werkzeugen der Klasse D54 bereits an jeder dritten Schneide Ausbrüche erfasst. Die Ausbrüche waren deutlich größer (vgl. Abbildung 6.13) und führten bei der Hälfte der Werkzeuge des Typs D54 zur Einstellung der Versuche nach l_f = 2,2 m. Die daraus folgende geringere Grundgesamtheit ist bei der Interpretation der Daten für l_f = 4,4 m und l_f = 6,6 m zur berücksichtigen.

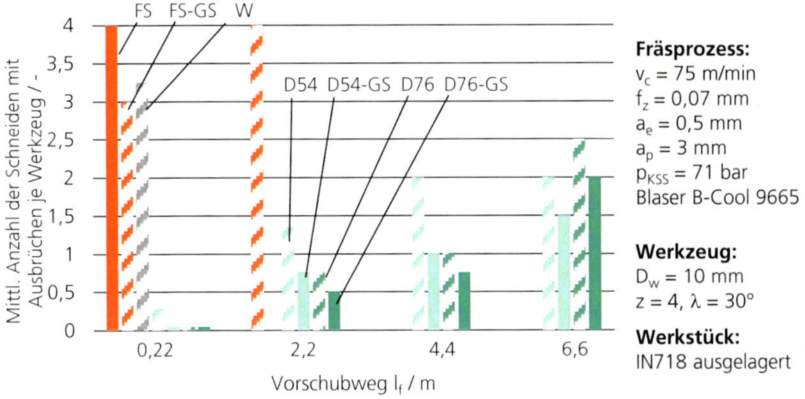

Abbildung 6.14: Entwicklung der mittleren Anzahl von Schneiden mit Ausbrüchen über dem Vorschubweg l_f

Development of the average number of cutting edges with chipping over the feed path l_f

Insbesondere für die Werkzeugklassen D76 und D76-GS fällt bei der Analyse von Abbildung 6.14 ein progressiver Anstieg der Anzahl betroffener Schneiden zwischen l_f = 4,4 und 6,6 m auf. An den Werkzeugen der Klasse D76-GS waren bis zu einem Vorschubweg l_f = 4,4 m ausschließlich Mikroausbrüche erkennbar, d.h. Ausbrüche mit den Abmessungen $AB_i \leq 20$ µm. Mögliche Erklärungen für den progressiven Anstieg sind Ermüdungserscheinungen, also das Wachstum von Defekten und Rissen mit zyklischer Beanspruchung, der verschleißbedingte Anstieg des thermomechanischen Lastkollektivs sowie die hieraus resultierende, voranschreitende Degradation der Schneidkante. Die Ergebnisse deuten darauf hin, dass die Ursachen und Mechanismen des Auftretens von Ausbrüchen in signifikantem Maße von den Randzoneneigenschaften der Werkzeuge beeinflusst werden. Im Folgenden sollen daher exemplarische Formen von Ausbrüchen anhand von licht- und rastermikroskopischen Bildern in Bezug auf mögliche Entstehungsmechanismen analysiert werden. In Abbildung 6.15 sind die für die Werkzeuge der Klassen FS und FS-GS charakteristischen Ausbrüche dargestellt. Die REM-Bilder im unteren Teil zeigen das feingeschliffene und verrundete Werkzeug aus dem Bild oben links.

Charakteristisch für das Versagen aller Werkzeuge der Klassen FS und FS-GS war die längliche Ausdehnung der Ausbrüche, die in über 70 % der Fälle Werte von AL > 1 mm erreichten. Die Bruchkante verlief in weiten Teilen nahezu parallel zur ursprünglichen Schneidkante. In der Ansicht auf die Spanfläche ist erkennbar, dass ein Großteil der Kontaktzone zwischen Span und Spanfläche betroffen ist. Die Ausdehnungen in Richtung von Span- und Freifläche waren limitiert, wobei sporadisch Maxima auftraten. Aufgrund der von der primären Bruchfläche abweichenden Orientierung ist davon auszugehen, dass es sich um Folgeausbrüche handelt. Diese werden durch die undefinierte neue Bruchfläche und die auf diese wirkenden, erhöhten Belastungen provoziert.

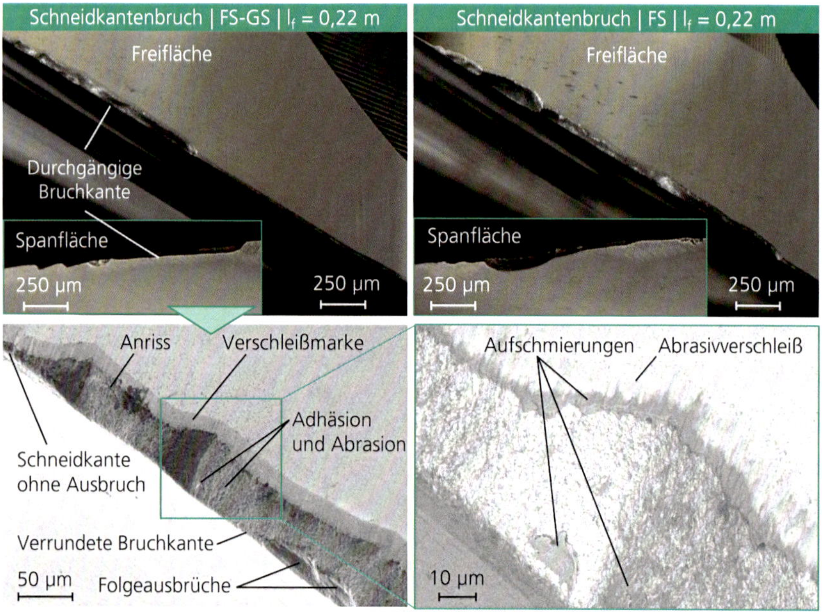

Abbildung 6.15: Ausbrüche an feingeschliffenen Werkzeugen (oben) und REM-Bilder eines Werkzeugs der Klasse FS-GS (unten)

Chipping at fine ground tools (top) and SEM images of a tool of group FS-GS (bottom)

Die Verschleißmarken an der Bruchkante zeigten die gleiche Breite wie an den nicht betroffenen Schneidkanten. Dies deutet auf eine sehr frühzeitige Entstehung der Ausbrüche während der ersten Eingriffe der Schneiden hin. Hierfür spricht ebenso, dass die Bruchflächen stark durch Abrasion und Adhäsion eingeebnet wurden. Die frühzeige Entstehung ist ein klarer Hinweis auf eine Überlastung, wohingegen Ermüdung als Ursache ausgeschlossen werden kann. Die Bruchflächen waren immer unter > 45° zur Spanfläche orientiert, was sich auch an der freiflächenseitig größeren Ausdehnung des Ausbruchs ($AB_F > AB_S$) erkennen lässt. Eindeutige Aussagen zum Bruchausgang lassen sich aus den REM-Bildern nicht ableiten, da Bruchkanten und -flächen nachträglich durch Abrasion und Adhäsion abgetragen wurden. Zu dem zu Grunde liegenden Mechanismus können an dieser Stelle nur Vermutungen diskutiert werden. Als Ursache plausibel erscheint das Auftreten kritischer Zugspannungen in Span- oder Freifläche aufgrund der durch die Normalkräfte induzierten Biegebeanspruchung. Aufgrund des deutlich reduzierten Niveaus der Druckeigenspannungen für die Werkzeuge der Klassen FS, FS-GS und W konnten die Lastspannungen demnach nicht kompensiert werden, womit die sehr frühen Ausfälle der Werkzeuge erklärt werden können. Offen ist, von welchen Funktionsflächen die Brüche ausgingen, und ab welchem Eigenspannungsniveau derartiges Versagen ausgeschlossen werden kann.

In Abbildung 6.16 sind licht- und rasterelektronenmikroskopische Aufnahmen solcher Ausbrüche gezeigt, die erst nach Vorschubwegen von l_f = 4,4 bis 7,7 m auftraten. Die gezeigten Bilder sind exemplarisch für standwegbegrenzende Ausbrüche der Klassen D54-GS, D76 und D76-GS.

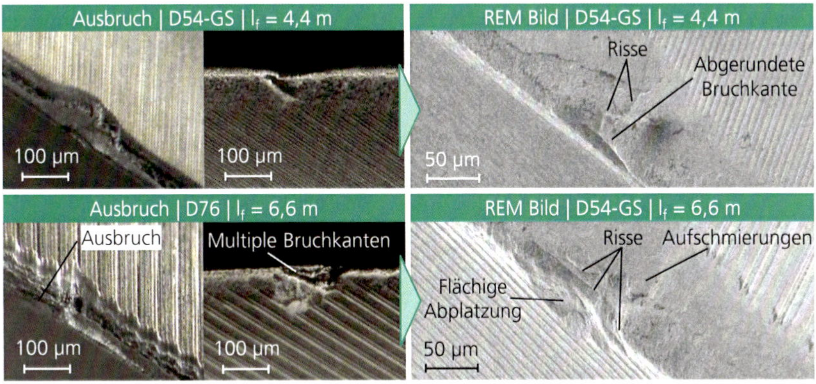

Abbildung 6.16: Ausbrüche zum Standwegende

Chipping at the end of tool life

Gegenüber Schneidkantenbrüchen und kritischen, initial auftretenden Ausbrüchen (vgl. Abbildung 6.13 rechts) fiel bei den oben gezeigten Ausbrüchen die unregelmäßige, zerklüfte Struktur auf. Diese Struktur resultiert aus der Überlagerung mehrerer Ausbrüche bzw. Abplatzungen. In den REM-Aufnahmen sind neben unterschiedlich orientierten Bruchflächen auch diverse Risse erkennbar, die sich in verschiedenen Richtungen zur Bruchfläche hin öffnen. Bei einem weiterem Werkzeugeinsatz würde es vermutlich zu einem Risswachstum und einer Vergrößerung des beschädigten Bereichs kommen. Insgesamt entsprechen die Ausbrüche den Beobachtungen anderer Forscher zum Fräsen von IN718 [EZUG99; MARK05; KAPP12; ZETE14; POTT21].

Gegenüber Brüchen in Folge von Überlast deutet das Schadensbild auf Ermüdung bzw. Zerüttung hin. Treibende Mechanismen können zum einen die wechselnden thermomechanische Beanspruchungen durch den unterbrochenen Schnitt sein, zum anderen die hochfrequentere mechanische Wechselbelastung aufgrund der segmentierten Spanbildung, vgl. [LIU21]. Der Versagensausgang lag mit großer Wahrscheinlichkeit im Bereich des Schneidkantenradius r_β. Hierfür spricht die limitierte frei- und spanflächenseitige Ausdehnung der Ausbrüche. So wurde trotz Erreichen des Standwegkriteriums „Ausbruch" das Kriterium VB_{max} = 150 µm nur in wenigen Fällen erreicht. Zum einen wirken an der Schneidkante mit steigendem Schneidkantenradius zunehmend starke Quetsch- und Reibvorgänge, die durch Mechanismen wie Abrasion und Adhäsion initiale Schäden verursachen können. Zum anderen werden durch den voranschreitenden Verschleiß lokal die druckeigenspannungsbehafteten Randzonen an Span- und Freifläche bereits abgetragen. Die genaue Veränderung der Eigenspannungen durch den Verschleiß ließen sich mit den vorhandenen Messmethoden nicht quantifizieren. Es kann jedoch angenommen werden, dass die Druckeigenspannungen im verschlissenen Zustand durch den Verlust der äußeren Materialschichten gegenüber dem Initialzustand reduziert waren.

Unter der Voraussetzung der positiven Wirkung der Druckeigenspannungen in der Randzone ist es relevant zu wissen, bis zu welcher Ausdehnung dieser Randzonenbereich verschleißbedingt abgetragen wird. Der Verschleiß tritt neben der Verschleißmarke auch im Bereich der Schneidkante auf. Ein wachsender Schneidkantenradius bedingt wiederum höhere mechanische und thermische Beanspruchungen [DENK14]. Folglich muss die Zunahme des Schneidkantenradius bei der

Beurteilung des Verschleißes berücksichtigt werden. Zur eindeutigen Bezeichnung von Schneidkantenradien, deren Größe durch fortschreitenden Verschleiß bestimmt sind, wird dem Formelzeichen r_β der Index V für Verschleiß nachgestellt. Zur Quantifizierung von $r_{\beta,V}$ wurde für jeweils ein Werkzeug jeder Klasse die Entwicklung des Schneidkantenradius im Laufe der Verschleißversuche gemessen. Zusätzlich erfolgte eine Messung an allen Werkzeugen nach Abschluss der Versuche. In Abbildung 6.17 sind exemplarisch die gemessen Schneidkantenprofile nach definierten Vorschubwegen l_f vergleichend gegenübergestellt. Hierzu wurden die gemessenen Schneidkantenprofile als csv-Datei exportiert, durch eine Koordinatentransformation rotiert und in den Bereichen der unbeeinflussten Span- und Freifläche gefittet. Auf eine Auswertung des K-Faktors wurde aufgrund einer Verzerrung von S_α zu größeren Werten durch die anwachsende Verschleißmarke verzichtet. Alternativ wird eine Differenzierung der Verschleißzone in die verschleißbedingte Schneidkantenverrundung $r_{\beta,V}$ und die effektive Verschleißmarkenbreite VB_{eff} vorgeschlagen. Gegenüber der integralen geometrischen Beschreibung des Verschleißes durch die Verschleißmarkenbreite erlaubt die Aufteilung eine genauere Analyse der Auswirkung auf den Zerspanprozess, insbesondere die Spanbildung. Es gilt folgender Zusammenhang:

$$VB_{eff} = VB_{mess} - r_{\beta,V} \tag{6.3}$$

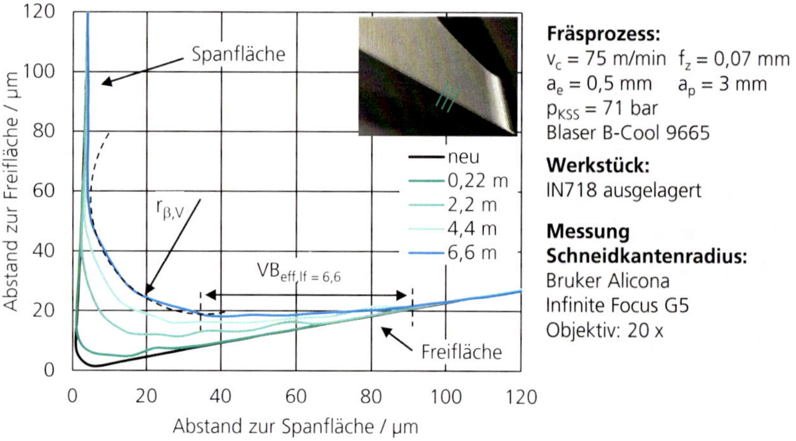

Abbildung 6.17: Verschleißbedingte Veränderung des Schneidkantenprofils
Wear related change of the cutting edge profile

In Abbildung 6.17 zeigt sich die Ausbildung eines üblicherweise gleichmäßigen Radius, welcher tangential in die Verschleißmarke bzw. in die Spanfläche übergeht. Dies ist insofern nachvollziehbar, als dass im schneidkantennahen Bereich der Verschleißmarke keine Aufschmierungen nachweisbar waren. Der Schneidkantenradius nahm bis zum Standzeitende bis auf Werte von $r_{\beta,V}$ = 30 bis 40 µm kontinuierlich zu. Ein verschleißbedingter Materialabtrag war an der Spanfläche deutlich geringer ausgeprägt als an der Freifläche. Während nach l_f = 6,6 m in einem Abstand von 60 µm zur ursprünglichen Schneidkante der Versatz der Freifläche etwa 8 µm betrug, erreichte der Versatz an der Spanfläche im selben Abstand lediglich 1,4 µm. Anhand der Grafik wird deutlich, dass die effektive Verschleißmarkenbreite gegenüber der üblicherweise genutzten integralen

Verschleißmarkenbreite (Messung von VB ausgehend von der äußersten Sichtkante der Schneide) um ca. 30 % geringer ist.

Bereits nach einem kurzen Vorschubweg von ca. 0,2 m stellte sich auch für technisch scharfe Schneiden eine Verrundung in der Größe des bei einigen Werkzeugen durch das Gleitschleifen erzeugten Radius ein, vgl. Abbildung 6.18. Dies ist durch die ausgeprägte lokale Beanspruchung sowie die starke Adhäsions- und Abrasionsneigung des Werkstoffs erwartbar. Bis zu einem Vorschubweg von ca. 2 m erfolgte das Wachstum von $r_{\beta,V}$ deutlich schneller als für definiert verrundete Werkzeuge. Neben der geringeren Stützwirkung durch umliegendes Material können die größere Schartigkeit der scharfen Schneiden und höhere erwartete Spannungsmaxima lokal zu größeren Mikroausbrüchen und folglich zu einer im Mittel größeren Verrundung führen. Die weitere Zunahme der verschleißbedingten Schneidkantenverrundung verlief für präparierte und technische scharfe Werkzeuge ab einem Vorschubweg von 2 m mit annähernd gleicher Steigung. Nichtsdestotrotz wiesen die unpräparierten Werkzeuge im Mittel einen um ca. 5 µm größeren Schneidkantenradius auf. In der Zerspanung von IN718 sind demnach definierte Schneidkantenradien vor allem für die Stabilität der Schneidkante während der ersten Eingriffe relevant. Zwischen den Werkzeugen der Klassen D54 (-GS) und D76 (-GS) ist trotz der unterschiedlichen Rauheit bzw. Schartigkeit kein wesentlicher Unterschied erkennbar. Bei vergleichbarem Zustand der Schneidkante (gleitgeschliffen / technisch scharf) dominiert demnach das stark abrasiv-adhäsive Verhalten von IN718 gegenüber Rauheit bzw. Schartigkeit das Verschleißwachstum.

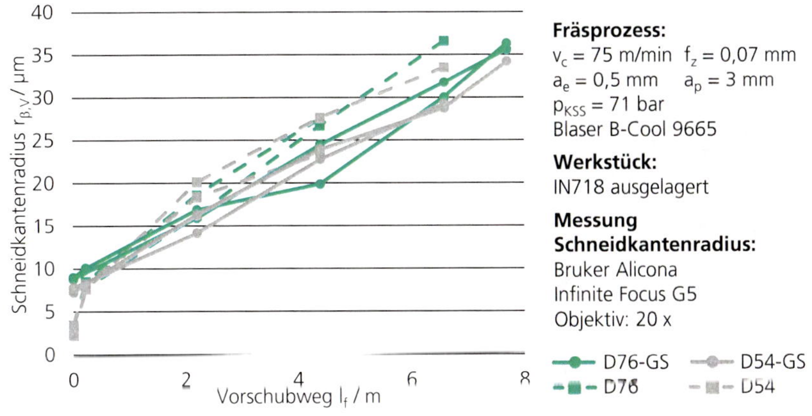

Abbildung 6.18: Verschleißbedingte Zunahme des Schneidkantenradius $r_{\beta,v}$

Wear-related increase of the cutting edge radius $r_{\beta,v}$

Aufgrund des voranschreitendes Materialverlustes an der Schneidkante kann dort der Randzonenzustand nur eine untergeordnete Bedeutung für das weitere Verschleißverhalten haben. Gegenüber dem Ausgangszustand betrug der Rückgang des höchsten Punktes der Schneidkante nach 2,2 m etwa 15 µm. An der Freifläche nimmt mit zunehmendem Abstand von der Schneidkante der Materialverlust ab, so dass mit verbleibenden Druckeigenspannungen zu rechnen ist. Anhand der exemplarischen Veränderungen der Schneidkantenprofile konnte kein nennenswerter Materialabtrag an der Spanfläche identifiziert werden. Zur genaueren Analyse der Verschleißphänomene an der Spanfläche wurden zusätzlich REM-Bilder analysiert.

In Abbildung 6.19 rechts sind exemplarisch eine licht- und rasterelektronenmikroskopische Darstellung der Spanfläche desselben Werkzeugs nach einem Vorschubweg von 6,6 m gezeigt. In qualitativer Hinsicht war der Verschleiß an der Spanfläche deutlich begrenzter als an der Freifläche. Ein freiliegendes WC-Skelett wie an der Freifläche wurde nicht beobachtet. Ursächlich sind geringere Kontaktdrücke aufgrund der variablen Spandicke und der geringen Festigkeit des Spans gegenüber dem verfestigten Grundmaterial. Insbesondere in der lichtmikroskopischen Ansicht der Spanfläche ist erkennbar, dass die ausgeprägten Schleifriefen auch bei Versuchsende fast bis zum Übergang zwischen Spanfläche und Schneidkantenradius verlaufen. Die maximale Höhe der skalenbegrenzten Oberfläche Sz an der Spanfläche des Werkzeugs lag bei 1,76 µm. Folglich ist der maximale Verschleiß an der Spanfläche (außerhalb des Schneidkantenradius) auf diesen Wert limitiert. Diese Beobachtung bestätigt die Messung des verschleißbedingten Materialverlustes an der Spanfläche (vgl. Abbildung 6.17). Aufgrund der durchlaufenden Schleifriefen werden die Rauheitsspitzen nicht vollständig abgetragen. Für Werkzeuge mit geringerer Rautiefe ist von einer größeren mikroskopischen Kontaktfläche zwischen Span und Werkzeug auszugehen, was zu geringeren lokalen Pressungen und resultierend einem geringeren Verschleiß führen würde. Die mechanische Beeinflussung der Randzone im Bereich der Spanfläche ist somit als gering einzuschätzen.

Im Diagramm in Abbildung 6.19 links sind die gemessenen Kontaktlängen an der Spanfläche KL für alle Werkzeugklassen nach $l_f = 0{,}22$ m sowie nach $l_f = 3{,}3$ m gegenübergestellt. Aufgrund der geringen Standwege der Klassen FS, FS-GS und W fehlen die zugehörigen Balken für $l_f = 3{,}3$ m. Auf eine Darstellung der Kontaktlängen für größere Vorschubwege wurde verzichtet, da sich mit zunehmendem Verschleiß keine weiteren messbaren Änderungen ergaben. Die Fehlerbalken zeigen die Standardabweichung über alle Werkzeuge je Klasse an.

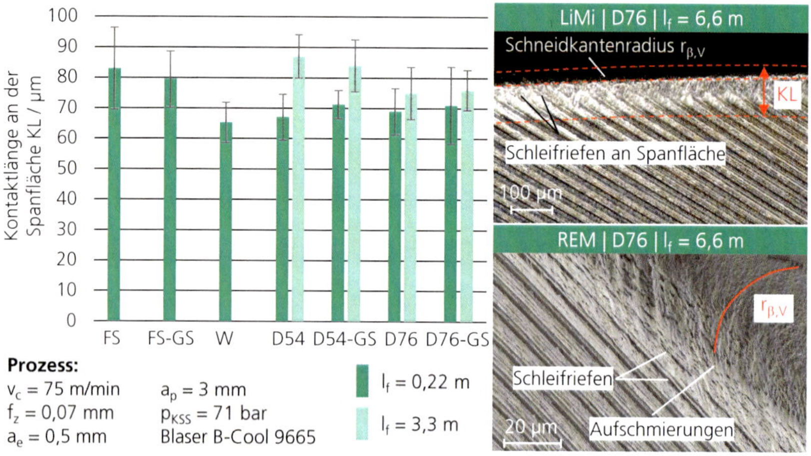

Abbildung 6.19: Einfluss von Werkzeugklasse und Verschleiß auf die Kontaktlänge an der Spanfläche KL

Influence of tool class and tool wear on the tool chip contact length

Insgesamt lagen die Werte von KL im Mittel bei ca. 65 und 85 µm. Auffällig ist das um ca. 10 bis 15 µm höhere Niveau der Kontaktlänge zu Beginn des Einsatzes für die feingeschliffenen Werkzeuge. Eine mögliche Ursache liegt in den veränderten Reibungsbedingungen aufgrund der feineren Oberfläche. In der Konsequenz kann es durch die größere Kontaktlänge spanflächenseitig einen vermehrten Wärmeeintrag in das Werkzeug geben [BUSC14]. Zwischen allen weiteren, nicht feingeschliffenen Werkzeugen traten keine signifikanten Unterschiede auf. Dies deckt sich grundsätzlich mit dem einheitlichen Kraftniveau beim Einsatz der Werkzeuge (vgl. Abbildung 6.6) sowie den Beobachtungen hinsichtlich der Spanbildung. Im Rahmen des Versuchsraumes haben demnach weder die Oberflächenrauheit an der Spanfläche, noch der initiale Schneidkantenradius einen Einfluss auf die Spankrümmung und folglich auf die Kontaktlänge an der Spanfläche.

Mit Zunahme der Einsatzdauer konnte für alle Werkzeugklassen im Mittel eine Steigerung der Kontaktlänge nachgewiesen werden. Die Steigerung ist für Werkzeuge der Klasse D54 (-GS) mit 30 % bzw. 18 % stärker als für Werkzeuge mit größerer Spanflächenrauheit (8,7 % und 9 %). Die Zunahme des Kontaktbereichs kann einerseits auf eine veränderliche Spanbildung mit verschleißbedingt zunehmendem Schneidkantenradius zurückzuführen sein. Je stärker die Spankrümmung, desto geringer ist die Kontaktlänge an der Spanfläche. Gleichzeit wird die Spankrümmung u.a. durch die Temperaturverteilung im Span bestimmt [BUSC14]. Mit Zunahme des Schneidkantenradius wird potenziell in der primären Scherzone mehr Verformungsarbeit in Wärme umgesetzt, so dass der Span insgesamt heißer wird und der Temperaturgradienten innerhalb des Spans tendenziell kleiner. Hieraus folgen kleinere Spankrümmungen und in der Folge größere Span-Spanflächen-Kontaktlängen [LAKN21]. Ebenso als Erklärung denkbar ist, dass sich mit steigender Einsatzdauer rein statistisch mehr Späne mit geringer Krümmung bilden und somit ein Kontakt weiter von der Schneidkante entfernt entsteht. Insgesamt sind die beschriebenen Effekte nur schwach ausgeprägt. Aufgrund der unter Berücksichtigung der Messunsicherheit vergleichbaren Kontaktlängen kann grundsätzlich von einer ähnlichen thermomechanischen Belastung auf die Werkzeugspanfläche mit gleicher räumlicher Ausdehnung ausgegangen werden. Denkbar ist jedoch ein positiver Einfluss der ausgeprägten Schleifriefen bei Werkzeugen der Klasse D76 (-GS) bzw. W auf die Zufuhr von KSS in den schneidkantennahen Bereich. Hierdurch könnten, in begrenztem Maße, eine verbesserte Schmierung und Kühlung der Spanfläche bewirkt werden.

Insgesamt zeigten sich in der technologischen Analyse des Verschleißes die Effekte der jeweiligen Randzonenmerkmale vor allem anhand des Freiflächenverschleißes sowie in Form des Zeitpunktes des Auftretens und der Ausprägung von (Mikro-) Ausbrüchen. Auf die Zunahme des verschleißbedingten Schneidkantenradius und die Kontaktlänge an der Spanfläche hatten die variierten Werkzeuggrößen keinen bzw. nur einen geringfügigen Einfluss. Nach eingehender technologischer Analyse der verschiedenen Verschleiß- bzw. Versagensformen werden die Effekte der jeweiligen Werkzeuggrößen auch statistisch ausgewertet.

6.3.3 Statistische Auswertung der Verschleißversuche

Statistical evaluation of the tool wear tests

Im Kern ist die Frage zu beantworten, inwiefern einzelne, definiert eingestellte Merkmale der Werkzeugrandzone einen statistisch signifikanten Effekt ausüben auf den erreichten Standweg der Werkzeuge L_f. Ein Effekt ist statistisch signifikant, wenn es sich nicht um eine rein zufällige Abweichung bzw. Varianz handelt. Aus der Betrachtung von Abbildung 6.11 kann bspw. nicht eindeutig festgestellt werden, ob die im Mittel leicht erhöhten Standwege L_f für Werkzeuge mit größerer Rauheit zufälliger Natur, oder tatsächlich auf Veränderung der Topografie bzw. der Eigenspannungen zurückzuführen sind.

Als Datenbasis können grundsätzlich die erzielten Standwege bei Versuchsende herangezogen werden. Diese entsprechen aufgrund der Messintervalle von 1,1 m immer diskreten Werten, was die Auflösung der Werte der Zielgröße beschränkt und sich negativ auf die Modellqualität auswirken kann. Alternativ lassen sich die erreichten Standwege für definierte Verschleißmesswerte bestimmen. Dadurch kann eine feinere Auflösung der Datenpunkte für die Standwege erzielt werden. Entsprechend dieser Variante wurden jeweils die zurückgelegten Vorschubwege l_f bis zum Erreichen der Verschleißmesswerte VB_{max} = 100 und 140 µm herangezogen. Der Verschleißwert von 100 µm wurde von nahezu allen Werkzeugen erreicht. Gleichzeitig konnten diverse Werkzeuge noch deutlich darüber hinaus verwendet werden, so dass zusätzlich für VB_{max} = 140 µm die erzielten Vorschubwerte ermittelt wurden. Für Werkzeuge, die diese Verschleißgrößen nicht erreichten, wurden die Verschleißverläufe (vgl. Abbildung 6.9) extrapoliert und die Vorschubwerte für den Schnittpunkt mit VB_{max} = 140 µm bestimmt. Auf die Auswertung der mittleren Verschleißmarkenbreite VB_m konnte aufgrund der offensichtlich sehr geringen Varianz in den Verschleißverläufen verzichtet werden (vgl. Abbildung 6.10).

Die statistischen Zusammenhänge wurden anhand einer Varianzanalyse (engl.: Analysis of Variance – ANOVA) mithilfe der Statistiksoftware Minitab 17 der Firma MINITAB INC. ausgewertet. Die Varianzanalyse berechnet Wahrscheinlichkeitswerte, anhand derer wahre von scheinbaren Effekten getrennt werden können [SIEB10]. Das Prinzip der statistischen Analyse basiert auf der Überprüfung der sogenannten Nullhypothese H_0. Diese besagt, dass es keinen Effekt eines Faktors auf die untersuchte Zielgröße gibt. Die Gültigkeit kann nicht bewiesen werden – stattdessen wird bei einer definierten Schwelle die Nullhypothese verworfen, was als Nachweis eines vorliegen Effektes zu werten ist. Relevant für die Entscheidung zum Beibehalten oder Verwerfen der Hypothese ist der p-Wert. Dieser beschreibt die statistische Irrtumswahrscheinlich für die Entscheidung, einen Effekt fälschlicherweise als vorhanden einzuordnen, obwohl er nicht existiert. Üblicherweise wird unterhalb eines p-Wertes von 0,05 (entsprechend 5 % Irrtumswahrscheinlichkeit) die Nullhypothese verworfen und der Effekt als „wahr“ eingestuft. Nicht quantifiziert wird dadurch, mit welcher Wahrscheinlichkeit ein vorhandener Effekt fälschlicherweise als nicht vorhanden kategorisiert wird. [SIEB10]

Grundlage für die Anwendung der beschriebenen statistischen Methoden ist, dass die Fehler bzw. Residuen des Modells auf jeder Faktorstufe normalverteilt und unabhängig voneinander sind sowie die gleiche Varianz haben [SIEB10]. Die entsprechenden Tests werden in Statistikprogrammen wie Minitab vielfach durch graphische Analysen in vier Diagrammen vorgenommen. Eine derartige Übersicht von Residuendiagrammen für den zurückgelegten Vorschubweg bis zum Erreichen von VB_{max} = 100 µm ist in Abbildung 6.20 dargestellt. Ein Residuum stellt die Abweichung des Modells zum ermittelten Messwert VB_{max} dar. Beim Auftragen der Daten in einem Wahrscheinlichkeitsnetz ordnen sich die Datenpunkte bei Vorliegen einer Normalverteilung an einer geraden Linie an (vgl. links oben in Abbildung 6.20). In dem vorliegenden Beispiel ist dies grundsätzlich gegeben, wobei an den Rändern jeweils ein Ausreißer vorliegt. Zusätzlich kann durch den Anderson-Darling-Test formal überprüft werden, wie gut die Daten einer bestimmten Verteilung folgen. Mit dem Test werden die Abweichungen zwischen gemessenen Werten und theoretischer Verteilung in Bezug auf die Normalverteilung bestimmt. Aus diesem Test lässt sich wiederum ein p-Wert abschätzen [SCHN23]. Diesem liegt die Nullhypothese „Die Daten folgen einer bestimmten Verteilung“ zu Grunde. Für einen p-Wert > 0,05 wird die Hypothese nicht zurückgewiesen, so dass weiterhin von einer Normalverteilung auszugehen ist, siehe 2. Diagramm [MINI23].

Die Art der Verteilung lässt sich zudem in einem Histogramm ablesen. Im vorliegenden Fall ist dieses grundsätzlich um Null zentriert und fällt zu den Rändern ab. In der dritten Darstellung werden die Residuen über dem angepassten Wert aufgetragen, welcher dem prognostizierten

Wert des Modells entspricht. Die Daten sollen sich möglichst nah entlang der horizontalen Nulllinie anordnen. Auffällig sind hier wieder die beiden Ausreißer nach oben und unten im Bereich des Angepassten Wertes von ca. 3. Darüber hinaus ordnen sich die Daten in unmittelbarerer Nähe der Nulllinie an. Im letzten Diagramm werden die Residuen über der Reihenfolge der Versuchsbeobachtung dargestellt, wobei kein Trend erkennbar sein darf. Ein solcher ist in den vorliegenden Daten nicht vorhanden, so dass systematische Fehler ausgeschlossen werden können. Die Voraussetzungen für die Signifikanzanalyse sind entsprechend gegeben.

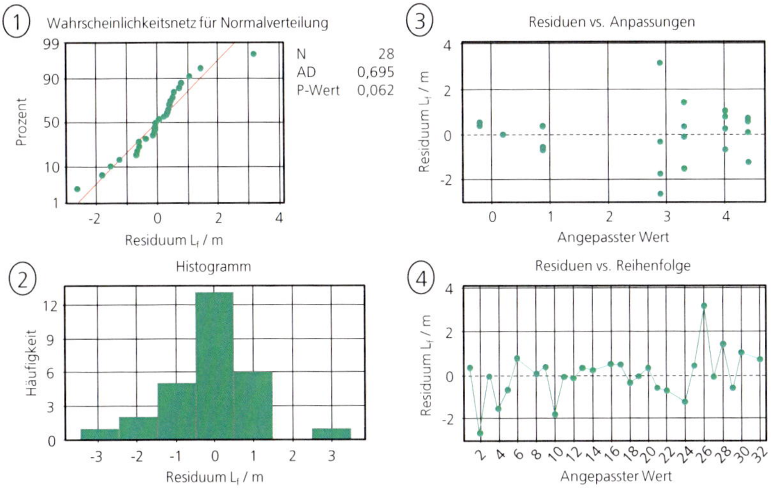

Abbildung 6.20: Residuendiagramme für den Vorschubweg bis VB_{max} = 100 µm

Residual diagrams for the feed travel path until VB_{max} = 100 µm

Zur Beschreibung der Zusammenhänge wird in Minitab die Funktion „Allgemeines lineares Modell" genutzt. In dem bestimmten Modell sind alle Haupteffekte berücksichtigt. Die Haupteffekte sind in einem sogenannten Haupteffektdiagramm für den Vorschubweg bis zum Erreichen von VB_{max} = 100 µm aufgetragen, vgl. Abbildung 6.21. In einem Haupteffektdiagramm sind die Mittelwerte alle Resultate der Antwortvariablen für jede Faktorstufe durch Linien verbunden.

Anhand der p-Werte < 0,05 als Resultat der Varianzanalyse ist ersichtlich, dass neben der Vergleichseigenspannung auch der Schneidkantenradius einen statistisch signifikanten Effekt auf den erreichten Vorschubweg ausübt. Aufgrund des großen p-Wertes kann die Hypothese „Faktor übt keinen Effekt auf Zielgröße aus" im Fall der Oberflächenrauheit nicht verworfen werden. Wie weiter oben beschrieben ist damit nicht bewiesen, dass die Oberflächenrauheit tatsächlich keinen Einfluss hat. Unter Umständen könnte mit einer noch größeren Datenbasis ein Nachweis auf Signifikanz erbracht werden. Der leichte Anstieg des Vorschubweges mit Anstieg der mittleren Oberflächenrauheit geht vermutlich auf die mit größerer Rauheit gleichzeitig erhöhten Eigenspannungen zurück. Ein Anzeichen für direkte reibungs- und verschleißbeeinflussende Wirkung der Oberflächentopografie konnte in allen bisherigen Analysen nicht ermittelt werden.

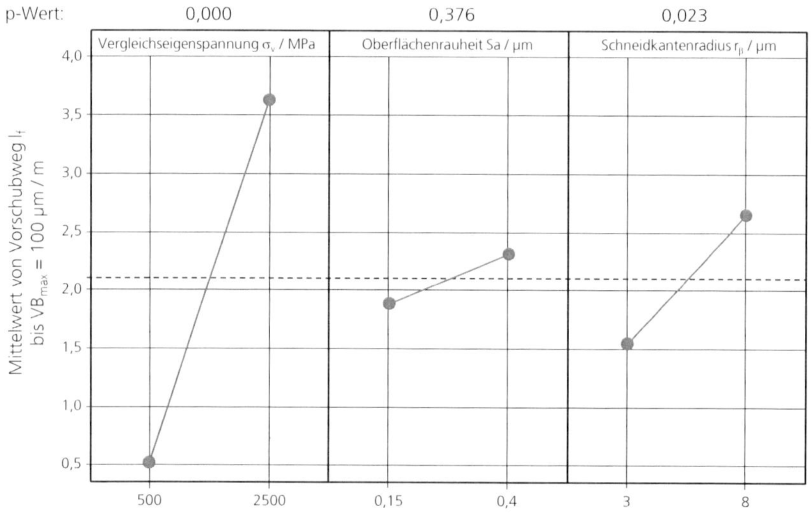

Abbildung 6.21: Haupteffektdiagramm für den Vorschubweg bis VB_{max} = 100 µm

Main effects diagram for the feed travel path until VB_{max} = 100 µm

Der mit Abstand deutlichste Effekt wird durch die Höhe der Vergleichseigenspannungen hervorgerufen. Eine Anhebung auf das Niveau von ca. 2.500 MPa führt gegenüber den Werkzeugen mit geringen Spannungen zu mehr als einer Versiebenfachung des erreichten Vorschubweges. Insgesamt spiegeln die Mittelwerte und Effektstärken sehr deutlich die Auswertung des erreichten Standweges L_f in Abbildung 6.11 wider. Entsprechend des p-Wertes < 0,001 spricht man von einem hochsignifikanten Effekt.

Die Auswertung für den Vorschubweg bis zum Erreichen von VB_{max} = 140 µm erfolgte in analoger Form. Die zugehörigen Residuen- und Haupteffektdiagramme sind aus Platzgründen im Anhang (Abbildung A.8 und A.9) dargestellt. Insgesamt zeigen diese Daten ein nahezu identisches Bild und bestätigten die bisherigen statistischen Analysen. Es sei jedoch auf die deutliche Veränderung des p-Wertes für die Oberflächenrauheit von 0,376 auf 0,092 hingewiesen. Wenngleich die Nullhypothese nicht verworfen werden kann, sinkt die Irrtumswahrscheinlichkeit für die Aussage „Die Oberflächenrauheit hat einen Einfluss“. Dies kann wiederum durch die im Mittel etwas geringeren Eigenspannungen bei Werkzeugen der Klassen D54 (-GS) zurückgeführt werden, bei deren Werkzeugen es nach Überschreitung von VB_{max} = 100 µm häufiger zu vorzeitigem Ausfall kam als bei den Werkzeugen der Klasse D76 (-GS).

Insgesamt konnte durch die statistische Auswertung die Aussagekraft der technologischen Analysen unterstrichen und verstärkt werden. Unabhängig von der Auswertung sind die Faktoren Vergleichseigenspannung und Schneidkantenradius statistisch signifikant, wobei der Effekt der Eigenspannungen deutlich dominiert. Nichtsdestotrotz verstärkt der Schneidkantenradius beim Fräsen von IN718 die positive Wirkung hoher Eigenspannungen durch Stabilisierung der Schneidkante und somit eine geringere Neigung zum Auftreten von Ausbrüchen. Zudem weisen präparierte Werkzeuge auch für größere Vorschubwege noch geringere Schneidkantenradien auf als Werkzeuge mit technisch scharfer Schneide.

6.4 Fazit

Conclusion

In Kapitel 6 wurde das Einsatzverhalten der zuvor systematisch hergestellten Fräswerkzeuge mit variierten Eigenspannungen, Oberflächenrauheiten und Schneidkantenradien untersucht. Die zerspantechnologische Untersuchung fand anhand der Bewertung der Zerspanbarkeitskriterien Spanbildung, Zerspankraft und Verschleiß statt. Die Spanbildung ist gekennzeichnet durch eine für IN718 typische, starke Segmentierung i.H. von $G \approx 0,5$. Entgegen der Erwartung konnten keine Abhängigkeiten der Spankennwerte von der Oberflächenrauheit des Werkzeugs ermittelt werden. Die frühe Bildung von Aufschmierungen an der Spanfläche dominiert den Kontakt zwischen Span und Werkstoff und folglich die wirkenden Reibbedingungen und die Spanbildung. Die Vorschub- bzw. Vorschubnormalkräfte zeigten sowohl zu Beginn der Versuche als auch mit ansteigendem Verschleiß keine signifikanten Unterschiede. Eine Ausnahme stellten die Werkzeuge der Klasse W aufgrund frühzeitigen Versagens und entsprechender Beschädigung der Schneidkante dar. Zur differenzierten Quantifizierung der Verschleißentwicklung bei der Zerspanung von IN718 wurden einerseits neben der Verschleißmarkenbreite die Zunahme des Schneidkantenradius $r_{\beta,V}$, die Kontaktlänge an der Spanfläche KL und Ausbrüche bewertet.

Dominante Verschleißformen waren Freiflächenverschleiß, Aufschmierungen an Span- und Freifläche, Ausbrüche sowie zunehmende Schneidkantenradien. Der beobachtete Werkzeugverschleiß und die erreichten Standwege L_f variierten stark zwischen den jeweiligen Klassen sowie in Teilen auch innerhalb einer Werkzeugklasse. Diese Unterschiede wurden maßgeblich durch Ausbrüche begründet, wobei Zeitpunkt des Auftretens und Ausprägung eine deutliche Abhängigkeit von der Werkzeugrandzonenintegrität zeigten. Als dominantes Randzonenmerkmal wurden die Eigenspannungen ermittelt. Unabhängig von der Oberflächenrauheit und dem Schneidkantenradius führten geringe Druckeigenspannungen deutlich oberhalb von -1000 MPa zu frühzeitigen Ausbrüchen bzw. Schneidenbrüchen. Entsprechend konnte kein feingeschliffenes bzw. wärmebehandeltes Werkzeug einen Vorschubweg von mehr als 1,1 m zurücklegen. Die Ausbrüche gehen vermutlich auf fehlende Kompensation von Zugspannungen im Schneidkeil zurück. Ein Effekt der Eigenspannungen auf den freiflächenseitigen Abrasiv- und Adhäsivverschleiß im Sinne eines erhöhten Widerstandes gegen mikroskopische Ausbröckelungen ist nicht vorhanden.

Ein weiterer Einflussfaktor auf den erreichten Standweg stellt der Schneidkantenzustand dar. Eine definierte Schneidkantenverrundung im Bereich von ca. 8 µm führte zu einer Reduktion der Häufigkeit und Größe von Mikroausbrüchen und in der Folge zu längeren Standwegen L_f sowie zu einer geringeren Streuung der erreichten Standwege. Definierte Schneidkantenradien sind insbesondere für die Stabilität zu Beginn der Zerspanung entscheidend. Das anschließende verschleißbedingte Schneidkantenwachstum erfolgte dann mit nahezu identischer Steigung für alle Werkzeugklassen. Ein Einfluss der Rauheit war nicht nachweisbar. Die Zunahme der mittleren Verschleißmarkenbreite VB_m war für alle Werkzeugzustände nahezu identisch. Die Kontaktlänge an der Spanfläche KL zeigte ebenfalls keine eindeutige Abhängigkeit von den Werkzeugrandzoneneigenschaften. Durch die Analyse des Schneidkantenprofils mit zunehmendem Vorschubweg konnte nachgewiesen werden, dass der Verschleiß an der Spanfläche gegenüber dem Versatz der Freifläche auf unter 2 µm begrenzt ist. Mit fortschreitendem Verschleiß ist demnach weiterhin mit vorhandenen Druckeigenspannungen zu rechnen.

Anhand einer Varianzanalyse konnte nachgewiesen werden, dass neben dem Eigenspannungsniveau auch der Schneidkantenradius statistisch signifikant ist. Für die Oberflächengüte war keine Signifikanz nachweisbar, wenngleich leichte Effekte im Haupteffektdiagramm sichtbar sind. Aufgrund der fehlenden Anzeichen für reibungs- und kraftbeeinflussende Wirkungen der Oberflächenrauheit und der Häufung von Ausbrüchen bei Werkzeugen der Klasse D54 ist davon auszugehen, dass das leicht erhöhte Niveau der Eigenspannungen ausschlaggebend für das beobachtete Phänomen ist.

Die wesentlichen Verschleißcharakteristika der jeweiligen Werkzeugklassen sind im Folgenden übersichtlich zusammengestellt:

- **Klasse FS:** Bereits nach $l_f = 0{,}22$ m waren an nahezu allen Schneiden massive Ausbrüche bzw. Schneidenbrüche entlang der gesamten Schneidkante sichtbar. Die Bruchkanten mit einer Ausdehnung $AL_F > 1$ mm und $AB_{FS} < 0{,}1$ mm verliefen nahezu parallel zur ursprünglichen Schneidkante und wurden teils von Folgeausbrüchen überlagert.

- **Klasse FS-GS:** Es kam zu strukturell gleichen Ausbrüchen / Schneidenbrüchen wie für Klasse FS, jedoch mit geringerer Ausdehnung von teils $AL_F < 1$ mm.

- **Klasse W:** Gleichfalls wie für die Klassen FS (-GS) traten frühzeitig kritische Ausbrüche und flächige Abplatzungen mit Abmessungen von bis zu $AB_i > 0{,}2$ mm an fast allen vier Schneiden auf. Diese Ausbrüche waren ohne zusammenhängende Bruchkanten über die ganze Schneidkante verteilt und zeigten unterschiedliche Ausbruchrichtungen.

- **Klasse D54:** Innerhalb der Klasse lagen starke Schwankung der Standwege vor durch zufällige, frühzeitige Ausbrüche mit teils massiver Ausprägung > 50 µm an einzelnen Schneiden. Die Ausbrüche waren stärker ausgeprägt als an den Werkzeugen der Klasse D76.

- **Klasse D54-GS:** Gegenüber den technisch scharfen Werkzeugen kam es durch die Schneidkantenpräparation zu einer deutlichen Verbesserung des Widerstandes gegen Versagen. Kritische Ausbrüche mit einer Größe von über 50 µm traten an einzelnen Werkzeugen erst nach 3 bis 4 m auf und führen zum Versuchsabbruch.

- **Klasse D76:** Gleichermaßen wie für Klasse D54 wurden starke Schwankungen beim Standweg durch zufällig und frühzeitig auftretende Ausbrüche an einzelnen Schneiden beobachtet. Frühzeitig entstehende (Mikro-) Ausbrüche < 50 µm zeigten keine schnelle Vergrößerung. Demnach liegt eine begrenzte Schadenstoleranz der Schneidkante vor.

- **Klasse D76-GS:** Die Verschleißmarke entwickelte sich überwiegend gleichmäßig. Keines der Werkzeuge zeigte kritische Ausbrüche > 50 µm. Bei allen Werkzeugen dieser Klasse kam es erst nach einem Vorschubweg von über 4,4 m zu Ausbrüchen > 20 µm, die erst oberhalb von $l_f = 6{,}6$ m standwegbestimmend wurden. Das verschleißbedingte Wachstum des Schneidkantenradius verlief gegenüber den Werkzeugen der Klasse D76 verzögert.

Zusammenfassend lässt sich festhalten, dass das methodische Vorgehen zur Ableitung differenzierter Erkenntnisse hinsichtlich der Wirkung der jeweiligen Oberflächen- und Randzonenmerkmale auf die Zerspanung geeignet ist. Es wurden neuartige Informationen zum Einfluss insbesondere von Werkzeugeigenspannungen an Span- und Freiflächen auf Verschleiß- und Versagensformen beim Fräsen von IN718 sowie insbesondere auf den erreichten Standweg der Werkzeuge gewonnen. Gleichzeitig ergeben sich Gestaltungsräume für die Tolerierung des Schleifprozesses, da die Werkzeugoberfläche in Bezug auf den Verschleißfortschritt irrelevant ist.

Forschungsfrage 3 (»*Welche Randzoneneigenschaften üben einen signifikanten Einfluss auf das Verschleißverhalten beim Fräsen von IN718 aus?*«) konnte somit erfolgreich beantwortet werden. Zum Ausgangspunkt des Initialversagens bei kritischen Schneidenbrüchen von eigenspannungsarmen Werkzeugen kann jedoch ohne weitere Analysen keine Aussagen getroffen werden. Die zugrunde liegenden Zusammenhänge werden im folgenden Kapitel unter Anwendung von Simulationsmodellen genauer betrachtet.

7 Erklärungsmodell für das Verschleißverhalten beim Fräsen von Inconel 718

Explanation model for the wear development in milling of Inconel 718

Im vorhergehenden Kapitel wurden Werkzeugverschleiß- und -versagen für die jeweiligen Werkzeugklassen eingehend analysiert. Der Standweg hängt demnach eindeutig von den jeweiligen Randzoneneigenschaften ab. Insbesondere Werkzeuge mit geringen Druckeigenspannungen $\sigma_v < 1.000$ MPa zeigten frühzeitiges Versagen durch Bruch der Schneidkante. Für die genauere Analyse der zugrundeliegenden Wirkmechanismen und eine bessere Prognose ertragbarer Lasten bei gegebenen Eigenspannungszuständen ist das Verständnis der Spannungsverteilung im Schneidkeil notwendig. Ein FE-Spanbildungsmodell wurde aufgebaut, um die auftretenden Beanspruchungen im Werkzeug genauer verstehen und mit den beobachteten Versagens- und Verschleißphänomen abgleichen zu können.

Die Spannungsverteilung im Schneidkeil resultiert aus der Überlagerung der auf den Schneidkeil einwirkenden thermomechanischen Lasten und den Eigenspannungen in der Randzone des Werkzeugs. Die äußere mechanische Belastung nimmt durch die Zunahme des Schneidkantenradius und der Verschleißmarkenbreite im Laufe des Werkzeugeinsatzes um mehr als das Doppelte zu (siehe Abbildung 7.5). Daher wurden neben Simulationen für eine neue Werkzeuggeometrie auch Simulationen für Werkzeuge mit ausgeprägter Verschleißmarkenbreite durchgeführt. Neben der möglichst realitätsnahen Abbildung äußerer Lasten spielen Eigenspannungen auch für unbeschichtete Werkzeuge eine erhebliche Rolle für das Versagen. In dieser Arbeit sollte daher zur Steigerung der Ergebnisgüte ein praktikabler Ansatz entwickelt werden, um gemessene Eigenspannungen der Werkzeugrandzone in der Simulation berücksichtigen zu können. Es wurde grundsätzlich von einem stabilen Zustand der Eigenspannungen ausgegangen. Ein thermisch bedingter Abbau von Eigenspannungen erfolgt oberhalb von 800 °C durch Kriechprozesse [INGE74; EXNE79]. Aus Kapitel 2.3.3 ist bekannt, dass die Temperaturen an der Spanfläche Werte im Bereich von ca. 500 – 600 °C erreichen können, aber voraussichtlich nicht überschreiten. Durch die limitierte Spanungslänge l_c von ca. 2 mm und durch die regelmäßige Abkühlung nach Austritt der Schneide werden Werkzeugtemperaturen oberhalb von 800 °C ausgeschlossen.

Als Referenz für simulierte Spannungen im Werkzeug dient ein Versagenskriterium, dessen Ermittlung in Kapitel 7.1 diskutiert wird. Anschließend erfolgt die Beschreibung des Modellaufbaus sowie der Implementierung der gemessenen Eigenspannungen (Kapitel 7.2). Nach einer Validierung anhand des Vergleichs simulierter und gemessener Zerspankraftkomponenten (Kapitel 7.3) erfolgen die Beschreibung und Diskussion der Simulationsergebnisse sowie die Ableitung des Erklärungsmodells in Kapitel 7.4. Teilergebnisse des vorliegenden Kapitels wurden bereits in PROCEDIA CIRP veröffentlicht [SCHR21].

7.1 Versagenskriterium für Hartmetall

Failure criterion for cemented carbide

Makroskopisch betrachtet versagen Hartmetalle spröde [YANA96]. Als sprödes Versagen wird ein schlagartiges Materialversagen ohne oder mit lediglich geringer plastischer Verformung verstanden. Grundsätzlich kann die Rissausbreitung im Gefüge von WC-Co Hartmetallen als Mechanismus spröden Materialversagens auf vier unterschiedlichen Pfaden erfolgen [SIGL85; SAIL02]:

- Transgranular durch ein WC-Korn

- Transgranular an der Grenze zwischen zwei WC-Körnern
- Intergranular an der Co-/WC-Korngrenze
- Duktilbruch der Co-Phase

Es existieren unterschiedliche bruchmechanische Modelle zur Vorhersage von sprödem Materialversagen. Ein Bruch geht auf Fehlstellen im Gefüge zurück [SEIM19]. Ausgehend von einem Riss im Werkstoff werden demnach verschiedene Rissöffnungsarten (Modi I bis III) unterschieden. Das Rissspitzenfeld umfasst die Spannungen und Dehnungen in der unmittelbaren Umgebung der Rissspitze. Zur Charakterisierung des Rissspitzenfeldes im Sinne seiner „Stärke" kommen je nach Modus der Rissöffnung die Spannungsintensitätsfaktoren $K_{I,II,III}$ zur Anwendung. Sie sind abhängig von der wirkenden Spannung an der Rissspitze, der Bauteilgeometrie und der initialen Risslänge. Wenn der Spannungsintensitätsfaktor K_I die Bruchzähigkeit K_{Ic} (vgl. Kapitel 2.2.1) erreicht bzw. überschreitet, kommt es zum Rissfortschritt (Bruch). [GROS16; OTTE18; SEIM19]

Die für die deterministische Anwendung dieses Bruchkriteriums notwendigen Angaben wie die initiale Risslänge sind in der Realität häufig unbekannt. Eine Alternative stellt die Anwendung von probabilistischen Bruchkriterien dar. Diese berücksichtigen eine Wahrscheinlichkeitsverteilung der Eingangsgrößen, welche in einer Versagenswahrscheinlichkeit resultieren. [GROS16] Die in Kapitel 6.2 beobachteten Ausbrüche gehen auf das Überschreiten der Festigkeit des Schneidstoffs zurück, wobei diese bei spröden Werkstoffen der Bruchspannung entspricht [SEIM19]. Eine wesentliche Kenngröße zur Charakterisierung der Festigkeit von Hartmetall ist die Biegebruchfestigkeit σ_{bB} [GREW74]. Die ermittelten Festigkeitswerte sind abhängig von Probengeometrie, Versuchsdurchführung, Fehlstellen oder Oberflächenbeschaffenheit und unterliegen damit einer großen Streuung [KOLA92]. Für die Auswertung der Ergebnisse kommt daher üblicherweise die WEIBULL-Statistik zur Anwendung [GERS98]. Die Festigkeitsverteilung wird durch eine Wahrscheinlichkeitsdichtefunktion $f(\sigma_c)$ dargestellt, hier konkret anhand der WEIBULL-Verteilung. Diese ist nicht symmetrisch und eignet sich daher besser zur Charakterisierung von versagensrelevanten Größen als eine klassische Normalverteilung [GROS16]. Die Bruchwahrscheinlichkeit P_f bei einer Spannung σ_c ist gleich der kumulierten Wahrscheinlichkeit $F(\sigma_c)$ der Verteilungsfunktion $f(\sigma_c)$ [GROS16; SEIM19]:

$$P_f = F(\sigma_c) = 1 - exp\left[-\left(\frac{V_{eff}}{V_0}\right)\cdot\left(\frac{\sigma_c}{\sigma_0}\right)^m\right] \qquad (7.1)$$

Der materialspezifische Exponent m wird als WEIBULL-Modul bezeichnet und charakterisiert die Streuung der Festigkeit. Das WEIBULL-Modul ist abhängig von u.a. der Korngröße des Pulvers und der Prozessgestaltung bei der Herstellung des Hartmetalls [SEIM19]. Für $V_{eff} = V_0$ ist die charakteristische Festigkeit σ_0 als Bruchspannung bei einer Bruchwahrscheinlichkeit von $P_f = 0{,}632$ definiert. [EGGW85] Die charakteristische Festigkeit entspricht der Biegebruchspannung σ_{bB}, die neben dem WEIBULL-Modul von den Hartmetallherstellern chargenabhängig ermittelt wird. Anhand des Terms V_{eff}/V_0 erfolgt die Berücksichtigung der Volumenabhängigkeit der Festigkeit spröder Werkstoffe [EGGW85]. Analog zum Vorgehen von SEIMANN wurde vorausgesetzt, dass das hochbelastete Volumen an der Schneidkante V_{eff} kleiner oder gleich dem Probevolumen V_0 bei der Bestimmung von σ_{bB} war. Das WEIBULL-Modul des eingesetzten Hartmetalls der EXTRAMET AG beträgt m > 25, die Biegebruchfestigkeit liegt bei 4.518 MPa. Unter Berücksichtigung dieser Angaben ergaben sich die in Abbildung 7.1 dargestellten Verläufe der Versagenswahrscheinlichkeit über der Spannung. Zur Visualisierung des Effektes einer möglichen Steigerung des WEIBULL-Moduls wurde ebenso ein Plot für m = 35 dargestellt. Demnach sind mit m = 35 um ca. 100 MPa erhöhte Spannungen für eine Versagenswahrscheinlichkeit von P_f = 10 % notwendig. Der vorteilhafte Effekt reduziert sich mit zunehmender Annäherung von der Spannung an die Biegebruchspannung.

Eine insgesamt höhere Relevanz geht von einer Änderung von σ_{bB} aus, die eine Verschiebung der Kurve nach links oder rechts zur Folge hätte. Eine Reduktion der Biegebruchfestigkeit kann insbesondere bei erhöhten Temperaturen auftreten, wie sie bei der Zerspanung von hochfesten Werkstoffen auftreten. Aus Kapitel 2.3.3 ist bekannt, dass beim Fräsen von IN718 Temperaturen an Span- und Freifläche von bis zu 600 °C vorliegen können. Da für den verwendeten Schneidstoff keine Biegebruchspannungen bei erhöhten Temperaturen zur Verfügung standen, wurde zur Abschätzung des Effektes auf Literaturangaben zurückgegriffen. Es bleibt festzuhalten, dass die jeweilige Temperatursensitivität vom spezifischen Schneidstoff abhängt. Demnach variieren die Angaben zur Reduktion der Biegebruchfestigkeit bei Temperaturen von 600 °C stark. GERSCHWILER ermittelte für Hartmetalle der Anwendungsgruppe P10 und P25 konstante Werte von σ_{bB} bis 600 °C, gefolgt von einem starken Abfall bei weiterer Steigerung der Temperatur. In der einschlägigen Literatur für Hartmetall wird dagegen eine Absenkung um ca. 20 % beschrieben [SCHE88; KOLA92; LÖFF96]. Als Abschätzung zur sicheren Seite für die effektive Biegebruchspannung bei den vorliegenden Bedingungen wurde dementsprechend der Verlauf mit einer um 20 % reduzierten Biegebruchfestigkeit berechnet.

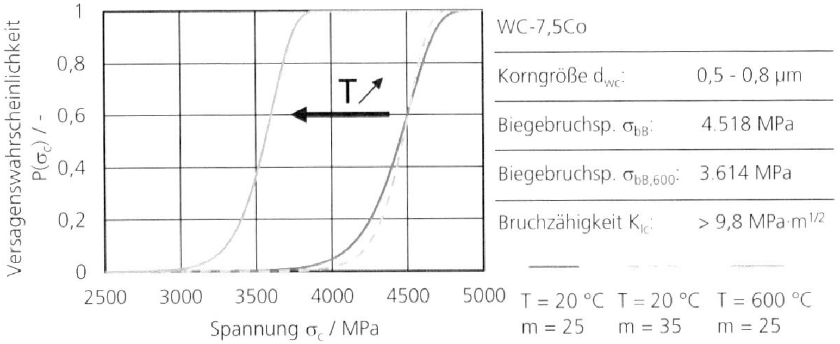

Abbildung 7.1: Versagenswahrscheinlichkeit des Versuchshartmetalls
Failure probability of the tested cemented carbide

7.2 Aufbau des FE-Modells

Setup of FE-model

Für die Bestimmung der Spannungsverteilung im Werkzeug kam eine 2D-FE-Spanbildungssimulation zum Einsatz. Durch die Nutzung einer Spanbildungssimulation lässt sich der Belastungs-Zeit-Verlauf eines einzelnen Schnittvorgangs gut nachbilden. Zugleich sind die Aufwände der Kalibrierung geringer als die empirische Bestimmung der Normal- und Schubspannungen in den jeweiligen Kontaktzonen zwischen Schneidkeil und Werkstoff, die dann als äußere Lasten dem Schneidkeil aufgeprägt werden, vgl. [BERG17]. Eine 2D-Spanbildungssimulation stellt eine Vereinfachung gegenüber den realen Bedingungen des Schaftfräsens mit gedrallten Fräswerkzeugen dar, die im Sinne einer vertretbaren Rechenzeit gewählt wurde. Nach der Vorstellung des Mehrskalenansatzes lässt sich jedoch ein realer Schnittvorgang mit gedralltem Werkzeug annähern durch die zeitliche

Abfolge einer diskreten Anzahl von Scheiben, die jeweils einen orthogonalen Schnitt ausführen [ALTI00]. Prozessparameter, Werkzeuggeometrie und Materialeigenschaften sind beim Umfangsfräsen entlang der Umfangsschneide als konstant anzunehmen, so dass auch eine konstante Beanspruchung des Schneidstoffs vorliegen muss. Eine Abstraktion des Lastfalls auf eine zweidimensionale Analyse ist damit zulässig.

Der weitaus größte Teil kritischer Verschleiß- und Versagensphänomene wurde im Bereich der Umfangsschneide beobachtet. Dieser ist durch gleichmäßige Eingriffsbedingungen entlang der Schnitttiefe gekennzeichnet. Im Bereich des Eckenradius nimmt die max. Spanungsdicke vom Umfang bis zur Stirn kontinuierlich ab. Gleichzeitig verändern sich die Span- und Freiwinkel. Eine genauere Analyse der lokalen Winkel zeigte, dass der Orthogonalspanwinkel ausgehend von der Umfangsschneide bei einem Einstellwinkel von ca. 45° mit $\gamma = 10°$ sein Maximum erreicht. Hieran schließt sich der Übergang zum Stirnanschliff an. Der Axialspanwinkel beträgt wie der Radialspanwinkel 2°. Es ist bekannt, dass sich die Schnittkraft mit Steigerung des Spanwinkels reduziert [KLOC18]. Demnach wurde der Bereich der Umfangsschneide als kritisch erachtet und mit Hilfe der 2D-FE-Spanbilungssimulation genauer analysiert. Der Einfluss zunehmender spezifischer Schnitt- und Schnittnormalkräfte mit sinkender Spanungsdicke und damit veränderlicher Lastspannungen im Schneidkeil wurde im FE-Modell durch eine kontinuierliche abnehmende Spanungsdicke berücksichtigt, siehe Abbildung 7.2 a).

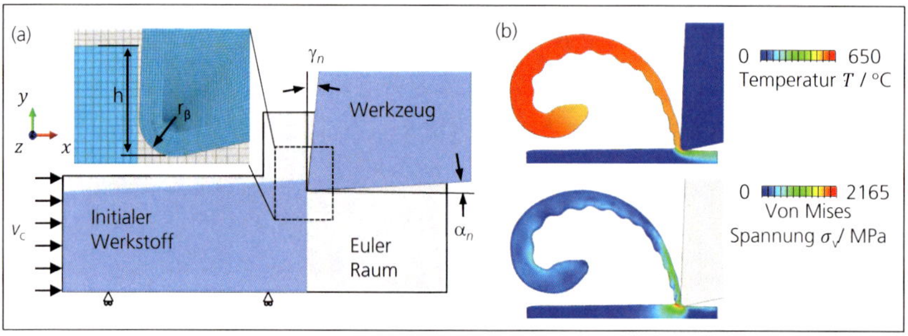

Abbildung 7.2: (a) 2D CEL-Spanbildungsmodell des orthogonalen Schnitts, (b) Temperatur- und Vergleichsspannungsverteilung in Werkstoff und Span

(a) 2D CEL chip formation model of orthogonal cutting, (b) Distribution of temperature and von Mises equivalent stresses within workpiece and chip

Das verwendet FE-Modell basiert auf Vorarbeiten von Puls [PULS15]. Die Simulation wurde in Abaqus Explicit 6.14 der Firma Dassault Systèmes® realisiert und basiert auf der gekoppelten Euler-Langrange Formulierung, engl. Coupled Eulerian-Lagrangian (CEL). Das Werkstück wird auf Basis der Euler-Formulierung modelliert, das Werkzeug hingegen mit Hilfe der Lagrange-Formulierung vernetzt. Das Werkzeug ist ortsfest im Eulerraum fixiert und mit einem starren Lagrange-Netz des Element-Typs C3D8R modelliert, siehe Abbildung 7.2 a). Zur Reduktion der Rechenzeit wurde die thermische Analyse für das Werkzeug deaktiviert. Die Materialpunkte sind nicht mit dem Euler-Netz verbunden und können sich in Folge der Spanbildung frei im Eulerraum bewegen [PENG20]. Die Anwendung der Eulerschen Methode basiert auf der Volume-of-Fluid-Methode. Mit Hilfe dieser Methode wird der Materialpunkt beim Durchfließen des Netzes verfolgt, indem sein Eulerscher Volumenanteil (EVF) innerhalb jedes Elements berechnet wird. Wenn Material ein Element vollständig ausfüllt, ist sein EVF eins; ist das Material in einem Element nicht vorhanden, beträgt der EVF null. Gegenüber anderen Simulationsmethoden weist die CEL-Formulierung aufgrund der ausbleibenden Elementverzerrung eine hohe Robustheit auf [PULS15].

Die CEL-Methode kann zur Beschreibung des Werkstücks nur mit dem dreidimensionalen Element EC3D8RT in ABAQUS implementiert werden, so dass das Modell genau genommen dreidimensional ist. Die Dicke der Elemente wurde auf 20 µm, die minimale Elementgröße auf 2 µm festgelegt. Die Berücksichtigung der für das Fräsen charakteristischen Spanungsgeometrie erfolgte durch eine entlang der Spanungslänge l_c kontinuierlich abnehmende Spanungsdicke h mit einem Maximum h_{max} = 0,03 mm. Die Beschreibung des Materialverhaltens von IN718 erfolgte durch das weit verbreitete Plastizitätsmodell nach JOHNSON und COOK [JOHN83]. Das Modell beschreibt die Abhängigkeit zwischen plastischer Fließspannung σ_F und Dehnung ε, Dehnrate $\dot{\varepsilon}$ und Temperatur T. Die einzelnen Terme berücksichtigen die physikalischen Phänomene Kaltverfestigung, Dehnratenverfestigung und thermisch bedingte Entfestigung im Bereich zwischen Referenz- und Schmelztemperatur T_0 und T_m.

$$\sigma_F(\varepsilon, \dot{\varepsilon}, T) = (A + B \cdot \varepsilon^n) \cdot \left(1 + C \cdot ln \frac{\dot{\varepsilon}}{\dot{\varepsilon}_0}\right) \cdot \left(1 - \left(\frac{T - T_0}{T_m - T_0}\right)^m\right) \quad (7.2)$$

Die Modellparameter für IN718 wurden in vorangegangenen Arbeiten auf Basis von Zerspankraftmessungen und Spananalysen invers kalibriert und können Tabelle 7.1 entnommen werden.

Tabelle 7.1: Parameter des Johnson-Cook Materialmodells [ERIC14; SEIM18]

Parameters of Johnson-Cook material model [ERIC14; SEIM18]

A / MPa	B / MPa	n	C	m	$\dot{\varepsilon}_0$ / s^{-1}	T_m / °C	T_0 / °C
1200	1284	0,54	0,006	1,2	0,001	1340	25

Die Zerspanung von IN718 ist überwiegend durch Scherspanbildung gekennzeichnet, vgl. Kapitel 2.3.2. Die lokale Überschreitung des Schädigungskriteriums des Materials (Gleichung 7.3) und der anschließende Verlauf der Fließspannung (Gleichung 7.4) werden durch ein gesondertes Modell zur Beschreibung duktiler Brüche nach JOHNSON und COOK berücksichtig [JOHN85]. Nach Erreichen der Versagensdehnung ε_f nimmt die Fließspannung entsprechend der Modellbeschreibung ab. Die zugehörigen Parameter sind Tabelle 7.2 zu entnehmen.

$$\varepsilon_f(\varepsilon, \dot{\varepsilon}, T) = (D_1 + D_2 \cdot \varepsilon^{D_3 \cdot \eta}) \cdot \left(1 + D_4 \cdot ln \frac{\dot{\varepsilon}}{\dot{\varepsilon}_0}\right) \cdot \left(1 - D_5 \frac{T - T_0}{T_m \quad T_0}\right) \quad (7.3)$$

$$\sigma_D = (1 - D_{de}) \cdot \sigma_F \qquad D_{de} = \frac{1 - e^{-\beta \cdot \frac{\bar{u}_{pl}}{\bar{u}_{pl,f}}}}{1 - e^{-\beta}} \cdot p \quad (7.4)$$

Tabelle 7.2: Parameter des Schädigungsmodells für IN718 [ERIC14; SEIM18]

Damage model parameters for IN718 [ERIC14; SEIM18]

D_1	D_2	D_3	D_4	D_5	$\bar{u}_{pl,f}$	p	β
0,451	0,75	-1,45	0,04	0,89	0,01649	0,7	3

Die Kontaktbedingungen zwischen Werkstoff und Werkzeug wurden anhand eines temperaturabhängigen Reibmodells beschrieben, welches auf den Arbeiten von PULS basiert und durch SEIMANN ET AL. für die Modellierung des Räumens von Inconel 718 parametriert wurde [PULS14;

SEIM18]. Das Modell bedient sich des thermischen Entfestigungsterms des JOHNSON-COOK Materialmodells, um die thermisch bedingte Erweichung mit zunehmender Schnittgeschwindigkeit zu berücksichtigen. Das Modell geht davon aus, dass bis zu einer Temperatur $T_{0,r}$ der Reibkoeffizient μ_0 auf einem konstanten Niveau verbleibt und bei höheren Werten aufgrund der thermischer Erweichung abfällt. Die Modellparameter sind Tabelle 7.3 zu entnehmen. PENG konnte ferner zeigen, dass die Reibbedingungen lediglich eine geringfügige Abhängigkeit von der Wahl des Schneidstoffs bzw. der Beschichtung aufweisen [PENG20]. Das gewählte Reibmodell ist demnach geeignet, auch die Reibbedingungen für Werkzeuge mit Verschleiß abzubilden.

$$\begin{aligned} \mu &= \mu_0, & T < T_{0,r} \\ \mu &= \mu_0 \cdot \left(1 - \left(\frac{T - T_{0,r}}{T_m - T_{0,r}}\right)^{m_r}\right), & T \geq T_{0,r} \end{aligned} \tag{7.5}$$

Tabelle 7.3: Parameter des Reibmodells für die Reibpaarung IN718 / WC-Co [SEIM18]
Friction model parameters for friction pairing IN718 / WC-Co [SEIM18]

μ_0	$T_{0,r}$ [°C]	m_r
0,46	200	2,4

Span- und Freiwinkel des Werkzeugs entsprechen mit γ_n = 2° und α_n = 12° exakt den Werten des Fräswerkzeugs, welches für die in Kapitel 6.2 beschriebenen Versuche eingesetzt wurde. Der Werkzeugverschleiß wurde durch eine Zunahme des Schneidkantenradius $r_{\beta,V}$ auf 20 µm und der Verschleißmarkenbreite VB_{eff} auf 60 µm berücksichtigt. Die in der Simulation verwendeten Werte basieren auf der Analyse der in den Standversuchen eingesetzten Fräswerkzeuge (vgl. Kapitel 4.1.2). Der Schneidkantenradius und die Verschleißmarkenbreite wurden dazu jeweils mit dem 3D-Mikroskop Infinite Focus G5 der Firma ALICONA IMAGING GMBH bestimmt. In Anlehnung an das Vorgehen von PENG ET AL. wurde im Bereich der Verschleißmarkenbreite eine negativer Freiwinkel i.H. von -2,5° gewählt, um im Modell einen definierten Kontakt zwischen Werkzeug und Material sicherstellen zu können [PENG19b]. Die Spanfläche war mit Ausnahme von Aufschmierungen mit wenigen µm Dicke nicht von Verschleiß betroffen (vgl. Kapitel 6.2) und musste daher geometrisch nicht modifiziert werden. Die min. Elementgröße im Bereich der Randzone betrug 0,8 µm, um feinstufig die Eigenspannungsgradienten abbilden zu können. Mit kleineren Elementgrößen wurden in Voruntersuchungen ausgeprägte Schwankungen der simulierten Spannungen ermittelt.

Die Beschreibung der Verteilung von Eigenspannungen in der Randzone erfolgte grundsätzlich auf Basis gemessener Werte. Dabei ist zu berücksichtigen, dass alle Messwerte jeweils einen Volumenbereich mit einem Durchmesser von ca. 1 mm und einer Eindringtiefe von τ < 2 µm abdecken. Messungen wurden jeweils mit zwei Strahlungen durchgeführt, so dass Eigenspannungswerte für τ = 0,67 µm und für τ = 1,6 µm vorlagen, vgl. Kapitel 4.1.3. Eine exakte Tiefenverteilung der Eigenspannungen kann mit dem $\sin^2\psi$-Verfahren nicht ermittelt werden, so dass der Verlauf abgeschätzt werden musste. Mit einigen Ausnahmen nahmen die ermittelten Eigenspannungen mit größerer Eindringtiefe der Messung ab. Entsprechend wurde zur Modellierung eine lineare Abnahme der Druckeigenspannungen vorausgesetzt, wie sie auch u.a. von BREIDENSTEIN ET AL. und YANG ET AL. bei einer Einwirktiefe von ca. 10 µm beobachtet wurden [BREI13b; YANG14]. Im Sinne einer Abschätzung zur sicheren Seite wurde für diese Modellierung angenommen, dass die Einwirktiefe der Eigenspannungen auf ca. 6 µm limitiert sind.

Das Aufprägen der Eigenspannungsverteilung für die Elemente der Randzone erfolgte in ABAQUS durch die Definition der Normalspannungskomponenten des Spannungstensors $\sigma_{i,j}(x,y,z)$, σ_{11}, σ_{22} und σ_{33}, vgl. Gleichung 7.6. σ_{11} stellt innerhalb von ABAQUS die Wirkung in x-Richtung dar, σ_{22} in y-Richtung und σ_{33} in z-Richtung:

$$\sigma_{ij}(x,y,z) = \begin{pmatrix} \sigma_{11} & \tau_{12} & \tau_{13} \\ \tau_{21} & \sigma_{22} & \tau_{23} \\ \tau_{31} & \tau_{32} & \sigma_{33} \end{pmatrix} \quad (7.6)$$

Grundsätzlich wurden für die Span- und Freifläche jeweils separate Werte herangezogen. Im Bereich der Spanfläche entspricht σ_{22} in den äußeren beiden Schichten den gemessenen Eigenspannungen orthogonal zur Schneidkante, σ_{33} den Messwerten parallel zur Schneidkante. Schereigenspannungen τ_{ij} sind im Allgemeinen und im vorliegenden Fall gering und daher vernachlässigbar. Die auf Basis der Messungen approximierten und implementierten Eigenspannungsverläufe sind in Abbildung 7.3 oben dargestellt.

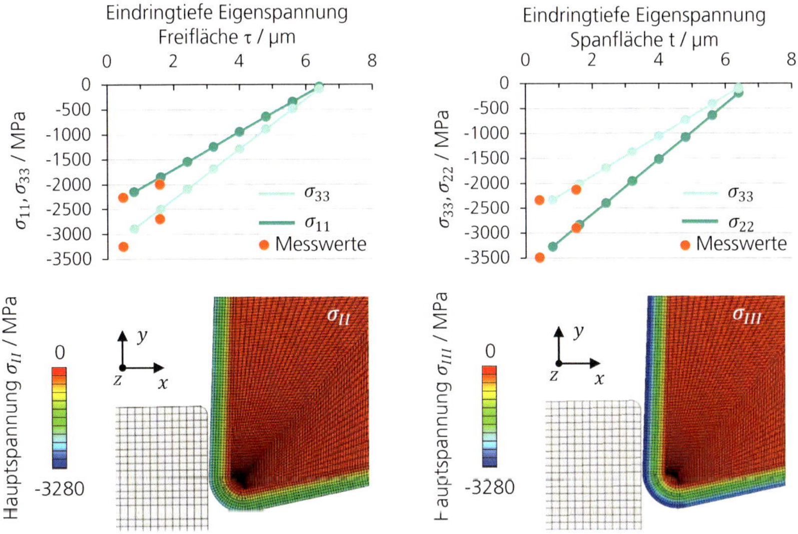

Abbildung 7.3: Implementierung abgeschätzter Tiefenverteilung der Eigenspannungen in das FE-Modell

Implementation of the assumed residual stresses into the FE model

Die Richtungen der Normalspannungskomponenten weichen um die Span- bzw. Freiwinkel von den Richtungen der gemessenen Spannungen orthogonal zur Schneidkante $\sigma_{\varphi=90°}$ ab. Hieraus resultiert an der Freifläche eine Unterschätzung der tatsächlichen Spannungen orthogonal zur Schneidkante um ca. 12 %. Eine entsprechende Vergrößerung der Spannungen würde jedoch an der Freifläche zu einer Zunahme der Spannungskomponente in y-Richtung bzw. an der Spanfläche zu einer Zunahme der Spannungskomponente in x-Richtung führen. Normal zur jeweiligen Oberfläche sind die Eigenspannungen jedoch üblicherweise nahezu Null.

Die Methode des direkten Zuordnens initialer Eigenspannungen zu definierten Schichten des Netzes stellt einen pragmatischen, da direkt umsetzbaren Ansatz dar. Ein äußerlich lastfreier Körper muss sich jedoch in einem inneren Kräfte- und Momentengleichgewicht befinden [KLOC18]. In der Randzone vorliegende Druckeigenspannungen werden daher durch Zugeigenspannungen in tieferen Schichten kompensiert. Grundsätzlich ist von geringen Werten im Bereich von max. einigen hundert MPa auszugehen, da der geringen Randschichtdicke von ca. 10 µm eine gesamte Materialstärke des Werkzeugs von mehreren mm gegenübersteht. Im Fall des FE-Modells muss es ebenso zu einem solchen Ausgleich kommen, da im Werkzeug keine vollständig umlaufende, eigenspannungsbehaftete Randzone vorliegt. In der Folge werden im Inneren des Schneidkeils Zugspannungen auftreten, gleichzeitig können sich die Druckspannungen in der Randzone leicht reduzieren. Aufgrund der deutlich reduzierten Größe des Modells gegenüber dem realen Werkzeug werden die Kompensationsspannungen die tatsächlich vorliegenden Zugeigenspannungen überschreiten. Der sich einstellende Gleichgewichtszustand des Werkzeugs vor der beginnenden Zerspanung ist im Anhang dargestellt (Abbildung A.10).

Die von der Simulation berechneten Werte werden im Verlauf des Kapitels dargestellt. Es bestehen jedoch zum einen Unsicherheiten hinsichtlich der tatsächlichen Verteilung der Eigenspannungen in der Werkzeugrandzone. Dies betrifft insbesondere den Schneidkantenradius, an dem die Eigenspannungen durch die Schneidkantenpräparation reduziert sein müssen. Zum anderen können die tatsächlichen Eigenspannungsverläufe mit der beschriebenen Methodik aufgrund der o.g. Abweichungen nicht exakt im Modell abgebildet werden. Folglich sollten die simulierten Spannungswerte nicht zur absoluten Quantifizierung, sondern vielmehr zu einem relativen Vergleich unterschiedlicher Werkzeugzustände und Lastfälle sowie zu einer Plausibilitätsprüfung dienen.

7.3 Validierung des FE-Modells

Validation of FE-model

Im folgenden Teilkapitel wird die Validierung des FE-Modells zum Nachweis der Gültigkeit für den vorliegenden Anwendungsfall beschrieben. Die Validierung erfolgte anhand des Vergleichs von gemessenen und simulierten Schnitt- und Schnittnormalkräften unter Berücksichtigung der Schneidkeilgeometrie im neuen und verschlissenen Zustand. Zur Erfassung von Schnitt- und Schnittnormalkräften beim Fräsen unter Berücksichtigung von Werkzeugverschleiß wurden Analogiefräsversuche im orthogonalen, freien Schnitt durchgeführt. Die Versuchsdurchführung auf dem Bearbeitungszentrum HELLER MC 25 erfolgte unter den gleichen Randbedingungen (Prozessparameter, Kühlung, Spannfutter), welche auch bei den Verschleißversuchen vorlagen (vgl. Kapitel 6.1.2). Die zerspanten Flachproben wurden zuvor aus dem Versuchsmaterial herausgetrennt und auf eine definierte Breite von 3 mm geschliffen. Zur Verringerung der Werkzeugabdrängung und daraus resultierenden Einflüssen auf die effektive Spanungsdicke kamen Einzahnfräswerkzeuge mit einem Schaftdurchmesser von 16 mm zum Einsatz. Bei erwarteten Aktivkräften von bis zu > 1 kN treten bei einer freien Auskraglänge von ca. 15 mm (zur Gewährleistung von Kollisionsfreiheit) Abdrängungen im Bereich von ca. 4 µm auf. Diese Abweichung hätte eine maßgebliche Auswirkung auf die Ermittlung der wirkenden Kraftkomponenten bei kleinen Spanungsdicken. Die Abdrängung für einen Durchmesser von 16 mm liegt dagegen unterhalb von 1 µm. In Abbildung 7.4 a) ist eine Detaildarstellung des Versuchsaufbaus gezeigt. Teil b) stellt den Verschleißzustand des Werkzeugs dar, welches als Referenz für die Simulation mit verschlissenem Werkzeug genutzt wurde. Der Vorschub je Zahn f_z wurde stufenweise derart gesteigert, dass sich max. Spanungsdicken zwischen 5 und 30 µm in Abstufungen von 5 µm ergaben.

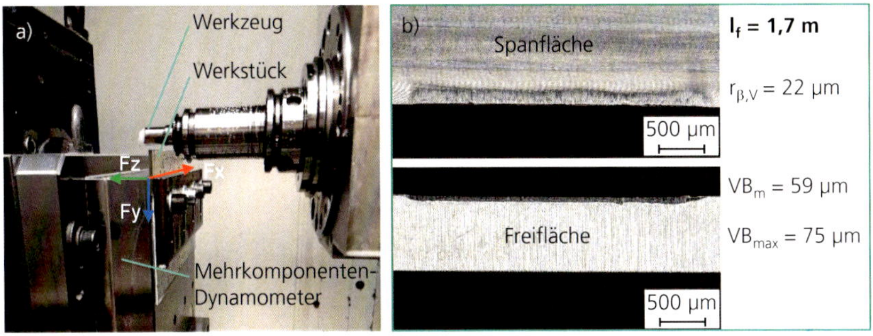

Abbildung 7.4: Experimenteller Aufbau zur Validierung des FE-Modells (a), Versuchswerkzeuge im verschlissenen Zustand (b)

Experimental setup for validation of FE-model (a), test tools in worn condition

Aus den Kraftanteilen F_x und F_y im Maschinenkoordinatensystem wurden unter Berücksichtigung des Werkzeugrotationswinkels Φ anhand folgender Gleichungen die Schnitt- und Schnittnormalkraft F_c und F_{cn} berechnet:

$$F_x = F_c \cdot \cos\Phi + F_{cn} \cdot \sin\Phi \tag{7.7}$$

$$F_y = F_c \cdot \sin\Phi - F_{cn} \cdot \cos\Phi \tag{7.8}$$

Mit Formel 7.9 resultieren letztendlich Formeln 7.10 und 7.11:

$$sin^2\Phi + cos^2\Phi = 1 \tag{7.9}$$

$$F_c = F_x \cdot \cos\Phi + F_y \cdot \sin\Phi \tag{7.10}$$

$$F_{cn} = F_x \cdot \sin\Phi - F_y \cdot \cos\Phi \tag{7.11}$$

Das Maximum der jeweiligen Zerspankraftkomponente wird innerhalb einer Werkzeugumdrehung bei Vorliegen der maximalen Spanungsdicke erreicht. Dieser Maximalwert wurde jeweils für 50 Einzeleingriffen bestimmt und gemittelt, um eine Verzerrung der Ergebnisse durch Ausreißer oder Effekte abweichenden Verschleißes zu vermeiden. Zwischen den jeweiligen Messungen der Zerspankraft erfolgte die Einstellung des Werkzeugverschleißes durch den Werkzeugeinsatz mit abgestuften Vorschubwegen von ca. 150 mm. Durch dieses Vorgehen konnte ein gleichmäßiger Verschleißzustand entlang der Schneidkante erzeugt werden, der diesem der Realfräswerkzeuge entsprach. Die Gegenüberstellung der simulierten und der gemessen Schnitt- und Schnittnormalkräfte für unterschiedliche Werkzeugzustände kann Abbildung 7.5 entnommen werden.

Grundsätzlich zeigen sowohl die gemessenen als auch die simulierten Zerspankraftkomponenten den erwartbaren Abfall mit kleiner werdender Spanungsdicke h. Für ein verschleißfreies Werkzeug mit Schneidkantenradius r_β = 10 µm liegen die Abweichungen für F_c bei 0 bis 18 %. Unter Berücksichtigung des zunehmenden Schneidkantenradius und der Verschleißmarke reduzieren sich die Abweichungen auf max. 15 %. In beiden Fällen werden die Schnittkräfte F_c überschätzt. Ursachen hierfür liegen insbesondere in Diskrepanzen zwischen dem Materialmodell und den tatsächlichen Eigenschaften des Versuchswerkstoffs. Weiterhin verändert sich die Schneidkante mit den ersten Eingriffen und weicht somit von der idealisierten Geometrie ab. Eine dritte Erklärung liegt in der Parametrierung des Reibmodells. Diese erfolgte durch SEIMANN ET AL. für die beim Räumen üblicherweise deutlich geringeren Schnittgeschwindigkeiten unterhalb von 20 m/min, so dass eine thermisch bedingte Entfestigung unterschätzt werden kann.

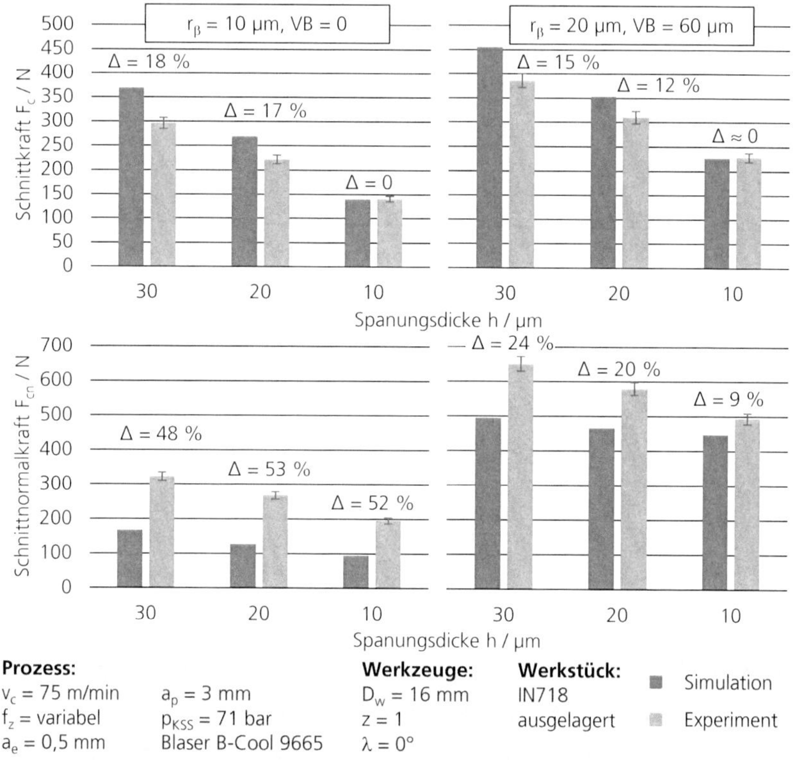

Abbildung 7.5: Vergleich gemessener und simulierter Zerspankraftkomponenten
Comparison of measured and simulated cutting force components

Im Fall der Schnittnormalkraft F_{cn} sind für ein neues Werkzeug erhebliche Abweichungen zwischen Simulation und Zerspanversuchen erkennbar. Die simulierten Werte von F_{cn} liegen in allen Fällen deutlich unterhalb der gemessenen Werte. Für $VB = 0$ betragen die Differenzen über alle Spanungsdicken zwischen 48 und 52 %. Die Unterschätzung der Schnittnormalkraft durch die FE-Modellierung ist ein bekanntes Phänomen und wurde in vergleichbarerer, quantitativer Ausprägung u.a. von PENG beobachtet [PENG20]. In der Wissenschaft diskutierte Erklärungsansätze adressieren die Faktoren Material- und Reibmodell, die Rückfederung des Werkstoffs sowie den Reibverschleiß am Werkzeug [PENG19a]. Mit der Berücksichtigung der Verschleißmarkenbreite in dem vorliegenden FE-Modell konnten die Abweichungen deutlich auf 24 bis 9 % reduziert werden. Die Ergebnisse bestätigten die Erkenntnisse von PENG, wonach die tatsächlich Schneidkeilgeometrie bei der Spanbildungssimulation nicht vernachlässigt werden darf.

Zusammenfassend bleibt festzuhalten, dass bezüglich der Schnittkräfte eine leichte Überschätzung, bezüglich der Schnittnormalkräfte eine Unterschätzung der tatsächlichen Beanspruchung zu erwarten ist. Diese Abweichungen müssen bei der Interpretation der Simulationsergebnisse berücksichtigt werden. Insgesamt kann das Modell für die Ermittlung der dem Werkzeugversagen zugrundeliegenden Wirkmechanismen zur Anwendung kommen.

7.4 Anwendung des FE-Modells

Application of FE-model

Im Folgenden werden die Ergebnisse der Spanbildungssimulation dargestellt und diskutiert. Grundsätzlich gilt für die Größe der Hauptspannungen: $\sigma_I \geq \sigma_{II} \geq \sigma_{III}$ [GROS16]. Für die weitere Analyse wurde daher vornehmlich die erste Hauptspannung σ_I als Repräsentant der max. Zugspannung betrachtet und angegeben. Abbildung 7.6 stellt für ein eigenspannungsfreies Referenzwerkzeug die Verteilung der primären Hautspannung σ_I für unterschiedliche Zeitpunkte des Schnittvorgangs t_c gegenüber. Im Sinne der Sichtbarkeit der Zonen unterschiedlicher Spannungen wurden für die Bilder teils angepasste Farbskalierungen verwendet. Der Zeitpunkt t_c = 0,1 ms entspricht dem Zustand nach dem Eindringen des Schneidkeils in das Material mit maximaler Spanungsdicke h_{max} = 30 µm. Es sind zwei ausgeprägte Spannungszonen im Schneidkeil im Bereich der Spanfläche zu erkennen. Im Kontaktbereich zwischen Span und Spanfläche bildet sich eine ausgeprägte Druckspannungszone. Diese ist auf die hohe Kontaktpressung zwischen Span und Spanfläche in der Nähe der Schneidkante zurückzuführen [ZORE67; ZIEB95].

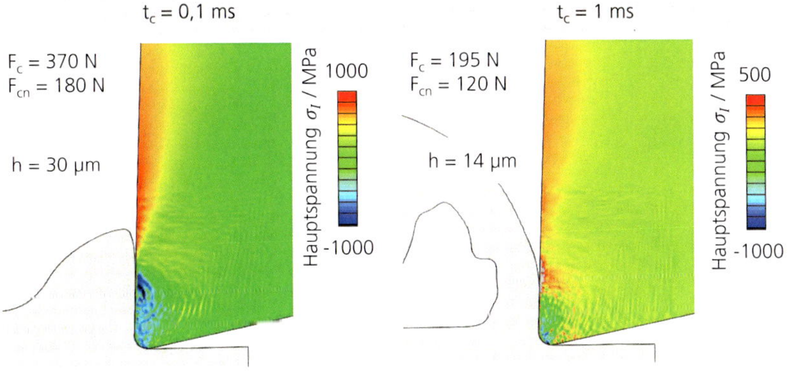

Abbildung 7.6: Veränderung der Spannungsverteilung mit der Schnittzeit t_c

Change of distribution of principal stresses with the cutting time t

Auffällig ist, dass innerhalb der Druckspannungszone sowie in weiteren Bereichen des Schneidkeils teils keine vollständige Homogenität der Spannungen vorliegt. Bei diesem Phänomen handelt es sich um Singularitäten. Als Singularitäten werden in der FEM Stellen bezeichnet, an denen die Spannungen mit zunehmender Netzfeinheit nicht gegen einen Grenzwert konvergieren [INGH21]. Aufgrund der zur Berücksichtigung der Eigenspannungen benötigten Netzgröße ließ sich dieses Phänomen nicht ausschließen. Auf die Auswertung von Spannungsmaxima an lokal scharf abgrenzten Stellen oder einzelnen Knoten wurde daher verzichtet. Im Gegensatz wurden für räumlich ausgeprägte Spannungsfelder über mehrere Elemente die Wertebereiche betrachtet.

Wie in Kapitel 7.2 beschrieben sollte dieser Bereich lediglich als Spannungsniveau interpretiert werden, und nicht als absolutes Maß.

Mit zunehmendem Abstand von der Schneidkante gehen die Druckspannungen nach einem Nulldurchgang in ein ausgedehntes Zugspannungsfeld über. Der Bereich des Vorzeichenwechsels fällt zusammen mit dem Ende des Kontaktes Span-Spanfläche, charakterisiert durch die Kontaktlänge auf der Spanfläche KL. Die Zugspannungen treten in Folge der Biegebelastung auf, welche für die Simulation durch die gegenüber der Schnittnormalkraft F_{cn} dominierende Schnittkraft F_c aufgeprägt wird. Qualitativ entsprechen die Ergebnisse den von AGMELL ET AL. simulierten Spannungsverläufen im Schneidkeil für das Drehen von 42CrMo4 [AGME17]. In der äußeren Randschicht erreichen die berechneten Zugspannungen Werte von ca. 1.000 MPa. Entsprechend Abbildung 7.1 sind die Spannungen in dieser Größenordnung nicht versagensrelevant. Zu berücksichtigen ist ferner, dass die tatsächlich wirkenden Schnittkräfte geringer und die Schnittnormalkräfte höher ausfallen, was die Biegespannung reduziert.

Im Verlauf der Spanbildung und mit sinkender Spanungsdicke stellt sich eine Veränderung der Spannungsverteilung dar. Die Beträge der Druckspannungen in der Nähe der Schneidkante und der Zugspannungen oberhalb der Kontaktzone zwischen Span und Spanfläche sind deutlich reduziert. Dies ist eine Folge der sinkenden Spanungsdicke und der entsprechend reduzierten Schnittkraft. Die berechnete Schnittkraft $F_{c,sim}$ ist zum Zeitpunkt t_c = 1 ms gegenüber der Eintrittsphase nahezu halbiert, während die berechnete Schnittnormalkraft $F_{cn,sim}$ um ein Drittel absinkt. Gleichzeitig bildet sich im Bereich des sich von der Spanfläche ablösenden Spans eine zweite, lokal begrenzte Zugspannungszone aus. Diese Zone stellt gleichermaßen das absolute Spannungsmaximum im Bereich der Spanfläche dar. Vergleichbare Berechnungsergebnisse zu lokalen [TLUS78] bzw. globalen Spannungsmaxima [ULUT13] in der Nähe der endenden sekundären Scherzone wurden auch von TLUSTY und MASOOD sowie von ULUTAN ET AL. gemacht. Beide analysierten den Effekt jedoch nicht weiter. Eine mögliche Erklärung für die Bildung der zweiten Zugspannungszone liegt in dem Verhältnis aus lokal wirkenden Normalspannungen σ_γ und Schubspannung τ_γ. Schubspannungen an der Oberfläche erzeugen Zugspannungen im Schneidkeil. Die deutlich höheren Normalspannungen können neben den Druckspannungen in Wirkrichtung aufgrund von Querkontraktion auch Druckspannungen orthogonal zur Belastungsrichtung hervorrufen. Diese Druckspannungen kompensieren einen Teil der Zugspannungen. Durch ein verändertes Verhältnis von σ_γ und τ_γ kann dieser Effekt geschwächt werden. Es gilt anzumerken, dass die Spannungen im Schneidkeil auch Schwankungen aufgrund der segmentierten Spanbildung unterliegen. Die Entstehung der zweiten Zugspannungszone im Laufe des Spanbildungsvorgangs sowie das grundsätzliche Spannungsniveau sind hiervon jedoch unbeeinflusst. Die nach einer 1 ms bestimmten Spannungen steigen im restlichen Schnittverlauf nicht weiter an.

Die Auswirkungen der initialen Eigenspannungen auf die Spannungsverteilung im Bereich der Spanfläche gehen für t_c = 0,1 ms und für t_c = 1 ms aus Abbildung 7.7 hervor. Für $\sigma_{v,ES} \approx 500$ MPa ist die eigenspannungsbehaftete Randzone aufgrund der geringeren Eindringtiefe nur als feine grüne Linie unmittelbar an der Spanfläche erkennbar. Im Vergleich mit dem Referenzwerkzeug zeigt sich für den Schneideneintritt kein nennenswerter Unterschied der resultierenden Lastspannungen. Dies ändert sich im Laufe des Spanbildungsvorgangs und mit zunehmenden Druckeigenspannungen. Die Lastspannungen in der Zugspannungszone auf Höhe des Ablösepunktes des Spans betragen für ein eigenspannungsfreies Werkzeug 3.800 bis 4.400 MPa und werden durch Eigenspannungen $\sigma_{v,ES} > 2.500$ MPa auf Werte im Bereich 1.000 bis 1.400 MPa reduziert. Bei diesem Niveau der Zugspannungen ist nicht mehr von einer Bruchinitiierung auszugehen.

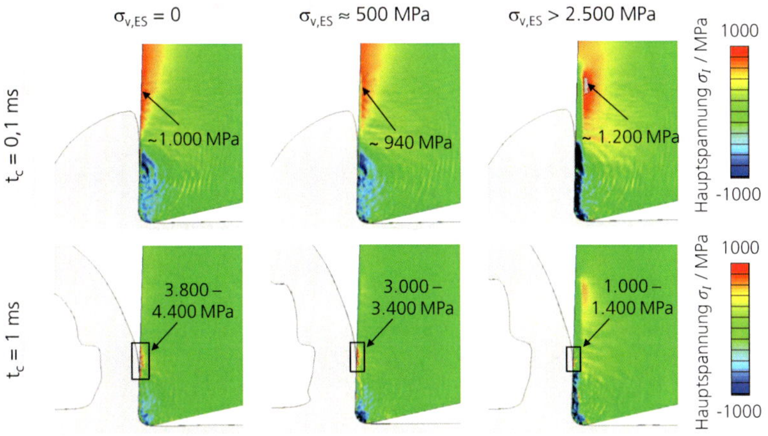

Abbildung 7.7: Verteilung der Hautspannung σ_I in Abhängigkeit der initialen Eigenspannungen

Distribution of principal stress σ_I for tools with different residual stresses

Das geringe Eigenspannungsniveau feingeschliffener Werkzeuge hat demgegenüber erwartungsgemäß nur eine begrenzte Wirkung auf die Höhe der Spannungen. Für das Werkzeug mit geringen Eigenspannungen wird eine höhere Spannungsreduktion simuliert, als die Druckeigenspannungen vermuten lassen (vgl. Abbildung 7.7, Bild Mitte unten). Ursächlich können zum einen die weiter oben diskutierten Singularitäten sein. Gleichzeitig entstehen aufgrund der segmentierten Spanbildung Schwankungen der Belastung im Bereich von mehreren Hundert MPa. Ungeachtet hiervon entspricht das Niveau der simulierten Spannungsreduktion der Höhe der aufgeprägten Eigenspannungen. Die Ergebnisse der FE-Simulation erscheinen damit grundsätzlich plausibel.

Im Folgenden werden die Simulationsergebnisse exemplarischen Versagens- bzw. Verschleißformen unterschiedlich hergestellter Werkzeuge gegenübergestellt, Abbildung 7.8. Im oberen Teil der Abbildung ist neben der Spannungsverteilung für $\sigma_{v,ES} \approx 500$ MPa eine Detailansicht der Spanfläche eines feingeschliffenen Werkzeugs zu sehen. Entsprechend der Darstellung in Kapitel 6.2 traten die Schneidkantenbrüche reproduzierbar bei allen feingeschliffenen Werkzeugen auf, vgl. Abbildung 6.17. Auffällig war die Längenausdehnung dieser Ausbrüche, die sich für einige Schneiden nahezu entlang des gesamten Eingriffsbereichs zog. Die nachträgliche Auswertung aller Bilder der feingeschliffenen Werkzeuge zeigte, dass die Bruchkante vieler Ausbrüche in einem Abstand von etwa 50 bis 60 µm zu der ursprünglichen Schneidkante verlief. Bemerkenswert ist, dass das simulierte Zugspannungsmaximum an der Spanfläche ebenfalls in diesem Abstand zur Schneidkante vorliegt. Unter der Annahme korrekt simulierter Lastspannungen i.H. von 3.400 MPa resultierte bei einer angenommen Spanflächentemperaturen von T = 600 °C eine Versagenswahrscheinlichkeit von ca. 20 %. Ein Anstieg der Spannungen um 10 %, z.B. durch Modellfehler oder Schwankungen aufgrund der Segment- bzw. Lamellenspanbildung, führt zu einer Versagenswahrscheinlichkeit von ca. 90 %. Hieraus folgt ein Versagen der Schneidkante bereits nach wenigen Schnitten, was sich mit den Beobachtungen im Realversuch deckt. Aus den Überlegungen resultiert der Erklärungsansatz, dass der Zugspannungsbereich auf Höhe des sich ablösenden Spans ursächlich für das Auftreten der Schneidkantenbrüche an feingeschliffenen und wärmbehandelten Werkzeugen war. Die tatsächlichen Bruchausgänge ließen sich aufgrund des nachträglich entstandenen Verschleißes jedoch nicht mehr eindeutig bestimmen.

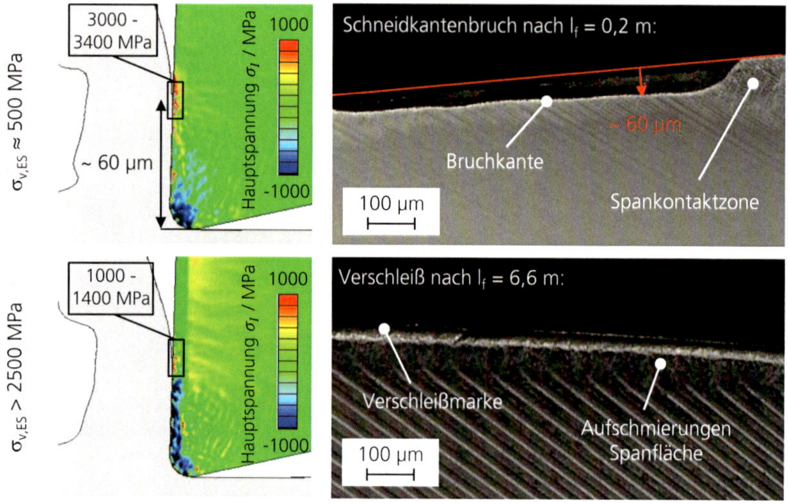

Abbildung 7.8: Vergleich der Spannungsverteilungen mit verschlissenen Werkzeugen
Comparison between the stress distribution and worn cutting tools

Die Werkzeuge mit Vergleichseigenspannungen > 2.500 MPa wiesen im Einsatz einen gleichmäßigen Freiflächenverschleiß auf. Für nahezu alle Werkzeuge der Klassen mit hohen Eigenspannungen blieb kritisches Versagen für Vorschubwege $l_f < 4{,}4$ m in Form von Schneidkantenbrüchen oder Ausbrüchen aus. Demgegenüber liegt das Niveau der simulierten Zugspannungen nur bei ca. 30 bis 46 % des Niveaus der Werkzeuge mit $\sigma_{v,ES} \approx 500$ MPa. Ungeachtet der simulierten Zugspannungen ist das Ausbleiben von Ausbrüchen gleichbedeutend mit einer Versagenswahrscheinlichkeit $P_f \approx 0$ %. Nach Abbildung 7.1 können die wirkenden Zugspannungen unter Berücksichtigung erhöhter Temperaturen von 600 °C einen Wertebereich von 2.500 bis 3.000 MPa nicht überschritten haben. In phänomenologischer Hinsicht kann das Modell damit einen Beitrag zur Erklärung von Versagensformen leisten, wenngleich exakte Spannungswerte kritisch zu betrachten sind.

Bei der bisherigen Diskussion wurden die Auswirkungen des Verschleißes durch die Entstehung der Verschleißmarkenbreite und die Zunahme des Schneidkantenradius außer Acht gelassen. In Abbildung 7.9 sind die simulierten resultierenden Lastspannungen für das Werkzeug ohne Eigenspannungen und ein Werkzeug mit hohen Eigenspannungen gegenübergestellt. Werkzeuge mit Eigenspannungen $\sigma_{v,ES} \approx 500$ MPa wurden außer Acht gelassen, da alle feingeschliffenen Werkzeuge durch frühzeitigen Schneidkantenbruch keinen entsprechenden Verschleiß aufwiesen.

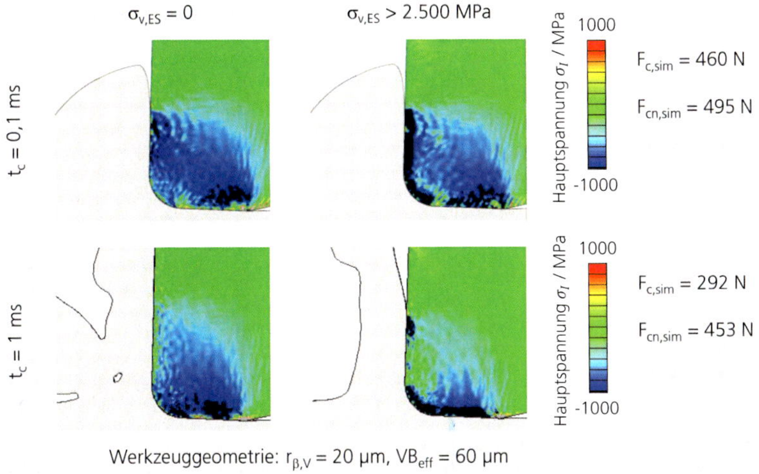

Abbildung 7.9: Verteilung der Hautspannung σ_I unter Berücksichtigung von Verschleiß

Distribution of principal stress σ_I under consideration of tool wear

Sowohl beim Schneideneintritt als auch für $t_c = 1$ ms zeigen sich überwiegend Druckspannungen im Schneidkeil. Gegenüber dem Referenzwerkzeug weist das verschleißbehaftete Werkzeug für $t_c = 0{,}1$ ms keine ausgedehnte Zugspannungszone im Bereich der Spanfläche auf. Normalspannungen wirken neben der Spanfläche nun auf eine deutlich größerer Kontaktfläche im Bereich der Verschleißmarke bzw. der sekundären Scherzone an der Freifläche. Dieser Effekt resultiert aus einem Anstieg der simulierten Schnittnormalkraft F_{cn} um über 170 % gegenüber dem Referenzwerkzeug. Die realen Werte für F_{cn} sind entsprechend Abbildung 7.5 um nochmals 24 % erhöht. Gleichzeitig nimmt $F_{c,sim}$ nur um ca. 25 % zu. Die durch die jeweiligen Kraftanteile hervorgerufenen Lastspannungen kompensieren sich weitestgehend. Die Ergebnisse bestätigen damit qualitativ die Resultate von AGMELL ET AL., die ebenfalls ein Absinken der Zuglastspannungen im Spanflächenbereich durch eine Negativfase bzw. eine angeschliffene Verschleißmarke nachweisen konnten [AGME17].

Die Randzone erscheint als dunkelblauer Bereich an Span- und Freifläche. Der isoliert erscheinende Druckspannungsbereich für $t_c = 1$ ms in der Nähe des Ablösepunktes des Spans kann durch eine ungleichmäßige Pressungsverteilung an der Spanfläche begründet sein. Auffällig ist, dass die höchsten Zugspannungen mit 1.800 bis 2.200 MPa für alle simulierten Fälle an der Verschleißmarke und dort besonders am Übergang zur Freifläche vorliegen. Dieser Effekt lässt sich über die dort wirkenden Schubspannungen erklären, die zu der beobachteten Spannungskonzentration führen können. Es ist denkbar, dass von diesen Stellen max. Zugspannung mit fortschreitendem Verschleiß (Mikro-) Ausbrüche ausgehen können.

In Bezug auf die Druckspannungen an der Verschleißmarke ist folgende Einschränkung zu machen: Die ursprünglich unter Druckeigenspannung stehende Randzone der Freifläche wird durch den Verschleiß zunehmend entfernt. Der Schneidkantenversatz in Richtung der Spanfläche durch die Verschleißmarke lässt sich zu ca. 12 µm berechnen. Demnach würden die initial vorliegenden

Eigenspannungen hier vollständig abgebaut. Die räumliche Verteilung der Eigenspannungen unmittelbar an der Schneidkante ist jedoch aufgrund fehlender Analysemethoden unbekannt. Ebenso ist fraglich, inwiefern durch die abrasive Wirkung des Werkstoffs an der Freifläche neue Eigenspannungen eingebracht werden. Im Sinne einer kontinuierlichen Verteilung von Eigenspannungen und zur Vermeidung von starken Eigenspannungsgradienten im Bereich der Schneidkante wurde daher auch im Bereich der Verschleißmarke die in Kapitel 7.2 beschriebene Eigenspannungsverteilung angenommen. Im Sinne der Abschätzung zur sicheren Seite erfolgte die Bestimmung der maximalen Zugspannungen an der Freifläche für das eigenspannungsfreie Werkzeug.

Durch eine Verschleißmarke werden die Zugspannungen im Schneidkeil und besonders an der Spanfläche deutlich reduziert. Hierdurch sinkt das Risiko für Schneidkantenbruch. Dieser Sachverhalt muss bei der Erklärung der im Versuch beobachteten Versagens- und Verschleißphänomene berücksichtigt werden, da bereits nach 0,2 m Vorschubweg eine Verschleißmarkenbreite von ca. 20 µm erreicht wurde. Die in Abbildung 7.7 und Abbildung 7.8 dargestellten Spannungsverteilungen liegen entsprechend nur für die ersten Eingriffe des Werkzeugs vor. Im Fall der feingeschliffenen Werkzeuge kam es bereits in dieser Phase zu Brüchen. Die kontinuierliche Zunahme der Verschleißmarkenbreite für die weiteren Werkzeuge bedingte dagegen vermutlich eine weitere Steigerung des Wiederstandes gegen katastrophalen Schneidkantenbruch.

Die Spannungsmaxima an der Schneidkante bzw. im Bereich der Freifläche geben in qualitativer Hinsicht weitere Hinweise auf Entstehungsursachen von standwegbestimmenden (Mikro-) Ausbrüchen, vgl. auch Abbildung 6.16. Die Verschleißbilder deuteten auf Schadensausgänge im Bereich der Schneidkante hin, die durch entsprechende Zugspannungen bei reduzierten oder vollständig abgetragenen Eigenspannungen initiiert sein können. Folglich sind neben Ermüdungsbrüchen auch Sprödbrüche zu erwarten, sobald die schützende Randzone abgetragen ist und das wirkende thermomechanische Lastkollektiv einen entsprechenden Grenzwert übersteigt. Aufgrund der Unschärfen in der Modellierung der Kontaktbedingungen und der effektiven Eigenspannungen an der Verschleißmarke sind Quantifizierungen an dieser Stelle nicht möglich.

7.5 Fazit

Conclusion

Ziel des vorliegenden Kapitels war die Entwicklung eines Erklärungsmodells zur genaueren Analyse der Ursache-Wirkungs-Mechanismen zwischen Randzoneneigenschaften und Werkzeugversagen. Dazu wurde das Niveau der wirkenden Lastspannungen im Schneidkeil des Werkzeugs modelliert und der Versagenswahrscheinlichkeit des Schneidstoffs P_f gegenübergestellt. Zur Modellierung der Lastspannungen wurde ein FE-Spanbildungsmodell auf Basis der CEL-Formulierung um den Einfluss der Werkzeugeigenspannungen erweitert. Insgesamt wurden drei unterschiedliche Eigenspannungszustände (ohne, geringe und hohe Eigenspannungen) mit der Abbildung von zwei Werkzeugmikrogeometrien (Neuzustand und verschleißbehaftet) kombiniert. Die Validierung des Modells ergab eine solide Übereinstimmung für die berechneten Schnittkräfte F_c, wobei durch das FE-Modell die gemessenen Kräfte um bis zu 18 % überschätzt wurden. Mit ca. 50 % trat in der Simulation eine deutliche Unterschätzung der wirkenden Schnittnormalkräfte auf. Die Abweichungen konnten durch die Berücksichtigung des Werkzeugverschleißes mehr als halbiert werden. Die wirkenden Spannungen im Schneidkeil wurden detailliert für zwei Zeitpunkte (Schneideneintritt – h = 30 µm sowie h = 15 µm) analysiert. Während bei Schneideneintritt eine ausgeprägte Zugspannungszone im Bereich der Spanfläche aufgrund der wirkenden Biegebelastung vorliegt, entwickelt sich mit abnehmender Spanungsdicke ein lokales Spannungsmaxima im Bereich des Ablösepunktes des Spans. Ein Vergleich der Lage der Bruchkanten an den feingeschliffenen Werkzeugen mit der Lage des Spannungsmaximums in der Simulation zeigte grundsätzlich eine Übereinstimmung. Die simulierten Zugspannungen für ein Werkzeug mit geringem Eigenspannungsniveau führen unter Berücksichtigung der in der Zerspanzone erhöhten Temperaturen zu einer Versagenswahrscheinlichkeit von bis zu 90 % und können somit eine Erklärung für die beobachteten Schneidenbrüche sein. In Werkzeugen mit ausgeprägten Eigenspannungen von $\sigma_{v,ES} > 2.500$ MPa liegen die ermittelten Zugspannungen dagegen bei unter 1.500 MPa, was einer Versagenswahrscheinlichkeit von unter 5 % entspricht.

Die verschleißbedingte Zunahme des Schneidkantenradius und die Verschleißmarkenbreite haben deutliche Auswirkungen auf die Spannungsverteilung. Aufgrund der erhöhten Schnittnormalkraft werden Druckspannungen induziert, die die Zugspannungen als Folge der Biegebelastung kompensieren. Die verschleißbedingte Veränderung der Werkzeugmikrogeometrie führt demnach zu einer Stabilisierung der Schneidkante, was sich in einem Minimum neu auftretender Ausbrüche für Vorschubwege im Bereich zwischen $l_f = 2{,}2$ und 4,4 m widerspiegelt. Lokale Spannungsspitzen im Bereich der Freifläche und der Verschleißmarke können wiederum als eine Ursache für die auftretenden (Mikro-) Ausbrüche zum Standzeitende angesehen werden. Insgesamt konnte durch die Erweiterung der Spanbildungssimulation ein sehr gutes Verständnis der wirkenden Bedingungen und grundsätzlichen Spannungsverteilung im Schneidkeil gewonnen werden. Es bleibt aber festzuhalten, dass die ermittelten Spannungen erheblichen Unsicherheiten unterliegen und demnach eine exakte Prädiktion von Versagenswahrscheinlichkeiten nicht möglich ist.

8 Gestaltungsempfehlungen für die Praxis

Design recommendations for the practice

Die erzielten Erkenntnisse dieser Arbeit werden im Folgenden in konkreten Gestaltungsempfehlungen zusammengefasst. Der Fokus liegt hierbei auf einer pragmatischen Umsetzbarkeit der Empfehlungen für Endanwender und Werkzeughersteller. Idealerweise erfolgt zur Werkzeugauslegung zwischen beiden eine enge und bei Bedarf iterative Zusammenarbeit. Die Werkzeugentwicklung sollte dabei auf konkreten Anforderungen zum Prozess sowie auf der Vorgabe von relevanten Standkriterien aufbauen. Neben den makroskopischen Geometriemerkmalen des Werkzeugs kommt der Werkzeugrandzone eine große Bedeutung zu in Bezug auf die Entstehung von Werkzeugverschleiß und -versagen. Diesem Sachverhalt muss durch eine definierte und reproduzierbare Prozessführung in der Werkzeugherstellung Rechnung getragen werden. Die nachfolgend beschriebene Methodik stellt in wesentlichen Teilen eine Zusammenfassung der Vorgehensweise dieser Arbeit dar. Die Methodik kann für neue Anwendungsfälle bzw. alternative Werkstoffe zur Anwendung kommen. Grundsätzlich sollten in der Praxis möglichst alle beschriebenen Schritte durchlaufen werden, um das vollständige Potenzial anwendungsoptimierter Werkzeuge nutzen zu können. Teilschritte in Verantwortung des Anwenders sind durch ein (A) gekennzeichnet, Teilschritte in Verantwortung des Werkzeugherstellers durch ein (W).

1. Der Anwendungsbereich der einzusetzenden Werkzeuge (Werkstoff, Prozessbedingungen) wird im ersten Schritt spezifiziert (A).
2. Anschließend werden die Standkriterien bestimmt und kritische oder unzulässige Verschleißgrößen festgelegt, u.a. unter Berücksichtigung von Anforderungen an die Randzonenintegrität des zu bearbeitenden Bauteils (A).
3. Zur Fokussierung der folgenden Analysen sind kritische Lastfälle zu identifizieren (z.B. Bereiche maximaler Zustellung und folglich maximaler Spanungsdicken und -längen) (A/W).
4. Der Schneidstoff sowie die Werkzeuggeometrie werden vorausgewählt. Hinsichtlich des Schneidstoffs ist insbesondere das Spannungsfeld zwischen Härte (Abrasionsbeständigkeit) und Biegebruchfestigkeit bzw. kritische Risszähigkeit (Widerstand gegen Bruch und Rissausbreitung) relevant (W).
5. Im nächsten Schritt kann für Anwendungen mit dem Risiko von Schneidenausbrüchen die Werkzeugbeanspruchung (mechanische / thermisch) abgeschätzt werden, vornehmlich durch die FEM. Optional ist eine Optimierung der Werkzeuggeometrie. Das Ergebnis sind Näherungswerte für Haupt oder Vergleichsspannungen im Werkzeug. (W/A)
6. Die berechneten Spannungen werden der Festigkeitsverteilung des verwendeten Hartmetalls gegenübergestellt, um die Wahrscheinlichkeit von Schneidenausbrüchen abschätzen zu können (W).
7. In der Werkzeugherstellung sind anhand empirischer Untersuchungen diese Prozessparameter zu ermitteln, die unter Berücksichtigung a) einer prozessstabilen und reproduzierbaren Fertigung (u.a. Verschleiß der Schleifmittel) und b) unter Einhaltung aller Qualitätsvorgaben zu einem wirtschaftlichen Optimum führen (W).
8. Die Randzoneneigenschaften unterschiedlich hergestellter Werkzeuge sollten quantifiziert werden. (W) Sind die erforderlichen Randzoneneigenschaften bereits bekannt (vgl. Empfehlungen in Tabelle 8.1), kann aus dem Abgleich der ermittelten Randzoneneigenschaften mit den Vorgaben die optimierte Werkzeugprozesskette abgeleitet werden.
9. Sind die anwendungsoptimierten Randzoneneigenschaften noch unbekannt, erfolgt die Ermittlung des Verschleißverhaltens unter vorgegebenen Anwendungsbedingungen mit

den charakterisierten Werkzeugen mit abgestuften Oberflächen- und Randzoneneigenschaften und identischer Makrogeometrie. Optional kann der in Kapitel 7 entwickelte Ansatz zur simulativen Bestimmung der wirkenden Schneidstoffbeanspruchung unter Berücksichtigung der spezifischen Randzoneneigenschaften zur Anwendung kommen.

10. Die zur Einstellung der gewünschten Randzoneneigenschaften erforderliche Prozesskette ist für die Serienfertigung zu fixieren und zu tolerieren. Dies umfasst u.a. die Festlegung von Prüfintervallen und Messmitteln sowie die Konditionierung der Schleifmittel. (W)

Konkrete Richtwerte für die Auslegung von Fräswerkzeugen zur Schlichtfräsbearbeitung von IN718 und vergleichbaren Legierungen sind in Tabelle 8.1 zusammengestellt. Die Empfehlungen fußen auf dem Optimierungsziel einer Standwegsteigerung durch Erhöhung der Abrasionsbeständigkeit und einer Reduktion der Neigung für Ausbrüche. Neben den reinen Randzoneneigenschaften und der Werkzeugmikrogeometrie sind auch zentrale Hartmetalleigenschaften aufgeführt, für die aus der Literatur ein Einfluss auf Verschleiß und Werkzeugversagen bekannt ist.

Tabelle 8.1: Auslegungsempfehlungen für das Schlichtfräsen von IN718

Design recommendations for finish milling of IN718

Optimierung: ↑ Abrasionsbeständigkeit | ↓ Neigung für Ausbrüche			
Werkzeugmerkmal	**Untersuchungsraum**	**Richtwerte**	**Quelle**
Hartmetalleigenschaften			
Härte H	1.750 HV	1900 HV > H > 1.600 HV [1]	[1;2]
Biegebruchfestigkeit σ_{bB}	4.500 MPa	> 4.000 MPa	
Bruchzähigkeit K_{Ic}	> 9,8 MPa·m$^{1/2}$	> 9,5 MPa·m$^{1/2}$	
Oberflächen- und Randzoneneigenschaften			
Rauheit Spanfläche Sa	0,1 – 0,55 µm	Optimiert für Schleifprozess; Kein Feinschleifen	
Rauheit Freifläche Sa	0,05 – 0,6 µm	Optimiert für Schleifprozess; Kein Feinschleifen	
Druckeigenspannung Spanfläche $\sigma_{v,ES,SF}$	100 – 2.800 MPa	> 2.500 MPa	
Druckeigenspannung Freifläche $\sigma_{v,ES,FF}$	200 – 3.100 MPa	> 2.500 MPa	
Defekttiefe Randzone $t_{D,RZ}$	< 3 µm	Resultierend aus Schleifprozess; minimieren	
Eigenschaften der Schneidkante			
Schartigkeit Rz_{SK}	1 – 4 µm	Resultierend aus Schleifprozess; minimieren	[3]
Schneidkantenradius r_β	1,5 – 8,5 µm	8 – 15 µm	[2;4;5;6]
Formfaktor K	0,8 – 1	1	

[1] Empfehlung ohne gezielte Variation (basierend auf Literaturquellen)

[1] BERG20; [2] BART16; [3] DENK21; [4] MARK05; [5] HEIS14; [6] LIU21

Die grundsätzlichen Schneidstoffeigenschaften haben eine maßgebliche Auswirkung auf das Standvermögen der Werkzeuge und müssen daher immer in die Betrachtung einfließen [BART16; BERG21]. Wenngleich die Hartmetalleigenschaften im Rahmen der Arbeit nicht variiert wurden, können grundsätzliche Empfehlungen zur Ausprägung für das Schlichtfräsen von IN718 auf Basis von Literaturangeben erfolgen. Schneidstoffe, die für das Fräsen von IN718 empfohlen werden, erreichen für einen ausreichenden Widerstand gegenüber Abrasivverschleiß Härten von > 1.600 HV. Darüber hinaus sind sowohl für die Biegebruchfestigkeit σ_{bB}, als auch für die Bruchzähigkeit K_{Ic} möglichst große Werte anzustreben, um das Risiko für Ausbrüche zu senken und den Widerstand gegen Rissausbreitung zu erhöhen. Die Wahl der Werte sollte jedoch nicht zu einer Herabsetzung der Härte führen. Zur simultanen Steigerung von Härte und Biegebruchfestigkeit kommen vermehrt Schneidstoffe mit reduzierter WC-Korngröße (u.a. Ultrafeinstkornhartmetall) in Frage [KLOC18].

Im Hinblick auf die Randzoneneigenschaften konnte in den Untersuchungen eindeutig nachgewiesen werden, dass zunehmende Druckeigenspannungen in Span- und Freiflächen zu einem geringeren Risiko für Ausbrüche bzw. Schneidenbrüche führen. Die durch äußere Lasten wirkenden Spannungen im Schneidkeil werden durch die im Schleifprozess induzierten Eigenspannungen überlagert. Die resultierenden Lastspannungen sind entsprechend reduziert, wodurch die Versagenswahrscheinlichkeit deutlich sinkt. Eine Auswirkung der Druckeigenspannungen auf Abrasions- und Adhäsionsverschleiß und folglich auf die Entwicklung der mittleren Verschleißmarkenbreite VB_m wurde nicht beobachtet. Gleichfalls ohne signifikanten Einfluss blieb die Oberflächenrauheit der Werkzeugfunktionsflächen. Tendenziell erzielten Werkzeuge mit größerer Oberflächenrauheit leicht höhere Standwege, was vermutlich auf die gleichzeitig leicht erhöhten Druckeigenspannungen zurückzuführen ist. Folglich werden ausgeprägt Druckeigenspannungen > 2.500 MPa empfohlen, während für die Oberflächenrauheit der Werkzeuge für die Schlichtbearbeitung von IN718 ein breites Toleranzfenster zulässig ist. Hierdurch entsteht ein großer Gestaltungsspielraum für die Prozessfenster in der Werkzeugherstellung. Lediglich auf feingeschliffene (polierte) Werkzeuge sollte verzichtet werden, da hierdurch die Druckeigenspannungen in der Randzone deutlich herabgesetzt werden. Hinsichtlich der Schartigkeit konnte für die untersuchten Werte keine negative Auswirkung auf die Standwege ermittelt werden. Nichtsdestotrotz sollten Werte von $Rz_{SK} > 4$ µm vermieden werden, da eine Einbuße des Standvermögens nicht ausgeschlossen werden kann.

Ein definierter Schneidkantenradius führte in den Untersuchungen zu einem deutlich verzögerten Auftreten von Ausbröckelungen oder Ausbrüchen der Schneidkante. Die Vergrößerung der Kontaktzone im Bereich der Freifläche resultiert in erhöhten Schnittnormalkräften, die die wirkenden Zuglastspannungen im Bereich der Spanfläche reduzieren können. Alle Werkzeuge wiesen bis zum Ende der Versuche eine verschleißbedingte Zunahme des Schneidkantenradius $r_{\beta,V}$ auf ca. 30 bis 35 µm auf, wobei der Anstieg für initial präparierte Werkzeuge leicht flacher verlief als für technisch scharfe Werkzeuge. Hieraus resultiert insgesamt die Empfehlung, eine moderate Schneidkantenverrundung im Bereich von 8 bis max. 15 µm zu verwenden. Für größere Werte von r_β kommt es zu einer deutlich steigenden thermischen Belastung der Schneidkante [MARK05; LIU21], wodurch die Biegebruchfestigkeit und Härte des Schneidstoffs erheblich reduziert werden. Erkenntnisse zu positiven Effekten einer Asymmetrie der Schneidkante liegen bisher nicht vor. Gleichzeitig ist eine asymmetrische Schneidkante für kleine Radien nur mit großem Aufwand einstellbar, so dass symmetrische Schneidkanten im Bereich $K = 1$ zu wählen sind.

Tabelle 8.2 fasst die empfohlenen Prozessparameter zur Einstellung der o.g. Randzoneneigenschaften zusammen. Zu beachten ist, dass für alternative Hartmetalle mit variierendem Co-Gehalt und WC-Korngröße abweichende Wertebereiche ermittelt werden können. Ebenso wurden im Rahmen dieser Arbeit keine detaillierten Analysen des Schleifscheibenverschleißes durchgeführt, so dass die angegebenen Prozessbereiche nicht notwendigerweise eine Maximierung der Wirtschaftlichkeit des Schleifens bedingen.

Tabelle 8.2: Empfehlungen für die Prozessparameter des Werkzeugschleifens

Recommendations for the tool grinding process parameters

Optimierung: ↑ Druckeigenspannungen | ↓ Prozesszeit Werkzeugschleifen			
	Untersuchungsraum	**Richtwerte**	**Quelle**
Prozessparameter Schleifen Spanfläche			
Schleifmittel	C100; Metallbindung 15 µm ≤ d_g ≤ 76 µm	D76 / D64 / D54	
Werkstückvorschub-geschwindigkeit v_w	50 – 150 mm/min [1]40 mm/min	≥ 150 mm/min	[1;2]
Schleifscheibenumfangs-geschwindigkeit v_s	16 – 24 m/min [1]30 m/min	16 – 20 m/min	[1;2;3]
Prozessparameter Schleifen Freifläche			
Schleifmittel	C160; Kunstharz 15 µm ≤ d_g ≤ 76 µm	D76 / D64 / D54	
Werkstückvorschub-geschwindigkeit v_w	50 – 250 mm/min [1]40 mm/min	≥ 200 mm/min	[1]
Schleifscheibenumfangs-geschwindigkeit v_s	22 – 30 m/min [1]40 m/min	26 - 30 m/min	[1;3]
Schleifrichtung	zur Kante hin	zur Kante hin	[2;4]
Randbedingungen: Feinstkornhartmetall mit H = 1750 HV und K_{Ic} = 9,8 MPa·m$^{1/2}$ D_w = 10 mm, t_N = 2 mm; ausreichende Ölkühlung im Schleifprozess			

[1]: Feinschleifen

[1] TYRO19; [2] HÜBE12; [3] SCHR18; [4] DENK21

Zur Einstellung hoher Zeitspanvolumen im Werkzeugschleifen bei gleichzeitig erhöhter Verschleißbeständigkeit sollte in der Prozessauslegung mit einer mittleren Diamantkorngröße von 76 µm begonnen werden. Sofern die erzielten Oberflächenrauheiten bzw. die Schartigkeit der Schneidkante zu hoch ausfallen, kann eine Schleifscheibe mit einer Korngröße von D64 oder D54 verwendet werden. Als hauptzeitbeeinflussende Größe ist die Werkstückvorschubgeschwindigkeit innerhalb der empfohlenen Anwendungsgrenzen des Schleifmittelherstellers zu maximieren. Als erste Orientierung dient eine maximale Einzelkornspanungsdicke $h_{cu,max}$ i.H. von ca. 3 µm für Hartmetalle mit einer kritischen Bruchzähigkeit von etwa 10 MPa·m$^{1/2}$ [WIRT18]. Diese lässt sich anwendungsnah und näherungswiese nach Gleichung 4.1 bestimmen. Für Schneidstoffe mit abweichender Bruchzähigkeit sind die Einzelkornspanungsdicken zu reduzieren (für geringere Werte von K_{Ic}) respektive zu erhöhen (für höhere Werte von K_{Ic}). Neben einer ausgeprägten Schartigkeit kann auch eine unzulässige Abweichung der Werkzeuggeometrie ein Hinweis sein auf unzulässig hohe Bearbeitungskräfte. Grundsätzlich gilt, dass mit steigender Nuttiefe oder auch mit abweichendem Werkzeugdrallwinkel eine Anpassung der Werkstückvorschubgeschwindigkeit für ein konstantes bezogenes Zeitspanungsvolumen Q'_w notwendig sein kann. Aufgrund des insgesamt deutlichen reduzierten Zerspanvolumens beim Schleifen der Freifläche sind gegenüber dem Nutenschleifen zur Senkung der Prozesszeit höhere Werkstückvorschubgeschwindigkeiten nutzbar.

Die Schleifscheibenumfangsgeschwindigkeit v_s zeigte im Untersuchungsbereich insgesamt einen geringen Einfluss auf die Oberflächen- und Randzoneneigenschaften. Sie sollte jedoch insgesamt limitiert bleiben, um eine thermische Schädigung der Randzone und folglich einen Abbau von Druckeigenspannungen zu vermeiden. Gleichzeitig kann v_s mit steigenden Werten von v_w leicht angehoben werden, um auf die maximale Einzelkornspanungsdicke $h_{cu,max}$ Einfluss zu nehmen. In jedem Fall ist das Schleifen der Freifläche mit der Strategie „zur Kante hin" durchzuführen, um die Neigung für Mikroausbrüche und somit die Schartigkeit der Schneidkante zu limitieren.

Das Gleitschleifen reduziert erwartungsgemäß nach wenigen Minuten die Schartigkeit und Oberflächenrauheit deutlich und führt zu moderaten Schneidkantenradien von ca. 8 µm. Gleichzeitig wird lediglich die 1. Haupteigenspannung in geringem Maße reduziert. Aufgrund der Vielzahl von Anlagenvarianten und Verfahrensmitteln zum Gleitschleifen wird an dieser Stelle auf konkrete Prozessparameterempfehlungen verzichtet. Maßgeblich ist das Erreichen des gewünschten Schneidkantenradius.

Mit dem Gewinn der Erkenntnisse aus Kapitel 7 zu den Einflüssen der Druckeigenspannungen auf das Werkzeugversagen und die Zusammenführung von Richtwerten für den Werkzeugschleifprozess bzw. von Auslegungsempfehlungen für das Schlichtfräsen von IN718 wurde die vierte Forschungsfrage (»*Wie lassen sich die zugrundeliegenden Ursache-Wirkungs-Zusammenhänge mittels eines Erklärungsmodells beschreiben und in konkrete Empfehlungen für die Praxis überführen?*«) beantwortet und die Forschungshypothese abschließend verifiziert.

9 Zusammenfassung und Ausblick

Summary and outlook

Die zur Reduktion von Treibhausgasemissionen notwendige Steigerung der Effizienz von Flugzeugtriebwerken bedingt den vermehrten Einsatz von hochwarmfesten Nickelbasislegierungen. Diese Legierungen lassen sich aufgrund ihrer ausgeprägten Warmfestigkeit nur schwer zerspanend bearbeiten, was sich u.a. in ausgeprägtem Werkzeugverschleiß und teils in spontanem Werkzeugversagen äußert. Unkontrollierte Werkzeugausfälle gefährden einerseits die Randzonenintegrität der sicherheitskritischen Bauteile und beeinträchtigen andererseits die Produktionsstabilität in der Serienfertigung. Für die Fräsbearbeitung von Nickelbasislegierungen kommen primär Hartmetallwerkzeuge zum Einsatz. Im Zuge einer notwendigen Optimierung der Werkzeuge zur Steigerung des Standvermögens und der Prozesssicherheit werden vielfach die Wahl des Schneidstoffs sowie die Auslegung der Werkzeugmakro- und -mikrogeometrie untersucht. Demgegenüber existieren nur in sehr begrenztem Umfang Erkenntnisse zu der Frage, inwieweit das Standvermögen der Fräswerkzeuge durch die jeweiligen Werkzeugrandzoneneigenschaften signifikant beeinflusst wird. Die Randzonen von Fräswerkzeugen bilden sich durch die Überlagerung verschiedener Prozessschritte in der Werkzeugherstellung aus. Für einteilige Schaftfräswerkzeuge kommen hierbei insbesondere dem Werkzeugschleifen und der Schneidkantenpräparation eine wesentliche Bedeutung zu.

Eine eingehende Analyse zum Stand der Technik zeigte sowohl signifikante Wissenslücken in Bezug auf die Auswirkungen der Herstellprozesskette auf die Randzoneneigenschaften von Schaftfräswerkzeugen als auch bzgl. des Einflusses dieser Randzoneneigenschaften auf das Einsatzverhalten bei der Bearbeitung von Nickelbasislegierungen. In dem begrenzten Umfang an Untersuchungen zur Werkzeugherstellung an Schaftfräswerkzeugen wurden vielfach nur einzelne Zielgrößen wie die Oberflächenrauheit isoliert betrachtet. Gleichzeitig fehlten Erkenntnisse zur Auswirkung von Prozessfolgen wie dem Werkzeugschleifen und der anschließenden Schneidkantenpräparation auf die Randzoneneigenschaften. Viele Einsatzuntersuchungen erfolgten einerseits in Eisenbasislegierungen, deren Zerspanbarkeit signifikant abweicht von der Zerspanbarkeit von Nickelbasislegierungen. Andererseits wurden vielfach die Herstellprozessparameter mit dem Einsatzverhalten korreliert, nicht aber die für den Aufbau kausaler Zusammenhänge notwendigen Eigenschaften der Randzone betrachtet. Empfehlungen zur Einstellung von Randzoneneigenschaften an Fräswerkzeugen für die Bearbeitung von Nickelbasislegierungen lagen entsprechend nicht vor.

Das aus den Defiziten abgeleitete Ziel dieser Arbeit war die Identifikation von Randzonenmerkmalen an VHM-Fräswerkzeugen mit Einfluss auf das Standvermögen sowie die Ableitung von Gestaltungsempfehlungen für diese Werkzeugmerkmale. Die Beantwortung der vier Forschungsfragen erfolgte anhand eines empirisch-analytischen Forschungsvorgehens. In Kapitel 4 wurden zunächst die Auswirkungen einer zunehmenden Einzelkornspanungsdicke beim Werkzeugschleifen durch Variation der Prozessparameter Diamantkorngröße, Werkstückvorschubgeschwindigkeit und Schleifscheibenumfangsgeschwindigkeit auf Oberfläche, Randzone und Schneidkante bewertet. Als dominant bzgl. der Schleifkräfte und der Oberflächenrauheit erwies sich die Werkstückvorschubgeschwindigkeit, wobei der Effekt der Diamantkorngröße geringer ausfiel. Insgesamt konnte für die flächenbezogene arithmetische Rauheit im untersuchten Parameterraum eine Spanne zwischen ca. 0,05 µm und 0,4 µm ermittelt werden. An Span- und Freiflächen lagen für alle Parameterkombinationen ausgeprägte Druckeigenspannungen vor, die mit Steigerung der Einzelkornspanungsdicke tendenziell bis auf Beträge von über 3.000 MPa anstiegen. Dies konnte auf die zunehmenden plastischen Deformationen der Randzone zurückgeführt werden. Kritische Randzonendefekte wie Risse und Poren in einer Tiefe von über 3 µm traten nicht auf. Durch das

Gleitschleifen wurde neben der Schartigkeit auch die Oberflächenrauheit deutlich verringert, ohne dass eine signifikante Veränderung der Druckeigenspannungen messbar war.

Eine zentrale Herausforderung bei der Ableitung eindeutiger Ursache-Wirkungs-Beziehungen zwischen einem Randzonenmerkmal und dem Standvermögen eines Werkzeugs liegt in der teils simultanen Veränderung mehrerer Randzoneneigenschaften durch eine Parametervariation. So führt z.B. die Zunahme der Werkstückvorschubgeschwindigkeit sowohl zu einer höheren Rauheit und Schartigkeit der Schneidkante als auch zu erhöhten Druckeigenspannungen. Ziel von Kapitel 5 war dementsprechend die Entwicklung und Anwendung einer Methode zu einer gezielten und isolierten Einstellung von Randzonenmerkmalen. Als Zielgrößen der Werkzeugherstellung und gleichzeitig Eingangsgrößen für die Zerspanversuche wurden die Werkzeugmerkmale Oberflächenrauheit, Vergleichseigenspannung und der Schneidkantenradius identifiziert. Die Grundlage für die folgenden Zerspanversuche bildete ein zweistufiger Versuchsplan. Je Ausprägung der o.g. Werkzeugmerkmale wurden Klassen definiert, die trotz einer Streuung der Merkmalsausprägung ausreichend weit auseinanderliegen mussten. Zur Einstellung dieser Ausprägungen wurde einerseits die Tatsache genutzt, dass z.B. die Oberflächenrauheit und die Eigenspannungen unterschiedliche Sensitivitäten für eine Variation des Werkzeugschleifprozesses aufwiesen. Für die Einstellung einer gleichzeitig hohen Oberflächenrauheit und geringen Druckeigenspannungen wurden die Werkzeuge einer gezielten Wärmebehandlung unterzogen. Unter Berücksichtigung des Gleitschleifens zur Schneidkantenpräparaton ohne nennenswerte Veränderung der Eigenspannungen ergaben sich insgesamt acht Faktorstufenkombinationen, wobei je Kombination min. sechs Fräswerkzeuge gefertigt wurden.

Die gezielt gefertigten Werkzeuge kamen anschließend zur Schlichtfräsbearbeitung der Nickelbasislegierung IN718 zum Einsatz. Die Bewertung des Werkzeugeinsatzes erfolgte zunächst anhand von Zerspankraft und Spanbildung, wobei beide Standkriterien nicht durch die Randzonenmerkmale beeinflusst wurden. Maßgeblich für die Reibverhältnisse an Span- und Freifläche sind demnach sich frühzeitig bildende Aufschmierungen. Die vorherrschenden Verschleißmechanismen waren Abrasion und Adhäsion im Bereich der Freifläche, die auch zu einer kontinuierlichen Zunahme des Schneidkantenradius führten. Das Standvermögen der jeweiligen Werkzeugklassen variierte sehr deutlich, wobei der erreichte Standweg maßgeblich durch das Auftreten von Ausbrüchen bestimmt war. Während Werkzeuge, die mit großen Einzelkornspanungsdicken geschliffen und anschließend einer Schneidkantenpräparation unterzogen wurden, einen mittleren Standweg von ca. 7 m erreichten, fielen feingeschliffene und wärmbehandelte Werkzeuge bereits nach unter einem Meter aus. Ursächlich sind demnach deutlich reduzierte Druckeigenspannungen in Höhe von über -1.000 MPa. Die Entwicklung der durch Abrasiv- und Adhäsivverschleiß hervorgerufenen mittleren Verschleißmarkenbreite blieb von der Ausprägung der Werkzeugmerkmale unbeeinflusst. Bemerkenswert ist, dass durch eine ausgeprägte Schartigkeit der Schneidkante gegenüber nahezu defektfreien Schneidkanten kein Abfall des Standweges auftrat. Lose Schneidstoffpartikel werden demnach direkt zu Beginn der Zerspanung abgetrennt, was sich in der kontinuierlichen Zunahme des verschleißbedingten Schneidkantenradius äußert. Demgegenüber konnte durch eine definierte Schneidkantenverrundung von ca. 8 µm im Mittel eine Steigerung des Standweges um ca. 50 bis 65 % bei gleichzeitig reduzierter Streubreite der Ergebnisse erzielt werden. Ursächlich ist eine Steigerung der Schneidenstabilität, wodurch (Mikro-) Ausbrüche seltener und später auftraten. Abschließend konnten im Rahmen einer Varianzanalyse die Eigenspannung und die Schneidkantenverrundung als statistisch signifikante Einflussfaktoren bestätigt werden.

Für die genauere Analyse und Erklärung des Werkzeugbruchversagens bei geringen Druckeigenspannungen wurde in Kapitel 7 ein Erklärungsmodell entwickelt. Die Basis hierfür war ein

2D-FEM-Spanbildungsmodell auf Grundlage einer CEL-Formulierung, das um den Einfluss von inhärenten Eigenspannungen erweitert wurde. Mit dem Modell konnten die wirkenden Lastspannungen für drei Eigenspannungszustände und unter Berücksichtigung des Neuzustands sowie der verschleißbedingten Werkzeugmikrogeometrie berechnet und für diskrete Zeitpunkte des Scheideneingriffs analysiert werden. Als wahrscheinliche Ursache für Schneidenausbrüche konnten Zugspannungen im Bereich der Spanfläche durch den Abgleich mit der Versagenswahrscheinlichkeit des Hartmetalls bei erhöhten Temperaturen identifiziert werden. Die Lage des Zugspannungsmaximums deckte sich dabei mit der Position der Bruchkanten an feingeschliffenen Werkzeugen. Rein rechnerisch führten Druckeigenspannungen < -2.500 MPa gegenüber einem geringem Druckeigenspannungsniveau von ca. -1.000 MPa zu einer Reduktion der Versagenswahrscheinlichkeit von 90 auf unter 5 %. Eine verschleißbedingte Zunahme des Schneidkantenradius sowie der Verschleißmarkenbreite bewirkte aufgrund erhöhter Schnittnormalkräfte eine Abnahme der Zugspannungen in der Spanfläche. Die Erkenntnisse lieferten insgesamt ein differenziertes Verständnis der qualitativen Spannungsverteilung im Schneidkeil und ihrer Auswirkungen auf das Standvermögen der Werkzeuge.

Abschließend wurden die wesentlichen Erkenntnisse dieser Arbeit in Gestaltungsempfehlungen für das Werkzeugschleifen sowie die Auslegung von Werkzeugrandzonen inkl. der Werkzeugoberflächen für das Schlichtfräsen von IN718 konsolidiert. Die erläuterte Methodik kann dabei ebenso für die Werkzeugauslegung und -herstellung bei alternativen Einsatzfällen Anwendung finden. Insgesamt lässt sich zusammenfassen, dass die Zielsetzung der Arbeit erreicht und die Forschungshypothese anhand der Beantwortung der Forschungsfragen verifiziert werden konnte.

In künftigen Forschungsarbeiten sollte das erhebliche Potenzial zur Steigerung des Werkzeugstandvermögens durch eine gezielte Beeinflussung der Werkzeugrandzonen weiter ausgebaut werden. Initial wird eine Übertragung der Ergebnisse auf weitere Schneidstoffsorten und Anwendungsfälle vorgeschlagen. Grundsätzlich bestehen noch wesentliche Wissensdefizite zu Störgrößeneinflüssen bei der Werkzeugherstellung, wie u.a. dem Effekt eines zunehmenden Schleifscheibenverschleißes auf die Randzone des Hartmetalls. Die Auswirkungen der durch Kornverschleiß hervorgerufenen Veränderungen der Einzelkornkontaktflächen und Lastkollektive auf die Randzone ist weitestgehend unbekannt, so dass auch bisher keine wissensbasierte Vorhersage von Abrichtzyklen möglich ist. Nachfolgend ist die Kantengeometrie der Schleifscheibe genauer zu charakterisieren, um die lokalen Eingriffsbedingungen im Bereich des Schleifscheibenkantenradius und somit im Bereich der Oberflächenerzeugung zu verstehen. Große Unsicherheiten bestehen insgesamt in der räumlichen Verteilung randzonennaher Eigenspannungen im Bereich von Wirkflächen und Schneidkanten, so dass Verfahren zur Erfassung ortsaufgelöster Eigenspannungen wie die Raman-Spektroskopie ein großes Potenzial aufweisen, vgl. [BREI24]. Mithilfe des gewonnenen Wissens können Randzoneneigenschaften in engeren Grenzen eingestellt werden, z.B. durch angepasste Schleifmittel oder räumlich fokussierte Oberflächenbehandlung mittels Strahlprozessen. Hinsichtlich der Analyse der Verschleiß- und Versagensphänomene ist eine Optimierung des verwendeten Simulationsmodells zur Steigerung der Berechnungsgüte und Senkung der Berechnungsdauer anzustreben. Zum einen sollte die Methodik zum Aufprägen der Eigenspannungen in der Randzone weiterentwickelt werden, um tatsächliche Eigenspannungsverteilungen möglichst genau abbilden zu können. Ebenso bietet die Berücksichtigung der thermischen Bedingungen beim Fräsen das Potenzial, das Verständnis der Verschleiß- und Versagensmechanismen weiter zu verbessern und in die Entwicklung neuer Werkzeuge einfließen zu lassen. Letztendlich sollten die Unsicherheiten der mittels FEM bestimmten Spannungsverteilungen genauer quantifiziert werden. Hierzu könnten u.a. statistische gegenüber deterministischen Eingangsdaten Anwendung finden.

Summary and Outlook

The need to increase the efficiency of aircraft engines in order to reduce greenhouse gas emissions requires the increased use of high-temperature nickel-based alloys. Due to their pronounced high-temperature strength, these alloys are difficult to machine, resulting in pronounced tool wear and, in some cases, spontaneous tool failure. Uncontrolled tool wear affects the surface integrity of safety-critical components on the one hand and impairs production stability in series production on the other. Carbide tools are primarily used for milling nickel-based alloys. The choice of cutting material and the design of the tool macro- and microgeometry are often investigated as part of the necessary optimization of the tools to increase tool life and process reliability. In contrast, only very limited knowledge exists on the question, to what extent the tool life of the milling tools is significantly influenced by the respective properties of the tool surface layer. The surface layer of milling tools is formed by the superimposition of various process steps in tool manufacture. For one-piece end milling tools, tool grinding and cutting edge preparation are particularly important.

An in-depth analysis of the state of the art revealed significant knowledge gaps with regard to the effects of the manufacturing process chain on the surface layer properties of end milling tools as well as with regard to the influence of these properties on the application behavior when machining nickel-based alloys. In the limited scope of investigations into tool manufacture on end milling tools, in many cases only individual target variables such as surface roughness were considered in isolation. At the same time, there was a lack of knowledge on the effect of process sequences such as tool grinding and subsequent cutting edge preparation on the surface layer properties. On the one hand, many application tests were carried out on iron-based alloys, whose machinability differs significantly from that of nickel-based alloys. On the other hand, the manufacturing process parameters were often correlated with the application behavior, but the properties of the surface layer necessary for establishing causal relationships were not considered. Recommendations for the adjustment of surface layer properties on milling tools for the machining of nickel-based alloys were therefore not available.

The aim of this work, derived from the deficits, was to identify surface layer features on solid carbide milling tools with an influence on tool life and to derive design recommendations for these tool features. The four research questions were answered using an empirical analytical research approach. In Chapter 4, the effects of increasing single-grain chip thickness during tool grinding by varying the process parameters of diamond grain size, workpiece feed rate and grinding wheel circumferential speed on the surface layer and cutting edge properties were first evaluated. The workpiece feed rate proved to be dominant with regard to the grinding forces and surface roughness, whereby the effect of the diamond grain size was less pronounced. Overall, a range between approx. 0.05 µm and 0.4 µm was determined for the surface-related arithmetic roughness of the surfaces. Pronounced residual compressive stresses were present at the rake and flank faces for all parameter combinations, which tended to increase to values of over 3,000 MPa as the individual single grain chip thickness increased. This could be attributed to the increasing plastic deformation of the surface layer. Critical defects such as cracks and pores at a depth of more than 3 µm did not occur. The surface roughness was also significantly reduced by drag finishing, without a significant change in the residual compressive stresses being measurable.

A major challenge in deriving clear cause-effect relationships between a surface layer feature and the tool life lies in the simultaneous change of several surface layer properties through parameter variation. For example, an increase in the workpiece feed rate leads to a higher roughness and chipping of the cutting edge as well as to increased residual compressive stresses. The aim of Chapter 5 was therefore to develop and apply a method for the targeted and isolated adjustment of surface layer characteristics. The tool characteristics surface roughness, equivalent residual stress and the cutting edge radius were identified as target variables for tool manufacture and at the same time input variables for the machining tests. A two-stage test plan formed the basis for the subsequent machining tests. Classes were defined for each characteristic of the above-mentioned tool features, which had to be sufficiently far apart despite a scattering of the characteristic values. On the one hand, the fact that the surface roughness and residual stresses, for example, exhibited different sensitivities to a variation in the tool grinding process was used to set these characteristics. Selected tools were subjected to targeted heat treatment to achieve a simultaneously high surface roughness and low residual compressive stresses. Taking into account the drag finishing for cutting edge preparation without any significant change in the residual stresses, a total of eight factor stage combinations were produced, with at least six milling tools being manufactured for each combination.

The specifically manufactured tools were then used in finish milling the nickel-based alloy IN718. The use of the tools was initially evaluated on the basis of cutting force and chip formation, whereby both tool life criteria were not influenced by the surface layer characteristics. Accordingly, the friction conditions on the chip and the flank face are determined by the early formation of adhered material. The predominant wear mechanisms were abrasion and adhesion in the area of the flank face, which also led to a continuous increase in the cutting edge radius. The tool life of the respective tool classes varied considerably, whereby the tool life achieved was largely determined by the occurrence of chipping. While tools that were ground with large single-grain chip thicknesses and then subjected to cutting edge preparation achieved an average tool life of 7 m, finely ground and heat-treated tools failed after less than one meter. This was due to significantly reduced residual compressive stresses of over -1,000 MPa. The development of the average width of the flank wear land caused by abrasive and adhesive wear remained unaffected by the characteristics of the tool features. It is worth noting that there was no decrease in tool life due to a pronounced roughness of the cutting edge compared to almost defect-free cutting edges. Loose cutting material particles are therefore removed directly at the start of machining, which is reflected in the continuous increase in the wear-related cutting edge radius. In contrast, a defined cutting edge rounding of approx. 8 µm resulted in an average increase in tool life of approx. 50 to 65 % with a simultaneous reduction in the scattering width of the results. This is due to an increase in cutting edge stability, as a result of which (micro-) chipping occurred less frequently and later. Finally, residual stress and cutting edge rounding were confirmed as statistically significant influencing factors in an analysis of variance.

An explanatory model was developed in Chapter 7 for a more detailed analysis and explanation of tool failure at low compressive stresses. The basis for this was a 2D-FEM chip formation model based on a CEL-formulation, which was extended to include the influence of internal residual stresses. The model was used to calculate the acting load stresses for three residual stress states, taking into account the new state and the wear-induced tool microgeometry, and to analyze them for discrete points in time of the cutting process. Tensile stresses in the area of the rake face were identified as the main cause of cutting edge breakage by comparing them with the failure probability of the cemented carbide at elevated temperatures. The position of the tensile stress maximum coincided with the position of the fracture edges of finely ground tools observed in milling tests. Compared to a low residual compressive stress level of -1,000 MPa, residual compressive stresses < -2,500 MPa led to a reduction in the failure probability from 90 to less than 5 %. A wear-related increase of the cutting edge radius and the width of the flank wear land caused a decrease in the tensile stresses in the rake face due to increased cutting normal forces. Overall, the findings provided a differentiated understanding of the stress distribution in the cutting wedge and its effects on the tool life.

Finally, the key findings of this work were consolidated into design recommendations for tool grinding and the design of tool surface layers for the finish milling of IN718. The methodology explained can also be used for tool design and manufacture in alternative applications. Overall, it can be summarized that the objective of the work was achieved and the research hypothesis was verified by answering the research questions.

In future research work, the considerable potential for increasing tool life by specifically influencing the surface layer should be further developed. Initially, it is advisable to transfer the results to other cutting materials and applications. There is still a fundamental lack of knowledge regarding the influence of disturbance variables during the production sequence, such as the effect of increasing grinding wheel wear on the surface layer of the cemented carbide. The effects of changes in the individual grain contact surfaces and load spectra caused by grain wear on the surface layer are largely unknown, so that no knowledge-based prediction of dressing cycles is possible to date. In the following, the edge geometry of the grinding wheel must be characterized more precisely in order to understand the local contact conditions in the area of the grinding wheel radius and thus in the area of surface generation. Overall, there are great uncertainties in the spatial distribution of residual stresses close to the edge zone in the area of active surfaces and cutting edges, so that methods for detecting spatially resolved residual stresses such as Raman spectroscopy have great potential, see [BREI24]. With the help of the knowledge gained, surface layer properties can be adjusted within narrower limits, e.g. through adapted abrasives or spatially focused surface treatment using blasting processes. With regard to the analysis of wear and cutting edge failure phenomena, the simulation model used should be optimized to increase the calculation quality and reduce the calculation time. On the one hand, the methodology for imposing residual stresses in the edge zone should be further developed in order to be able to map actual residual stress distributions as accurately as possible. Similarly, the consideration of thermal conditions during milling offers the potential to further improve the understanding of wear and failure mechanisms and to incorporate them into the development of new tools. Ultimately, the uncertainties of the stress distributions determined using FEM should be quantified more precisely. Among other things, statistical rather than deterministic input data could be used for this purpose.

10 Literaturverzeichnis

Bibliography

[AGME17] Agmell, M.; Ahadi, A.; Gutnichenko, O.; Ståhl, J.-E.: The influence of tool micro-geometry on stress distribution in turning operations of AISI 4140 by FE analysis. In: The International Journal of Advanced Manufacturing Technology, 89. Jg., 2017, Nr. 9-12, S. 3109-3122

[AIRB24] Airbus: Global Market Forecast 2024 – 2024-2043. URL: www.airbus.com/en/products-services/commercial-aircraft/global-market-forecast [Stand: 17.11.2024]

[ALAM21] Alammari, Y.; Iovkov, I.; Saelzer, J.; Wolf, T.; Biermann, D.: Adhesion of Inconel 718 on Uncoated Tungsten Carbide Inserts in Interrupted Orthogonal Machining under MQL. In: Procedia CIRP. 103. Jg., 2021, S. 194-199

[ALBR60] Albrecht, P.: New Developments in the Theory of the Metal-Cutting Process. Part I, The Ploughing-Process in Metal Cutting. In: Transactions of the ASME, 1960, Nr. 82, S. 348-358

[AlIC21] BrukerAlicona: Fokus-Variation: Das technische Prinzip. URL: https://www.alicona.com/de/unsere-technologie/fokus-variation/, Stand: 19.07.2021

[ALMO86] Almond, E. A.; McCormick, N. J.: Constant-geometry edge-flaking of brittle materials. In: Nature. 321. Jg., 1986, Nr. 6065, S. 53-55

[ALTI00] Altintas, Y.: Manufacturing Automation - Metal Cutting Mechanics, Machine Tool Vibrations and CNC Design. Cambridge University Press, 2000.

[ALTI12] Altintas, Y.: Manufacturing Automation. Metal Cutting Mechanics, Machine Tool Vibrations and CNC Design. 2nd rev. ed. Cambridge: Cambridge University Press, 2012

[AMOR03] Amor, R.A.: Thermomechanische Wirkmechanismen und Spanbildung bei der Hochgeschwindigkeitszerspanung. Dissertation. Universität Hannover, 2003

[ARNT13] Arntz, K.: Technologie des Mehrachsfräsens von vergütetem Schnellarbeitsstahl. Dissertation. RWTH Aachen, 2013

[ASPI07] Aspinwall, D. K.; Dewes, R. C.; Ng, E.-G.; Sage, C.; Soo, S. L.: The influence of cutter orientation and workpiece angle on machinability when high-speed milling Inconel 718 under finishing conditions. In: International Journal of Machine Tools and Manufacture. 47. Jg., 2007, Nr. 12-13, S. 1839-1846.

[AßMU19] Aßmuth, R.: Schneidkantenpräparation durch Druckluft-Nassstrahlspanen mit Industrierobotern. Dissertation. TU Dortmund, 2019

[AUGS18] Augspurger, T.: Thermal Analysis of the Milling Process. Dissertation. RWTH Aachen, 2018

[AUGS20] Augspurger, T; Schraknepper, D.; Bergs, T.: Experimental investigation of specific cutting forces and estimation of the heat partitioning under increasing tool wear in machining nickel-based super alloy IN 718. In: Production Engineering. 14. Jg., 2020, Nr. 4, S. 491-498

[BARO13] Baronin de Payrebrune Saint Sève, K. M.: Analyse und Modellierung der Prozess-Strukturwechselwirkungen beim Werkzeugschleifen. Dissertation. TU Bergakademie Freiberg, 2013

[BART16] Barthelmä, F.; Frank, H.; Schiffler, M.; Bartsch, A.: Hard Coatings to Improve the Machining of Nickel Based Materials. In: Procedia CIRP. 46. Jg., 2016, S. 294-298

[BART19] Barth, S.: Einfluss der Topographie kunstharzgebundener CBN-Schleifscheiben auf das thermo-mechanische Belastungskollektiv beim Schleifen. Dissertation. RWTH Aachen, 2019

[BASS12] Bassett, E., Köhler, J., Denkena, B.: On the honed cutting edge and its side effects during orthogonal turning operations of AISI1045 with coated WC-Co inserts. In: CIRP Journal of Manufacturing Science and Technology. 5. Jg., 2012, Nr. 2, S. 108 126

[BASS14] Bassett, E.: Belastungsspezifische Auslegung und Herstellung von Schneidkanten für Drehwerkzeuge. Dissertation. Universität Hannover, 2014

[BEBL22] Beblein, S.: Grundlagen zur FEM-basierten Auslegung beschichteter Zerspanwerkzeuge. Dissertation. Universität Hannover, 2022

[BEER15] Beer, N.: Systematische Untersuchung von Vollhartmetall-Wendelbohrern zum Bearbeiten von Inconel 718. Dissertation. TU Dortmund, 2015

[BEHR16] Behrens, L.: Schleifen von PCBN. Dissertation. Universität Hannover, 2016

[BERG17] Bergmann, B.: Grundlagen zur Auslegung von Schneidkantenverrundungen. Dissertation. Universität Hannover, 2017

[BERG20] Bergs, T.; Hardt, M; Schraknepper, D.: Investigations on the Influence of the Cemented Carbide Grade on the Surface Integrity when End Milling DA 718. In: Procedia CIRP. 93. Jg., 2020, S. 1490-1495

[BERT07] Bertalan, C.: Technologische Untersuchungen zum Präzisions-Hartdrehen von Hartmetall. Dissertation. RWTH Aachen, 2007

[BIER12] Biermann, D.; Heymann, T.: Tiefschleifen von Hartmetall. Erhöhung der Leistungsfähigkeit von Tiefschleifprozessen zur Hartmetallbearbeitung am Beispiel von Bohrernuten. In: Diamant Hochleistungswerkzeuge. 4. Jg., 2012, S. 34-39

[BIER16] Biermann, D., Aßmuth, R.; Schumann, S.; Rieger, M.; Kuhlenkötter, B.: Wet Abrasive Jet Machining to Prepare and Design the Cutting Edge Micro Shape. In: Procedia CIRP. 45. Jg., 2016, S. 195-198

[BIFA91] Bifano, T. G.; Dow, T. A.; Scattergood, R. O.: Ductile-Regime Grinding. A New Technology for Machining Brittle Materials. In: Journal of Engineering for Industry. 113. Jg., 1991, Nr. 2, S. 184-189

[BLET19] Bletek, T.: Oberflächenintegrität beim Ultrapräzisionsschleifen transparenter polykristalliner Keramiken. Dissertation. RWTH Aachen, 2019

[BOBZ17] Bobzin, K.: High-performance coatings for cutting tools. In: CIRP Journal of Manufacturing Science and Technology. 18. Jg., 2017, S. 1-9

[BÖHL02] Böhlke, W.: Hartmetall – ein moderner Hochleistungswerkstoff. In: Materialwissenschaft und Werkstofftechnik. 33. Jg., 2002, Nr. 1, S. 575-580

[BOUZ08] Bouzakis, E.: Steigerung der Leistungsfähigkeit PVD-beschichteter Hartmetallwerkzeuge durch Strahlbehandlung. Dissertation. RWTH Aachen, 2008

[BOUZ10] Bouzakis, K. D.; Gerardis, S.; Katirtzoglou, G.; Makrimallakis, S.; Skordaris, G.; Efstathiou, K.: Chip length effect on the wear of coated cemented carbide inserts in milling. Vortrag auf: 8th "The" Coatings Conference, Erlangen. 15.4.2010

[BOUZ12] Bouzakis K. D., Michailidis N., Skordaris G., Bouzakis E., Biermann D., M'Saoubi, R.: Cutting with Coated Tools: Coating Technologies, Characterization Methods and Performance Optimization. In: CIRP Annals. 61. Jg., 2012, Nr. 2, S. 703-723

[BOUZ14] Bouzakis, K. D.; Bouzakis, E.; Kombogiannis, S.; Makrimallakis, S.; Skordaris, G.; Michailidis, N. et al.: Effect of cutting edge preparation of coated tools on their performance in milling various materials. In: CIRP Journal of Manufacturing Science and Technology. 7. Jg., 2014, Nr. 3, S. 264-273.

[BOUZ17] Bouzakis, K.-D.; Charalampous, P.; Kotsanis, T.; Skordaris, G.; Bouzakis, E.; N. et al.: Effect of HM substrates' cutting edge roundness manufactured by laser machining and micro-blasting on the coated tools' cutting performance. In: CIRP Journal of Manufacturing Science and Technology. 18. Jg., 2017, S. 188-197

[BRAM61] Brammertz, P. H.: Die Entstehung der Oberflächenrauheit beim Feindrehen. In: Industrieanzeiger. 83. Jg., 1961, Nr. 2, S. 25-31

[BRÄU15] Bräunling, W.J.G.: Flugzeugtriebwerke. Grundlagen, Aero-Thermodynamik, ideale und reale Kreisprozesse, Thermische Turbomaschinen, Komponenten, Emissionen und Systeme. 4. Aufl., Berlin: Springer, 2015

[BREI11] Breidenstein, B.: Oberflächen und Randzonen hoch belasteter Bauteile. Habilitation. Universität Hannover, 2011

[BREI13a] Breidenstein, B.; Denkena, B.: Significance of residual stress in PVD-coated carbide cutting tools. In: CIRP Annals - Manufacturing Technology. 62. Jg., 2013, Nr. 1, S. 67-70

[BREI13b] Breidenstein, B.; Gey, C.; Denkena, B.: Surface integrity of laser machined carbide cutting tools within the PVD-coating process chain. In: Materialwissenschaft und Werkstofftechnik. 44. Jg., 2013, Nr. 8, S. 704-709

[BREI16] Breidenstein, B.; Denkena, B.; Vetter, J.; Richter, B.: Influence of the residual stress state of coatings on the wear behavior in external turning of AISI 4140 and Ti–6Al–4V. In: Production Engineering. 10. Jg., 2016, Nr. 2, S. 147-155

[BREI22] Breidenstein, B.; Vogel, N.; Behrens, H.; Dietrich, M.; Andersson, J. M.: Locally Resolved Residual Stress Measurements in (Al,Ti)N Coatings Using Raman Spectroscopy. In: Tribology in Industry. 44. Jg., 2022, Nr. 1, S. 143-149

[BREI24] Breidenstein, B.; Vogel, N.: Locally resolved stress measurement in the ultra-hard composites polycrystalline diamond and polycrystalline cubic boron nitride. In: Forschung im Ingenieurwesen. 88. Jg., 2024, Nr. 5, S. 1-8

[BREV96] Brevern, P. von: Untersuchungen zum Tiefschleifen von Hartmetall unter besonderer Berücksichtigung von Schleiföl als Kühlschmierstoff. Dissertation. Technische Universität Hamburg-Harburg. 1996

[BRINK91] Brinksmeier, E.: Prozess- und Werkstückqualität in der Feinbearbeitung. Habilitation. Universität Hannover, 1991

[BRIN14] Brinksmeier, E.; Klocke, F.; Lucca, D. A.; Sölter, J.; Meyer, D.: Process Signatures – a new approach to solve the inverse surface integrity problem in machining processes. In: Procedia CIRP. 13. Jg., 2014, S. 429-433

[BRIN10] Brinksmeier, E.; Mutlugünes, Y.; Klocke, F.; Aurich, J. C.; Shore, P.; Ohmori, H.: Ultra-precision grinding. In: CIRP Annals – Manufacturing Technology. 59. Jg., 2010, Nr. 2, S. 652-671

[BUSC14] Busch, M.: Methodische Fräsprozessauslegung für die Bearbeitung hochwarmfester Werkstoffe. Dissertation. RWTH Aachen, 2014

[BÜCK21] Bücker, M.: Neue Methoden zur Entwicklung und Herstellung von Hochleistungswerkzeugen für die Bohrbearbeitung von Inconel. Dissertation. TU Dortmund, 2021

[BÜRG11] Bürgel, R; Maier, H. J.; Niendorf, T.: Handbuch Hochtemperatur-Werkstofftechnik. 4. Aufl., Wiesbaden, Vieweg+Teubner, 2011

[BÜTT68] Büttner, A.: Das Schleifen sprödharter Werkstoffe mit Diamant-Topfscheiben unter Berücksichtigung des Tiefschleifens. Dissertation. Universität Hannover, 1968

[CEDE13] Cedergren, S.; Olovsjö, S.; Sjöberg, G.; Nyborg, L.: The effects of grain size and feed rate on notch wear and burr formation in wrought Alloy 718. In: The International Journal of Advanced Manufacturing Technology. 67. Jg., 2013, Nr. 5-8, S. 1501-1507

[CLAU05] Clausen, M.: Zerspankraftprognose und -simulation für Dreh- und Fräsprozess. Dissertation. Universität Hannover, 2005

[CHOU91] Chou, P.C.; Hashemi, J; Chou, A.; Rogers, H.C.: Experimentation and Finite Element Simulation of Adiabatic Shear Bands in Controlled Penetration Impact. In: International Journal of Impact Engineering, 11. Jg., 1991, S. 305-321

[CHOU98] Choudhury, I. A.; El-Baradie, M. A.: Machinability of nickel-base super alloys: a general review. In: Journal of Materials Processing Technology. 77. Jg., 1998, S. 278-284

[CORT09] Cortés Rodríguez, C. J.: Cutting edge preparation of precision cutting tools by applying micro-abrasive jet machining and brushing. Dissertation. Universität Kassel, 2009

[CRUZ22] Cruz, D. C.; Sordi, V. L.; Ventura, C.E.H.: Assessment of the surface integrity of ground cemented tungsten carbide cutting inserts and its influence on tool wear in turning of ferritic nodular cast iron. In: CIRP Journal of Manufacturing Science and Technology. 37. Jg., 2022, S. 613-622

[DAVI07] Davies, M. A.; Ueda, T.; M'Saoubi, R.; Mullany, B.; Cooke, A. L.: On the measurement of temperature in material removal processes. In: CIRP Annals - Manufacturing Technology. 56. Jg., 2007, Nr. 2, S. 581–604

[DEDA20] N.N.: Cutting Tools 2020 – Global Markets by Products, End-Users, Application and Competition: 2019-2025 – Analysis and Forecasts. Dedalus Consulting, 2020

[DENK02] Denkena, B.; Friemuth, T.; Fedorenko, S.; Groppe, M.: An der Schneide wird das Geld verdient. Neue Parameter zur Charakterisierung der Schneidengeometrien an Zerspanwerkzeugen. In: Werkzeuge - Sonderausgabe der Zeitschrift Fertigung, 2002, S. 24-26

[DENK04a] Denkena, B.; Becker, J.C., Reichstein, M.: Auswirkung der Kinematik beim Mikroschleifen. In: wt Werkstatttechnik online. 94. Jg., 2004, Nr. 6, S. 267-271.

[DENK04b] Denkena, B.; Friemuth, T.; Breidenstein, B.; Spengler, C.: Einfluss der Prozessauslegung unterschiedlicher Schleifverfahren zur Herstellung von Hartmetallwerkzeugen auf den Eigenspannungszustand der Randzone. In: Hoffmeister, H.-W.; Tönshoff, H.-K.; (Hrsg.): Jahrbuch Schleifen, Hohnen, Läppen und Polieren. 61. Ausgabe. Essen: Vulkan, 2004, S. 78-88

[DENK05] Denkena, B.; Breidenstein, B.: Tiefenaufgelöste Eigenspannungsmessungen an unterschiedlichen geschliffenen Hartmetall-Wendeschneidplatten. In: Hoffmeister, H.-W.; Tönshoff, H.-K.; (Hrsg.): Jahrbuch Schleifen, Hohnen, Läppen und Polieren. 62. Ausgabe. Essen: Vulkan, 2005, S. 2-10

[DENK07] Denkena, B; Kramer, N.; Siegel, F.; Kästner, J.: Methoden zur Präparation von Zerspanwerkzeugen. Leistungsoptimierung an der Schneidkante. In: VDI-Z. 2007, S. 24-26

[DENK10] Denkena, B.; Breidenstein, B.: Pre PVD-Coating Processes and their Effect on Substrate Residual Stress in Carbide Cutting Tools. In: Key Engineering Materials. 438. Jg., 2010, S. 17-22

[DENK11] Denkena, B.; Tönshoff, H. K.: Spanen. 3. Aufl., Berlin: Springer, 2011

[DENK12] Denkena, B.; Breidenstein, B.: Residual Stress Distribution in PVD-Coated Carbide Cutting Tools – Origin of Cohesive Damage. In: Tribology in Industry. 34. Jg., 2012, Nr. 3, S. 158-165

[DENK14] Denkena, B.; Biermann, D.: Cutting edge geometries. In: CIRP Annals - Manufacturing Technology 63 (2), S. 631–653. DOI: 10.1016/j.cirp.2014.05.009. 2014

[DENK18a] Denkena, B.; Grove, T.; Theuer, M.; Liu, Y.: Resource Efficient Regrinding of Cemented Carbide Milling Tools. In: Procedia CIRP. 69. Jg., 2018, S. 882-887. DOI: 10.1016/j.procir.2017.11.028.

[DENK18b] Denkena, B.; Grove, T.; Suntharakumaran, V.: Porous Metal Bonds Increase the Resource Efficiency for Profile Grinding. In: Procedia CIRP. 69. Jg., 2018, S. 265-270

[DENK19] Denkena, B.; Grove, T.; Dittrich, M.-A.; Suntharakumaran, V.: Porous Metal Bonds Increase the Resource Efficiency for Profile Grinding II. In: Procedia CIRP. 80. Jg., 2019, S. 114-119

[DENK21] Denkena, B.; Krödel-Worbes, A.; Beblein, S.; Hein, M.: Influence of End Mill Manufacturing on Cutting Edge Quality and Wear Behavior. In: Journal of Manufacturing and Materials Processing. 5. Jg., 2021, Nr. 3

[DEVI07] Devillez, A.; Schneider, F.; Dominiak, S.; Dudzinski, D.; Larrouquere, D.: Cutting forces and wear in dry machining of Inconel 718 with coated carbide tools. In: Wear. 262 Jg., 2007, Nr. 7-8, S. 931-942

[DIN81] Norm DIN 6581: Begriffe der Zerspantechnik – Standbegriffe. September 1981

[DIN82] Norm DIN 6584: Begriffe der Zerspantechnik – Kräfte, Energie, Arbeit, Leistungen. Oktober 1982

[DIN85a] Norm DIN 6580: Begriffe der Zerspantechnik – Bewegungen und Geometrie des Zerspanvorganges. Oktober 1985

[DIN85b] Norm DIN 6581: Begriffe der Zerspantechnik - Bezugssysteme und Winkel am Schneidteil des Werkzeuges. Oktober 1985

[DIN88] Norm DIN 6582: Begriffe der Zerspantechnik – Ergänzende Begriffe am Werkzeug, am Schneidkeil und an der Schneide. Februar 1988

[DIN99] Norm DIN EN ISO 8785: Geometrische Produktspezifikation (GPS) – Oberflächenunvollkommenheiten – Begriffe, Definitionen und Kenngrößen. Oktober 1999

[DIN03a] Norm DIN 8589-3: Fertigungsverfahren Spanen - Teil 3: Fräsen - Einordnung, Unterteilung, Begriffe. September 2003

[DIN03b] Norm DIN 8589-17: Fertigungsverfahren Spanen - Teil 17: Gleitspanen - Einordnung, Unterteilung, Begriffe. September 2003

[DIN05] Norm DIN ISO 6104: Schleifwerkzeuge mit Diamant oder Bornitrid - Rotierende Schleifwerkzeuge mit Diamant oder kubischem Bornitrid - Allgemeine Übersicht, Bezeichnung und Benennungen in mehreren Sprachen. August 2005

[DIN10a] Norm DIN EN ISO 4278: Geometrische Produktspezifikation (GPS) – Oberflächenbeschaffenheit: Tastschnittverfahren – Benennungen, Definitionen und Kenngrößen der Oberflächenbeschaffenheit. Juli 2010

[DIN10b] Norm DIN EN ISO 4499-2: Hartmetalle – Metallographische Bestimmung der Mikrostruktur – Teil 2: Messung der WC Korngröße. Oktober 2010

[DIN12] Norm DIN EN ISO 25178-2: Geometrische Produktspezifikation (GPS) - Oberflächenbeschaffenheit: Flächenhaft – Teil 2: Begriffe und Oberflächen-Kenngrößen. September 2012

[DITT20] Dittrich, M.-A.; Böß, V.; Wichmann, M.; Denkena, B.: Simulation-based compensation of deflection errors in helical flute grinding. In. CIRP Journal of Manufacturing Science and Technology. 28 Jg., 2020, S. 136-143

[EGGW85] Eggwertz, S.; Lind, N. C.: Probabilistic Methods in the Mechanics of Solids and Structures. 1. Aufl., Berlin: Springer, 1985

[ERIC14] Erice, B.; Gálvez, F.: A coupled elastoplastic-damage constitutive model with Lode angle dependent failure criterion. In: International Journal of Solids and Structures. 51. Jg.2014, Nr. 1, S. 93-110

[EURO11] European Comission: Flightpath 2050 - Europe's Vision for aviation. URL: https://data.europa.eu/doi/10.2777/15458
[Stand: 17.11.2024]

[EXNE79] Exner, H. E.: Physical and chemical nature of cemented carbides. In: International Metals Reviews. 24. Jg., 1979, Nr. 4, S. 149-173

[EXNE86] Exner, H. E.; Hougardy, H. P.: Einführung in die quantitative Gefügeanalyse. Oberursel: DGM Informationsgesellschaft Verlag, 1986

[EXTR21] Extramet AG, Herr Dr. Jürgen Schmidt, letzte Aktualisierung: Juni 2021: Weibullmodul von Hartmetallen. E-Mail an Werkzeugmaschinenlabor WZL der RWTH Aachen, Daniel Schraknepper

[EYRI09] Eyrisch, T.: Optimierung der Herstellung von Vollhartmetallwerkzeugen. Dissertation. TU Kaiserslautern, 2009

[EZUG99] Ezugwu, E. O.; Wang, Z. M.; Machado, A. R.: The machinability of nickel-based alloys: a review. In: Journal of Materials Processing Technology. 86. Jg., 1999 S. 1-16.

[EZUG03] Ezugwu, E.O.; Bonney, J.; Yamane, Y.: An overview of the machinability of aeroengine alloys. In: Journal of Materials Processing Technology, 134. Jg., 2003, S. 233-253

[FRIE99] Friemuth, T.: Schleifen hartstoffverstärkter keramischer Werkzeuge. Dissertation. Universität Hannover, 1999

[FRIE02] Friemuth, T.: Herstellung spanender Werkzeuge. Habilitation. Universität Hannover, 2002

[FRIT97] Fritsch, A.: Schleifen von Cermets. Dissertation. Universität Hannover, 1997

[GANT18] Gant, A. J.; Morrell, R.; Wronski, A. S.; Jones, H. G.: Edge toughness of tungsten carbide based hardmetals. In: International Journal of Refractory Metals and Hard Materials. 75. Jg., 2018, S. 262-278

[GAO17] Gao, P.; Liang, Z.; Wang, X.; Zhou, T.; Li, S.; Zhang, S.; Liu, Z.: Cutting edge damage in grinding of cemented carbides micro end mills. In: Ceramics International. 43. Jg., 2017, Nr. 14, S. 11331-11338

[GARC19] García, J.; Collado Ciprés, V.; Blomqvist, A.; Kaplan, B.: Cemented carbide microstructures: a review. In: International Journal of Refractory Metals and Hard Materials. 80. Jg., 2019, Nr. 2, S. 40-68

[GENT02] Gente, A.: Spanbildung von TiAl6V4 und Ck45N bei sehr hohen Schnittgeschwindigkeiten. Dissertation. TU Braunschweig, 2002

[GERS98] Gerschwiler, K.: Untersuchungen zum Verschleißverhalten von Cermets beim Drehen und Fräsen. Dissertation, RWTH Aachen, 1998

[GERS02] Gerschwiler, K.: Drehen und Fräsen von Nickelbasislegierungen. In: Tagungsband zum Seminar »Perspektiven der Zerspantechnik«. Aachen, 29.-30. Oktober 2002. Aachen: WZL der RWTH Aachen (Veranst.), 2002, S. 183-198

[GREW74] Grewe, H.: Zähigkeits- und Standzeitverhalten einer Hartmetalllegierung in Abhängigkeit von der Gefügeausbildung. In: Metall, 1974, Nr. 28, S. 979-986

[GROO10] Groover, M. P.: Fundamentals of modern manufacturing. Materials, processes, and systems. 4 ed., New Jersey: Wiley, 2010

[GROS16] Gross, D.; Seeliger, T.: Bruchmechanik. Mit einer Einführung in die Mikromechanik. 6. Auflage. Berlin: Springer, 2016

[GURL58] Gurland, J.: The Measurement of Grain Contiguity in Two-Phase Alloys. In: Transactions of the Metallurgical Society of AIME. 212. Jg., 1958, Nr. 1, S. 452-455

[HABI80] Habig, K.-H.: Verschleiß und Härte von Werkstoffen. München, Hanser, 1980

[HECK10] Heckmann, L.: Systematische Analyse der Schneidkantenarchitektur mit Hilfe der Finite-Elemente-Methode. Dissertation. Universität Kassel, 2010

[HEGE01] Hegeman, J.; de Hosson, J.; de With, G.: Grinding of WC-Co hardmetals. In: Wear. 248. Jg., 2001, Nr. 1-2, S. 187-196

[HEIS14] Heisel, U.; Klocke, F.; Uhlmann, E.; Spur, G.: Handbuch Spanen. 2. Aufl., München, Hanser, 2014

[HEIß51] Heiß, A.: Schartigkeit von Werkzeugschneiden. Theorie und Messung derselben mittels Saphir-Messschneide. In: Werkstatttechnik Masch. 41. Jg., 1951, S. 233-238.

[HEYM15] Heymann, T.: Schleifen und Polierschleifen von wendelförmigen Spannuten an Vollhartmetallbohrwerkzeugen. Dissertation. TU Dortmund, 2015

[HOFF05] Hoffmeister, H.-W; Wessels, T.: Thermomechanische Wirkmechanismen bei der Hochgeschwindigkeitszerspanung von Titan- und Nickelbasislegierungen. In: Tönshoff, H. K.; Hollmann, F. (Hrsg.): Hochgeschwindigkeitsspanen metallischer Werkstoffe. Weinheim: Wiley-VCH, 2005, S. 470-491.

[HOIE17] Hoier, P.; Klement, U.; Tamil Alagan, N.; Beno, T.; Wretland, A.: Characterization of tool wear when machining alloy 718 with high-pressure cooling using conventional and surface-modified WC–Co tools. In: Journal of Superhard Materials. 39. Jg., 2017, Nr. 3, S. 178-185.

[HOPP03] Hoppe, S.: Experimental and numerical analysis of chip formation in metal cutting. Dissertation. RWTH Aachen, 2003

[HÜBE12] Hübert, C.: Schleifen von Hartmetall- und Vollkeramik-Schaftfräsern. Dissertation. TU Berlin, 2012

[IEA21] International Energy Agency IEA: Key World Energy Statistics. URL: www.iea.org/reports/key-world-energy-statistics-2021 [Stand: 17.11.2024]

[IKAW92] Ikawa, N.; Shimada, S.; Tanaka, H.: Minimum thickness of cut in micromachining. In: Nanotechnology, 3. Jg., 1992, Nr. 1, S. 6-9

[ILLG90] Illgner, H.-J.: Hochgeschwindigkeitsfräsen schwer zerspanbarer Legierungen. Dissertation. TU Darmstadt, 1990

[INGH21] Lork, M,; Hanke, A.: Singularitäten in der FEM – Ursachen und Bewertung. URL: https://www.ing-hanke.de/know-how/singularitaeten-in-der-fem-ursachen-und-bewertung, Stand: 30.06.2021

[ISO93] Norm ISO 3685: Tool-life testing with single point turning tools. November 1993

[JOHN83] Johnson, G. R.; Cook, W. H.: A constitutive model and data for metals subjected to large strains, high strain rates and high temperatures. In: Proceedings of the 7th International Symposium on Ballistics, 1983, S. 541-547

[JOHN85] Johnson, G. R.; Cook, W. H.: Fracture characteristics of three metals subjected to various strains, strain rates, temperatures and pressures. In: Engineering Fracture Mechanics. 21. Jg., 1985, Nr. 1, S. 31-48

[KAPP12] Kappmeyer, G.; Hubig, C.; Hardy, M.; Witty, M.; Busch, M.: Modern Machining of Advanced Aerospace Alloys - Enabler for Quality and Performance. In: 5th CIRP Conference of High Performance Cutting. 4.-7. Juni, Zürich, 2012, S. 28-43

[KASI13] Kasim, M. S.; Che Haron, C. H.; Ghani, J. A.; Sulaiman, M. A.; Yazid, M.Z.A.: Wear mechanism and notch wear location prediction model in ball nose end milling of Inconel. In. Wear. 302. Jg., 2013, Nr. 1-2, S. 1171-1179

[KASS69a] Kassen, G.: Beschreibung der elementaren Kinematik des Schleifvorganges. Dissertation RWTH Aachen, 1969

[KASS69b] Kassen, G.; Werner, G.: Kinematische Kenngrößen des Schleifvorganges - Teil 1. In: Industrieanzeiger, 91. Jg., Nr. 87, 1969, S. 2087-2090.

[KAYS19] Kayser, W. A.: Einflussfaktoren auf den Eigenspannungszustand in Hartmetall. Dissertation. RWTH Aachen, 2019

[KELL10] Kellner, F.: Korrosionsverhalten und -mechanismen von Hartmetallen unterschiedlicher mikrostruktureller Längenskala. Dissertation. TU Erlangen-Nürnberg, 2010

[KIEN52] Kienzle, O.: Die Bestimmung von Kräften und Leistungen an spanenden Werkzeugen und Werkzeugmaschinen. In: VDI-Z, 94. Jg., 1952, Nr. 11/12, S. 299-305

[KLAU09] Klaus, M.: Röntgendiffraktometrische Ermittlung tiefenabhängiger Eigenspannungsverteilungen in Dünnschichtsystemen mit komplexem Aufbau. Dissertation. TU Berlin, 2009

[KLEI03] Kleinjans, M.: Einfluss der Randzoneneigenschaften auf den Verschleiß von beschichteten Hartmetallwälzfräsern. Dissertation. RWTH Aachen, 2003

[KLEP11] Kleppmann, W.: Taschenbuch Versuchsplanung. Produkte und Prozesse optimieren. 7. Aufl., München: Hanser, 2011

[KLOC06] Klocke, F.; Gerschwiler, K.; Fritsch, R.; Lung, D.: PVD-coated tools and native ester – an advanced system for environmentally friendly machining. In: Surface and Coatings Technology. 201. Jg., 2006, Nr. 7, S. 4389-4394.

[KLOC08a] Klocke, F.; König, W.: Fertigungsverfahren 1. Drehen, Fräsen, Bohren. 8. Aufl., Berlin: Springer, 2008

[KLOC08] Klocke, F.; Gerschwiler, K.; Cordes, S.; Fritsch, R.: Analyses of the Performance Potential of Oxidic PVD Wear-Protection Coatings on Cutting Tools Using the Example of Crystalline γ-Al_2O_3. In: Advanced Engineering Materials. 10. Jg., 2008, Nr. 7, S. 622-627

[KLOC10] Klocke, F.; Gorgels, C.; Stuckenberg, A., Bouzakis, E.: Qualification of Coatings to Predict Wear Behavior of Micro Blasted Cutting Tools. In: Key Engineering Materials. 438. Jg., 2010, S. 23-29

[KLOC12] Klocke, F.; Krämer, A.; Sangermann, H.; Lung, D.: Thermo-Mechanical Tool Load during High Performance Cutting of Hard-to-Cut Materials. In: 5th CIRP Conference of High Performance Cutting. 4.-7. Juni, Zürich, 2012, S. 312-317

[KLOC17] Klocke, F.: Fertigungsverfahren 2. Zerspanung mit geometrisch unbestimmter Schneide. 5. Auflage. Berlin: Springer, 2017

[KLOC18] Klocke, F.; König, W.: Fertigungsverfahren 1. Zerspanung mit geometrisch bestimmter Schneide. 9. Auflage. Berlin: Springer, 2018

[KO02] Ko, S.-L.; Kim, Y.-H.: Development of design and manufacturing technology for end mills im machining hardened steel. In: Journal of Materials Processing Technology. 130. Jg., 2002, S. 653-661

[KOLA92] Kolaska, H.: Pulvermetallurgie der Hartmetalle. Fachverband Pulvermetallurgie. Hagen, 1992

[KOLA07] Kolaska, H.: Hartmetall - gestern, heute und morgen. Metall, 61. Jg., 2007, S. 825-832.

[KÖHL10] Köhler, J.: Berechnung der Zerspankräfte bei variierenden Spanungsquerschnittsformen. Dissertation. Universität Hannover, 2010

[KÖLL86] Kölling, H.-D.: Prozessoptimierung und Leistungssteigerung beim Schaftfräsen. Dissertation. RWTH Aachen 1986

[KÖNI89] König, W.: Fertigungsverfahren 2 – Schleifen, Honen, Läppen. 2. Aufl., Düsseldorf: VDI-Verl., 1989

[KÖTT06] Kötter, D.: Herstellung von Schneidkantenverrundungen und deren Einfluss auf das Einsatzverhalten von Zerspanwerkzeugen. Dissertation. TU Dortmund, 2006

[KRON54] Kronenberg, M.: Grundzüge der Zerspanungslehre: Einschneidige Zerspanung. 2. Aufl. Berlin: Springer, 1954

[KRON69] Kronenberg, M.: Grundzüge der Zerspanungslehre. Mehrschneidige Zerspanung (Umfangsfräsen, Räumen). 2. Aufl., Berlin: Springer, 1963

[LI14] Li, G.; Sun, J.; Li, J.: Modeling and analysis for clearance machining process of end mills. In: The International Journal of Advanced Manufacturing Technology. 75. Jg., 2014, Nr. 5, S. 667-675

[LIER98] Lierse, T.: Mechanische und thermische Wirkungen beim Schleifen keramischer Werkstoffe. Dissertation. Universität Hannover, 1998

[LIU18] Liu, X.; Zhang, J.; Hou, C.; Wang, H.; Song, X.; Nie, Z.: Mechanisms of WC plastic deformation in cemented carbide. In: Materials and Design. 150 Jg., 2018, S. 154-164

[LIU21] Liu, Y.; Hrechuk, A.; Agmell, M.; Ahadi, A.; Stahl, J.-E.; Zhou, J.: FE analysis on the association between tool edge radius and thermal-mechanical load in machining Inconel 718. In: Procedia CIRP. 102. Jg., 2021, S. 91-96

[LÖFF96] Löffler, R.: Belastungs- und Beanspruchungsanalyse bei der Fräsbearbeitung von legiertem Grauguß mit Toruswerkzeugen. Dissertation. RWTH Aachen, 1996

[LÖWE14] Löwenstein, A.: Steigerung der Wirtschaftlichkeit beim Mikrofräsen durch Schneidkantenpräparation mittels Tauchgleitläppen. Dissertation. TU Berlin, 2014

[MALD08] Maldaner, J.: Verbesserung des Zerspanverhaltens von Werkzeugen mit Hartmetall-Schneidelementen durch Variation der Schleifbearbeitung. Dissertation. Universität Kassel, 2008

[MAME06] Mamedov, A.: Neue Wege beschritten: Längsseiten-Planschleifen im Pendelschliff von Hartmetall steigert Oberflächengüte und verringert thermische Belastung. In: MM Maschinenmarkt. 12. Jg., 2006, S. 40-43

[MARI09] Mari, D.; Clausen, B.; Bourke, M.A.M.; Buss, K.: Measurement of residual thermal stress in WC–Co by neutron diffraction. In: International Journal of Refractory Metals and Hard Materials. 27. Jg., 2009, Nr. 2, S. 282-287

[MARK05] Markworth, L.: Fünfachsige Schlichtfräsbearbeitung von Strömungsflächen aus Nickelbasislegierungen. Dissertation. RWTH Aachen, 2005

[MARS79] Marshall, D.B.; Lawn, B.R.: Residual stress effects in sharp contact cracking. Pt. 1. Indentation fracture mechanics. In: Journal of Material Science. 14. Jg., 1979, Nr. 8, S. 2001-2012

[MART41] Martelotti, M.E.: An Analysis of the Milling Process. In: Transactions of the ASME. 1941, Nr. 67, S. 233-251

[MARZ01] Marzenell, C.: Verzahnungshohnen mit Diamantwerkzeugen. Dissertation. Universität Hannover, 2001

[MEIN09] Meinecke, M.: Prozessauslegung zum fünfachsigen zirkularen Schruppfräsen von Titanlegierungen. Dissertation. RWTH Aachen, 2009

[MERC45] Merchant, M.E.: Mechanics of the metal cutting process I, Orthogonal cutting and a type II chip. In: Journal of Applied Physics. 16. Jg., 1945, Nr. 5, S. 267-276

[MINI23] Minitab: Anderson-Darling-Statistik. URL: https://support.minitab.com/de-de/minitab/21/help-and-how-to/statistics/basic-statistics/supporting-topics/normality/the-anderson-darling-statistic/, zuletzt geprüft: 17.09.2023

[MOHL00] Mohlfeld, A.: Trockenbohren mit PVD-beschichteten Hartmetallwerkzeugen. Dissertation. Universität Hannover, 2000

[MÖHL94] Möhlen, H.: Beitrag zum Schleifen hochfester keramischer Werkstoffe. Dissertation. TU Braunschweig, 1994

[MOHR00] Mohr, O.: Welche Umstände bedingen die Elastizitätsgrenze und den Bruch eines Materials, Zeitschrift des Vereins Deutscher Ingenieure, 1900, S. 1524-1530

[MOHR06] Mohr, O.: Abhandlungen aus dem Gebiete der Technischen Mechanik. Wilhem Ernst & Sohn, Berlin, 1906

[MORI95] Moriwaki, T.: Experimental Analysis of Ultraprecision Machining. In: International Journal of the Japan Society of Precision Engineering, 29. Jg., 1995, Nr. 4, S. 287-290

[MSAO15] M'Saoubi, R.; Axinte, D.; Soo, S. L.; Nobel, C.; Attia, H. et.al.: High performance cutting of advanced aerospace alloys and composite materials. In: CIRP Annals. 64. Jg., 2015, Nr. 2, S. 557-580

[OHLE23] Ohlert, M.: Contact between abrasive media and workpiece in robot-guided centrifugal finishing. Dissertation. RWTH Aachen, 2023

[OTEC21] Otec Präzisionsfinish GmbH: Trockenschleifmedia. URL: https://www.otec.de/aktuelles/otec-news/archiv/trockenschleifmedia/, zuletzt geprüft: 11.08.2021

[OTTE18] Ottersbach, M.: Belastungsspezifische Werkzeug- und Prozessauslegung für die Schlichtfräsbearbeitung von Hartmetall. Dissertation. RWTH Aachen, 2018

[PENG19a] Peng, B.; Bergs, T.; Klocke, F.; Döbbeler, B.: An advanced FE-modeling approach to improve the prediction in machining difficult-to-cut material. In: The International Journal of Advanced Manufacturing Technology. 103. Jg., 2019, Nr. 5-8, S. 2183-2196

[PENG19b] Peng, B.; Bergs, T.; Schraknepper, D.; Klocke, F.; Döbbeler, B.: A hybrid approach using machine learning to predict the cutting forces under consideration of the tool wear. In: Procedia CIRP. 82. Jg., 2019, S. 302-307.

[PENG20] Peng, B.; Bergs, T.; Schraknepper, D.; Smigielski, T.; Klocke, F.: Development and validation of a new friction model for cutting processes. In: The International Journal of Advanced Manufacturing Technology. 107. Jg., 2020, S. 4357-4369

[PFLU02] Pfluger, J. A.: Metallgebundene Diamant-Schleifscheibe für alle harten Schneidstoffe. In: VDI-Z, Special Werkzeuge. 2002, Nr. 1, S. 56-58

[POTT21] Potthoff, N.; Wiederkehr, P.: Fundamental investigations on wear evolution of machining Inconel 718. In: Procedia CIRP. 99. Jg., 2021, S. 171-176

[PRAK14] Prakash, L.: Fundamentals and General Applications of Hardmetals. In: Sarin, V (Hrsg.): Comprehensive Hard Materials. 1. Aufl. Burlington: Elsevier, 2014, S. 29-90

[PULS14] Puls H, Klocke F, Lung D. Experimental investigation on friction under metal cutting conditions. In: Wear. 310. Jg., 2014; Nr. 1-2, S. 63-71

[PULS15] Puls, H.: Mehrskalenmodellierung themoelastischer Werkstückdeformationen beim Trockendrehen. Dissertation. RWTH Aachen, 2015

[REHE15] Rehe, M.: Herleitung prozessbezogener Kenngrößen der Schneidkantenverrundung im Fräsprozess. Dissertation. Universität Hannover, 2015

[REN09] Ren, Y.H.; Zhang, B.; Zhou, Z.X.: Specific energy in grinding of tungsten carbides of various grain sizes. In: CIRP Annals – Manufacturing Technology. 58. Jg., 2009, Nr. 1, S. 299-302

[RENH07] Renhof, L.: Mikrostruktur und mechanische Eigenschaften der Nickellegierung IN 718. Dissertation. TU München, 2007

[RISS06] Risse, K.: Einflüsse von Werkzeugdurchmesser und Schneidkantenverrundung beim Bohren mit Wendelbohrern in Stahl. Dissertation. RWTH Aachen, 2006

[ROEB84] Roebuck, B.; Almond, E. A.; Cottenden, A. M.: The influence of composition, phase transformation and varying the relative F.C.C. and H.C.P. phase contents on the properties of dilute Co-W-C alloys. In: Materials Science and Engineering. 66. Jg., 1984, Nr. 2, S. 179-194

[ROTH94] Roth, P.: Abtrennmechanismen beim Schleifen von Aluminiumoxidkeramik. Dissertation. Universität Hannover, 1995

[SAIL02] Sailer, T.: Ultrafeinkörnige Hartmetalle mit Co-Binder und alternativen Bindersystemen – Korrelation von Mikrostruktur und mechanischem Verhalten unter monoton ansteigender und zyklisch wechselnder Beanspruchung. Dissertation. TU Erlangen-Nürnberg, 2002

[SALJ87] Saljé, E.; Möhlen, H.: Prozessoptimierung beim Schleifen keramischer Werkstoffe, Industrie-Diamanten-Rundschau, 21. Jg., 1987, Nr. 4, S. 243-247

[SALJ91] Saljé, E.: Begriffe der Schleif- und Konditioniertechnik. Essen: Vulkan, 1991

[SAND10] Sandvik Coromant: Hochwarmfeste Superlegierungen - Anwenderhandbuch. 2010. URL: https://www.sandvik.coromant.com/de-de/downloads/pages/default.aspx

[SAND19] Sandvik Coromant: Schneidstoffsorten. 2019. URL: https://www.sandvik.coromant.com/de-de/knowledge/materials/pages/cutting-tool-materials.aspx

[SCHE88] Schedler, W.: Hartmetall für den Praktiker. Aufbau, Herstellung, Eigenschaften und industrielle Anwendung einer modernen Werkstoffgruppe. Düsseldorf: VDI, 1988

[SCHE99] Scherbarth, S.: Der Einfluss der Schneidkeilgeometrie auf das Zerspanverhalten beim Fräsen von Stahlwerkstoffen mit beschichtetem Hartmetall. Dissertation. RWTH Aachen, 1999

[SCHL82] Schleich, H.: Schärfen von Bornitridschleifscheiben. Dissertation. RWTH Aachen, 1982

[SCHM13] Schmitt, R.: Optische Messtechnik und Bildverarbeitung – OMB. Skript zur gleichnamigen Vorlesung. Aachen, 2013

[SCHN99] Schneider, M.: Auswirkungen thermomechanischer Vorgänge beim Werkzeugschleifen. Dissertation. TU Dortmund, 1999

[SCHO90] Scholtes, B.: Eigenspannungen in mechanisch randschichtverformten Werkstoffzuständen. Ursachen, Ermittlung und Bewertung. Habilitation. Universität Karlsruhe, 1990

[SCHR21] Schraknepper, D.; Peng, B. Bergs, T.: Advanced calculation of the stress distribution in milling tools during cutting under consideration of residual stresses and tool wear. In: Procedia CIRP. 102. Jg., 2021, S. 19-24

[SCHR18] Schröer, Nikolas: Spannutschleifen von Hartmetall-Schaftwerkzeugen mit gradierten Schleifscheiben. Dissertation. TU Berlin, 2018

[SEIM18] Seimann, M.; Peng, B.; Fischersworring-Bunk, A.; Rauch, S.; Klocke, F.; Döbbeler, B.: Model-based analysis in finish broaching of inconel 718. In: The International Journal of Advanced Manufacturing Technology. 97. Jg., 2018, Nr. 9-12, S. 3751-3760

[SEIM19] Seimann, M.: Prädiktive Werkzeug- und Prozessauslegung für das Räumen von Nickelbasislegierungen mit Hartmetallwerkzeugen. Dissertation. RWTH Aachen, 2019

[SHAR01] Sharman, A.; Dewes, R.; Aspinwall, D.: Tool life when high speed ball nose end milling Inconel 718. In: Journal of Materials Processing Technology. 118. Jg., 2001, Nr. 1-3, S. 29-35

[SHAW89] Shaw, M. C.; Ramaraj, T. C.: Brittle Fracture of Cutting Tools. In: CIRP Annals - Manufacturing Technology. 38. Jg., 1989, Nr. 1, S. 59-63

[SIEB10] Siebertz, K.; van Bebber, D. T.; Hochkirchen, T.: Statistische Versuchsplanung. Design of Experiments (DOE). Springer, Heidelberg, 2010.

[SIGL85] Sigl, L.: Das Zähigkeitsverhalten von WC-Co-Legierungen. Dissertation. Montanuniversität Leoben, 1985

[SCHN23] Schnur, R.: Six Sigma Black Belt - Test auf Normalverteilung. URL: https://www.sixsigmablackbelt.de/test-auf-normalverteilung-excel/, Stand: 17.09.2023

[SKOR17] Skordaris, G.; Bouzakis, K. D.; Kotsanis, T.; Charalampous, P.; Bouzakis, E.; Breidenstein, B.; Bergmann, B.; Denkena, B.: Effect of PVD film's residual stresses on their mechanical properties, brittleness, adhesion and cutting performance of coated tools. In: CIRP Journal of Manufacturing Science and Technology. 18. Jg., 2017, S. 145-151

[SOKO55] Sokolowski A.P.: Präzision in der Metallbearbeitung – Mittel u. Wege zur Steigerung der Bearbeitungsgenauigkeit in der spanenden Formung. Berlin: Technik, 1955

[SPUR79] Spur, G.; Stöferle, T.: Handbuch der Fertigungstechnik – Spanen. München: Hanser, 1979

[SUGI13] Sugihara, T.; Enomoto, T: Crater and flank wear resistance of cutting tools having micro textured surfaces. In: Precision Engineering. 37. Jg., 2013, Nr. 4, S. 888-896

[SÜES14] Süess, B.; Westermann, H.; Schmidt, J.: Stand und neue Aspekte der Hartmetallentwicklung. 11. Schmalkaldener Werkzeugtagung, 2014

[SUGI15] Sugihara, T.; Enomoto, T.: High Speed Machining of Inconel 718 Focusing on Tool Surface Topography of CBN Tool. In: Procedia Manufacturing. 1. Jg., 2015, S. 675-682

[SUGI17] Sugihara, T.; Enomoto, T.: Performance of cutting tools with dimple textured surfaces: A comparative study of different texture patterns. In: Precision Engineering, 49. Jg., 2017, S. 52-60

[TAYL06] Taylor, F. W.: On the art of cutting metals. In: Transactions of the ASME. 28. Jg., 1906, S. 31-248

[THEU20] Theuer, M.: Kontinuierliches Wälzschleifen von Zerspanwerkzeugen. Dissertation. Universität Hannover, 2020

[TERW11] Terwey, I.: Steigerung der Leistungsfähigkeit von Vollhartmetallwendelbohrern durch Strahlspanen. Dissertation. TU Dortmund, 2011

[TIFF19] Tiffe, M.; Aßmuth, R.; Saelzer, J.; Biermann, D.: Investigation on cutting edge preparation and FEM assisted optimization of the cutting edge micro shape for machining of nickel-base alloy. In: Production Engineering. 13. Jg., 2019, Nr. 3-4, S. 459-467

[TLUS78] Tlusty, J.; Masood, Z.: Chipping and Breakage of Carbide Tools. In: Journal of Engineering for Industry. Jg. 100, 1978, Nr. 4, S. 403-412

[TÖNS92] Tönshoff, H. K.; Inasaki, I.; Paul, T.; Peters, J.: Modelling and Simulation of Grinding Processes. In: Annals of the CIRP. 41. Jg., Nr. 2, 1992, S. 677-688

[TÖNS97] Tönshoff, H. K.: Schleifen von Feinstkorn-Hartmetallen: Abschlussbericht zum BMBF-Verbundprojekt (03 K 3309) im Rahmen von COST 503/III; Berichtszeitraum: 01.01.1994 - 31.12.1996. Hannover, 1997

[TYRO19] Tyrolit Schleifmittelwerke Swarovski K.G.: Tyrolit – Ihr Partner für das Werkzeugschleifen. Produktkatalog, 2018

[ULUT13] Ulutan, D.; Özel, T.: Determination of tool friction in presence of flank wear and stress distribution based validation using finite element simulations in machining of titanium and nickel based alloys. In: Journal of Materials Processing Technology, 213. Jg., 2013, Nr. 12, S. 2217-2237

[UNIB18] Universität Bremen: Prozesssignaturen – Transregionaler Sonderforschungsbereich 136. URL: http://www.prozesssignaturen.de/de/ueber-uns/glossar/r/randzone/ [Stand: 01.03.2018]

[UNSI17] Unsinn, M.: Systematische Werkzeugoptimierung beim Hartfräsen im Werkzeug- und Formenbau. Dissertation. Universität Magdeburg, 2017

[UHLM98] Uhlmann, E.; Spur, G.: Surface Formation in Creep Feed Grinding of Advanced Ceramics with and without Ultrasonic Assistance. In: CIRP Annals - Manufacturing Technology. 47. Jg., 1998, Nr. 1, S. 249-252

[UHLM12] Uhlmann, E.; Löwenstein, A.; Springer, H.: Tauchgleitläppen zur Schneidkantenpräparation von Mikrofräsern. In: wt Werkstatt online. 102. Jg., 2012, Nr. 11/12, S. 735-743

[UHLM15] Uhlmann, E.; Schröer, N.: Advances in Tool Grinding and Development of End Mills for Machining of Fibre Reinforced Plastics. In: Procedia CIRP. 35. Jg., 2015, S. 38-44

[UHLM16] Uhlmann, E.; Oberschmidt, D.; Kuche, Y.; Löwenstein, A.; Winker, I.: Effects of Different Cutting Edge Preparation Methods on Micro Milling Performance. In: Procedia CIRP. 46 Jg., 2016, Nr. 1, S. 352-355

[UHLM22] Uhlmann, E.; Hinzmann, D.: Residual stress assessment during cutting tool lifetime of CVD-diamond coated indexable inserts. In: Procedia CIRP. 108. Jg., 2022, S. 799-804

[ULRI01] Ulrich, H.: Die Betriebswirtschaftslehre als anwendungsorientierte Sozialwissenschaft. In: Stiftung zur Förderung der systemorientierten Managementlehre (Hrsg.): Hans Ulrich Gesammelte Schriften. Bern: Paul Haupt, 2001, S. 17-52

[VELA06] Velasquez, J.; Bolle, B.; Chevrier, P.; Geandier, G.; Tidu, A.: Metallurgical study on chips obtained by high-speed machining of a Ti-6 wt.%Al-4 wt.% V alloy. In: Materials Science and Engineering. 2007, A 452-452, S. 469-474

[VIER59] Vieregge, G.: Zerspanung der Eisenwerkstoffe. Stahleisen-Bücher, Bd. 16. Düsseldorf: Verlag Stahleisen, 1959

[VIER70] Vieregge, G.: Zerspanung der Eisenwerkstoffe. Stahleisen-Bücher. Düsseldorf: Verlag Stahleisen, 1970

[WACI16] Wacinski, M.: Keramische Schaftfräswerkzeuge für die Hochgeschwindigkeitsbearbeitung von Nickelbasis-Legierungen. Dissertation. TU Berlin, 2016

[WANG17] Wang, C.; Jiang, C.; Ji, V.: Thermal stability of residual stresses and work hardening of shot peened tungsten cemented carbide: In: Journal of Materials Processing Technology. 240. Jg., 2017, S. 98-103

[WANG20] Wang, W.; Saifullah, M. K.; Aßmuth, R.; Biermann, D.; Arif, A. F. M.; Veldhuis, S. C.: Effect of edge preparation technologies on cutting edge properties and tool performance. In: The International Journal of Advanced Manufacturing Technology. 106. Jg., 2020, Nr. 5-6, S. 1823-1838

[WEIN96] Weinert, K.; Schneider, M.; Willsch, C.: Einfluß der Schleifbearbeitung auf das Verschleißverhalten von Hartmetallwerkzeugen. In: Tönshoff, H.-K.; Westkämper, E. (Hrsg.): Jahrbuch Schleifen, Hohnen, Läppen und Polieren. 58. Ausgabe. Essen: Vulkan, 1996, S. 26-37

[WEIN00] Weinert, K.; Johlen, G.; Schneider, M.; Finke, M.: Werkzeugschleifen: Problematik bei Hartmetallen und Cermets. In: Tönshoff, H.-K.; Westkämper, E. (Hrsg.): Jahrbuch Schleifen, Hohnen, Läppen und Polieren. 59. Ausgabe. Essen: Vulkan, 2000, S. 262-272.

[WEIN06] Weinert, K.; Schulte, M; Noyen, M.; Kresing, I.: Prozessstrategie beim Werkzeugschleifen. In: Hoffmeister, H.-W.; Denkena, B. (Hrsg.): Jahrbuch Schleifen, Honen, Läppen und Polieren. 62. Ausgabe. Essen: Vulkan, 2006, S. 212-220.

[WEIß16] Weiß, M.: Einfluss der Spezifikation mehrschichtiger CBN-Schleifwerkzeuge auf das Schleifprozessverhalten. Dissertation. RWTH Aachen, 2016

[WERN71] Werner, G.: Kinematik und Mechanik des Schleifprozesses. Dissertation. RWTH Aachen, 1971

[WICH23] Wichmann, M.: Selbstoptimierende Prozessplanung für das Werkzeugschleifen. Dissertation. Universität Hannover, 2023

[WIEM06] Wiemann, E.: Hochleistungsfräsen von Superlegierungen. Dissertation. TU Berlin, 2006

[WIES23] Wiesener, F.; Bergmann, B.; Wichmann, M.; Eden, M.; Freudenberg, T.; Schmidt, A.: Modeling of heat transfer in tool grinding for multiscale simulations. In: Procedia CIRP. 117. Jg., 2023, S. 269-274

[WIMM95] Wimmer, J.: Konditionieren hochharter Schleifscheiben zum Schleifen von Hochleistungskeramik. Dissertation. Universität Kaiserslautern, 1995

[WIRT18] Wirtz, C.: Zerspanverhalten von WC-Co Hartmetallen bei der Schleifbearbeitung. Dissertation. RWTH Aachen, 2018

[WITT14] Witty, M.: Prozessauslegung für das Tauchfräsen tiefer Kavitäten. Dissertation. RWTH Aachen, 2014

[WOBK97] Wobker, H.-G.: Hartbearbeitung. Habilitation. Universität Hannover, 1997

[WOLF19] Wolf, M.: Abstimmung der Präparationsprozesse in der Herstellungskette von PVD-beschichteten Vollhartmetall-Wendelbohrern. Dissertation. TU Dortmund, 2019

[WÜRZ11] Würz, E.: Schleifbearbeitung von Keramik-Hartmetall-Verbunden. Dissertation. TU Dortmund, 2011

[XU21] Xu, D.; Ding, L.; Liu, Y.; Zhou, J.; Liao, Z.: Investigation of the Influence of Tool Rake Angles on Machining of Inconel 718. In: Journal of Manufacturing and Materials Processing. 5. Jg., 2021, Nr. 3; S. 100-114

[YAN14] Yan, S.; Zhu, D.; Zhuang, K.; Zhang, X.; Ding, H.: Modeling and analysis of coated tool temperature variation in dry milling of Inconel 718 turbine blade considering flank wear effect. In: Journal of Materials Processing Technology. 214. Jg., 2014, Nr. 12, S. 2985-3001

[YANA96] Yanaba, Y.; Hayashi, K.: Relation between fracture surface area of a flexural strength specimen and fracture toughness for WC-10Co cemented carbide and Si3N4 ceramics. In: Materials Science and Engineering. 209. Jg., 1996, Nr. 1-2, S. 169-174

[YANG14] Yang, J.; Odén, M.; Johansson-Jõesaar, M. P.; Llanes, L.: Grinding Effects on Surface Integrity and Mechanical Strength of WC-Co Cemented Carbides. In: Procedia CIRP. 13. Jg., 2014, S. 257-263

[YANG20] Yang, J.; Roa, J.J; Odén, M.; Johansson-Jõesaar, M. P.; Llanes, L.: 3D FIB/FESEM tomography of grinding-induced damage in WC-Co cemented carbides. In: Procedia CIRP, 87. Jg., 2020, S. 385-390

[YIN04] Yin, L.; Spowage, A. C.; Ramesh, K.; Huang, H.; Pickering, J. P.; Vancoille, E.: Influence of microstructure on ultraprecision grinding of cemented carbides. In: International Journal of Machine Tools and Manufacture. 44. Jg., 2004, Nr. 5, S. 533-543

[ZEPP05] Zeppenfeld, C.: Schnellhubschleifen von γ-Titananluminiden. Dissertation. RWTH Aachen, 2005

[ZETE14] Zetek, M.; Česáková, I.; Švarc, V.: Increasing Cutting Tool Life when Machining Inconel 718. In: Procedia Engineering, 69. Jg., 2014, S. 1115-1124

[ZHAN09] Zhang, L.C.: Cutting composites: A discussion on mechanics modelling. Journal of Materials Processing Technology, Vol. 209, 2009, S. 4548-4552.

[ZHOU94] Zhou, J. M.; Sturesson, P. O.; Sandqvist, H.; StÅhl, J. E.: An approach for on-line cutting edge stress estimation. In: International Journal of Machine Tools and Manufacture. 34. Jg., 1994, Nr. 5, S. 741-751

[ZHOU97] Zhou, J. M.; Andersson, M.; Stahl, J.-E.: Cutting Tool Fracture Prediction And Strengh Evaluation By Stress Identification, Part I: Stress Model. In: International Journal of Machine Tools Manufacturing. 37. Jg., 1997, Nr. 12, S. 1691-1714

[ZIEB95] Ziebeil, F.: Mechanische und thermische Belastung von Zerspanwerkzeugen. Dissertation. Universität Hannover, 1995

[ZIMM21] Zimmermann, R.; Welling, D.; Venek, T.; Ganser, P.; Bergs, T.: Tool wear progression of SiAlON ceramic end mills in five-axis high-feed rough machining of an Inconel 718 BLISK. In: Procedia CIRP. 101 Jg., 2021, S. 13-16

[ZHU13] Zhu, D.; Zhang, X.; Ding, H.: Tool wear characteristics in machining of nickel-based superalloys. In: International Journal of Machine Tools and Manufacture. 64. Jg., 2013, S. 60-77

[ZORE67] Zorev, N.N., Del. G.D. e.al.: Spannungszustand in der Schnittzone. Annals of the CIRP. 14. Jg., 1967, S. 337-346

A Anhang

Appendix

A.1 Ergänzende Angaben zum Abricht- und Schleifprozess

Additional information on the dressing and grinding process

Die beschriebenen Profilier- und Schärfprozessparameter basieren auf Empfehlungen der Firma TYROLIT und entsprechen dem industriellen Standard. Das Abrichten erfolgte vor dem Ersteinsatz der Schleifmittel und anschließend nach der Herstellung von max. drei Werkzeugen.

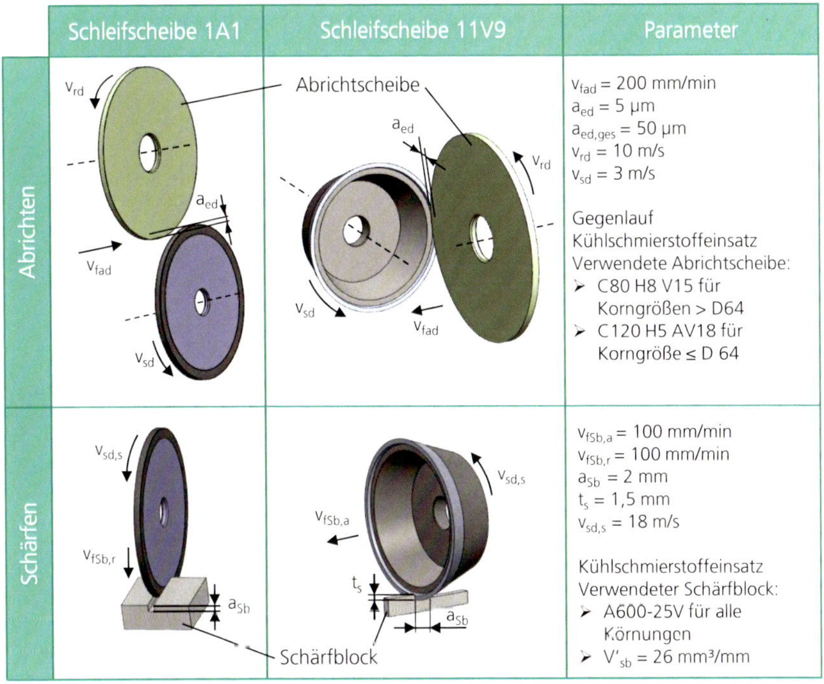

Abbildung A.1: Parameter zum Abrichten der Schleifscheiben

Parameters for dressing of the grinding wheels

Nachfolgend dargestellt ist das Vorgehen zur Bestimmung des Schleifscheibenradialverschleißes einer 1A1 Schleifscheibe.

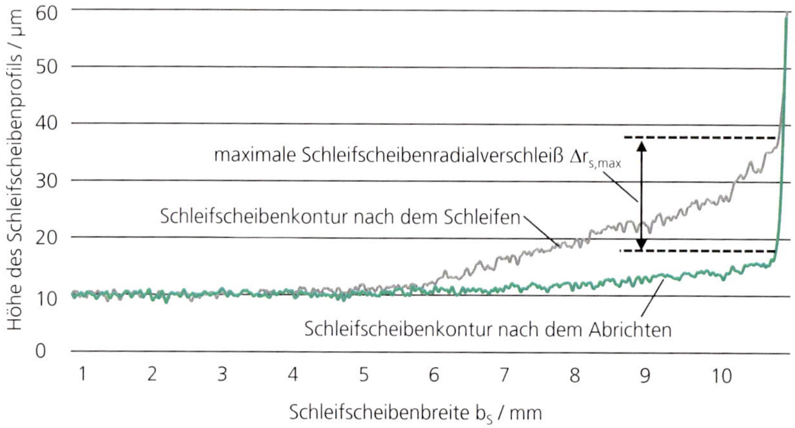

Abbildung A.2: Bestimmung des Schleifscheibenradialverschleißes an einer 1A1-Scheibe

Determination of grinding wheel radial wear on a 1A1 grinding wheel

Die Topografie der Schleifscheiben vom Typ 11V9 wurde an der Planfläche erfasst. Die Kennwerte für alle eingesetzten Schleifmittel nach dem Abrichten und Schärfen können Abbildung A.3 entnommen werden:

Oberflächenkennwerte der Schleifscheiben Startec XP-P 11V9 nach dem Schärfen

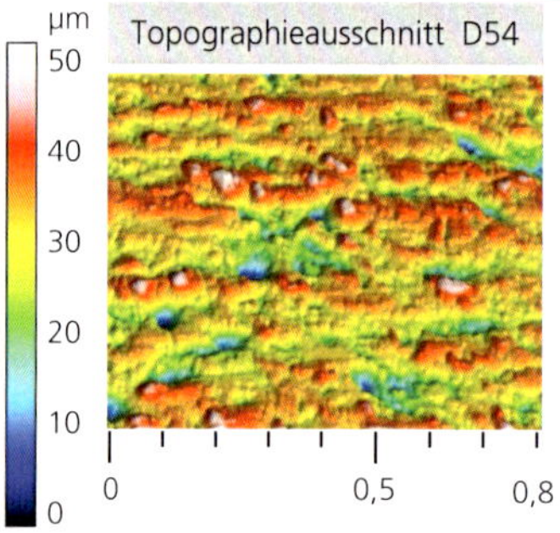

	D76	D54	D35	D15
Spk / µm	6,14	4,46	4,74	0,74
Sa / µm	6,3	4,22	4,05	1,22
Sz / µm	92,5	51,6	43,5	30,8
Sq / µm	8,28	5,51	5,16	1,91

Taktile Messung: MahrSurf LD 260, d_z = 5 µm, A_{mess} = 1 x 4 mm², r_{TN} = 2 µm, δ_{TN} = 60°

Abbildung A.3: Flächenhafte Kennwerte der Topographie der 11V9-Scheiben

Surface characteristic values of the topography of 11V9 grinding wheels

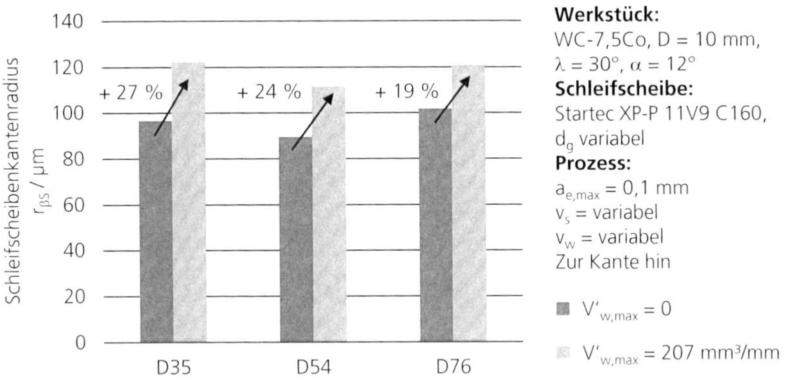

Abbildung A.4: Verschleiß der 11V9-Scheiben am Schleifscheibenkantenradius
Wear of 11V9 grinding wheel edge radii

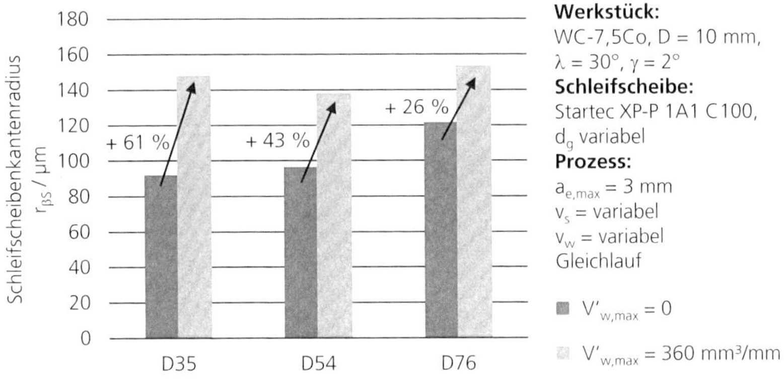

Abbildung A.5: Verschleiß der 1A1-Scheiben am Schleifscheibenkantenradius
Wear of 1A1 grinding wheel edge radii

A.2 REM-Analysen von Randzone und Schneidkante

SEM analysis of surface layer and cutting edge radius

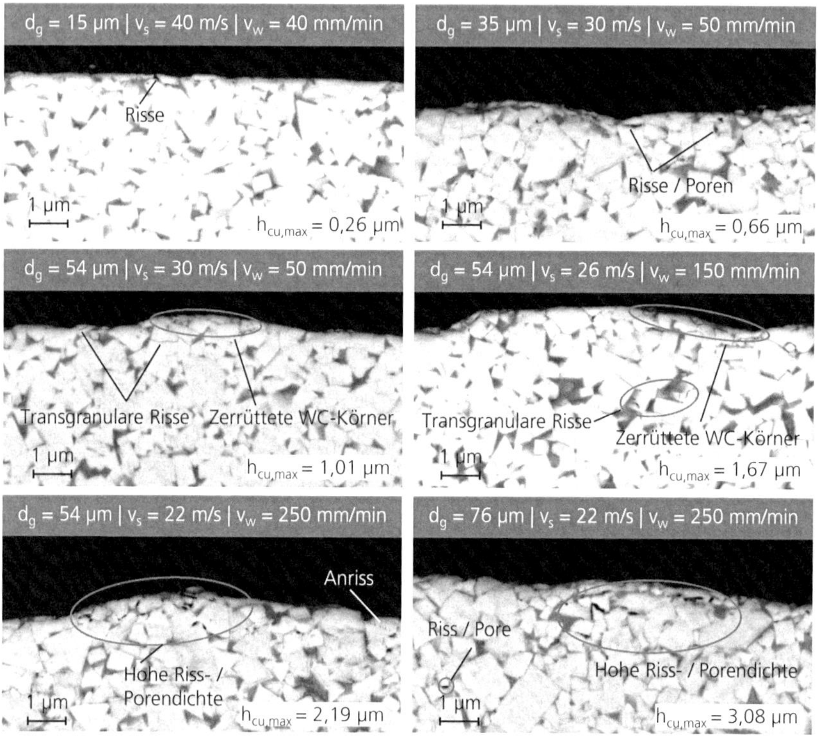

Werkstück:
WC-7,5Co, D = 10 mm,
λ = 30°, α = 12°

Prozess:
$a_{p,max}$ = 0,129 mm
zur Kante hin

Schleifscheibe:
Startec XP-P 11V9 C160,
Startec XP-F 11V9 C100 (D15)
d_g variabel

Abbildung A.6: Randzonendefekte an der Freifläche geschliffener Werkzeuge
Surface layer defects at the rake face of grinded tools

Die Querschliffe der Freiflächen wiesen grundsätzlich dieselben Schädigungsarten in vergleichbarer Ausprägung auf wie die untersuchten Spanflächen. Für kleine Einzelkornspanungsdicken dominierten oberflächennahe Risse und Poren. Ihre Dichte und Tiefenausdehnung stieg mit zunehmendem $h_{cu,max}$ weiter an, blieb jedoch auf eine Eindringtiefe von unter 3 µm begrenzt. Zusätzlich fanden sich mit steigender Einzelkornbelastung auch vermehrt Bereiche mit zerrütteten WC-Körnern.

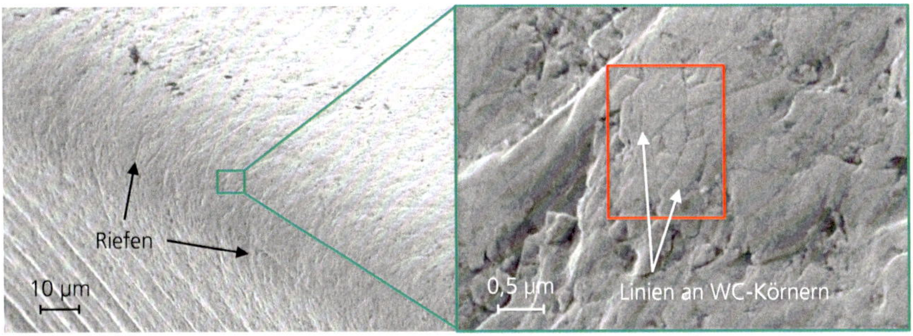

Gleitschleifprozess:

TZM 2/3 n_R = 40 min^{-1} t_B = 30 min
T_E = 60 mm DR_{rd} = 80 %

Abbildung A.7: Bearbeitungsspuren an Schneidkante (links: 1000x; rechts: 25.000x)
Processing marks at cutting edge (left: 1000x, right: 25.000x)

A.3 Statistische Auswertung der Verschleißversuche

Statistical evaluation of the tool wear tests

Standweg L_f bis zum Erreichen von VB_{max} = 140 µm

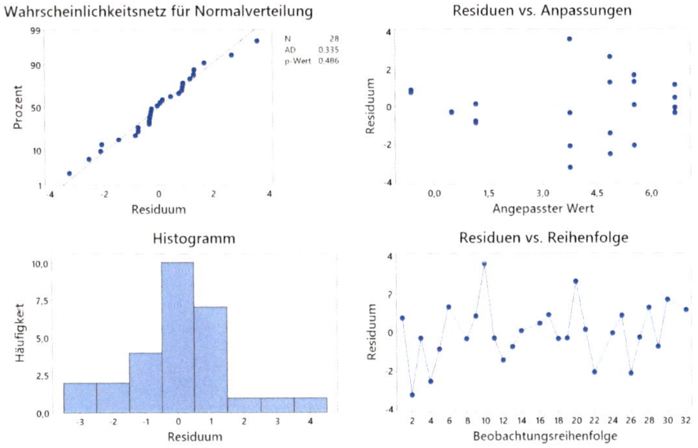

Abbildung A.8: Residuendiagramme für den Vorschubweg bis VB_{max} = 140 µm
Residual diagrams for the feed travel path until VB_{max} = 140 µm

Die in Abbildung A.8 dargestellten Residuendiagramme wurden analog zur in Kapitel 6.3.3 beschriebenen Vorgehensweise ausgewertet. Alle Punkte im Wahrscheinlichkeitsnetz orientieren sich in der unmittelbaren Nähe der roten Linie. Der anhand des Anderson-Darling-Tests ermittelte p-Wert ist deutlich größer als 0,05, was neben dem Histogramm klar auf normalverteilte Daten hindeutet. Trends sind in der Darstellung der Residuen über der Beobachtungsreihenfolge ebenfalls nicht erkennbar. Folglich sind auch hier die Voraussetzung zur Varianzanalyse der Daten gegeben.

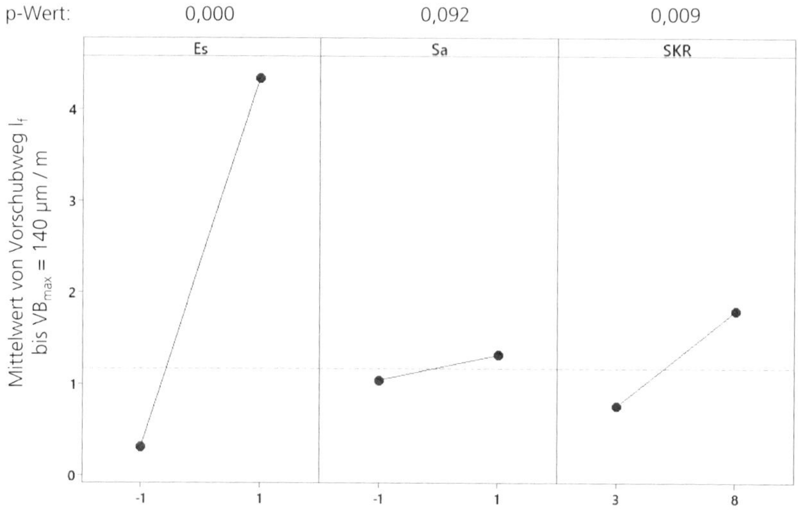

Abbildung A.9: Haupteffektdiagramm für den Vorschubweg bis VB_{max} = 140 µm

Main effects diagram for the feed travel path until VB_{max} = 140 µm

A.4 Ergänzende Angaben zur Spanbildungssimulation

Additional information on the chip formation simulation

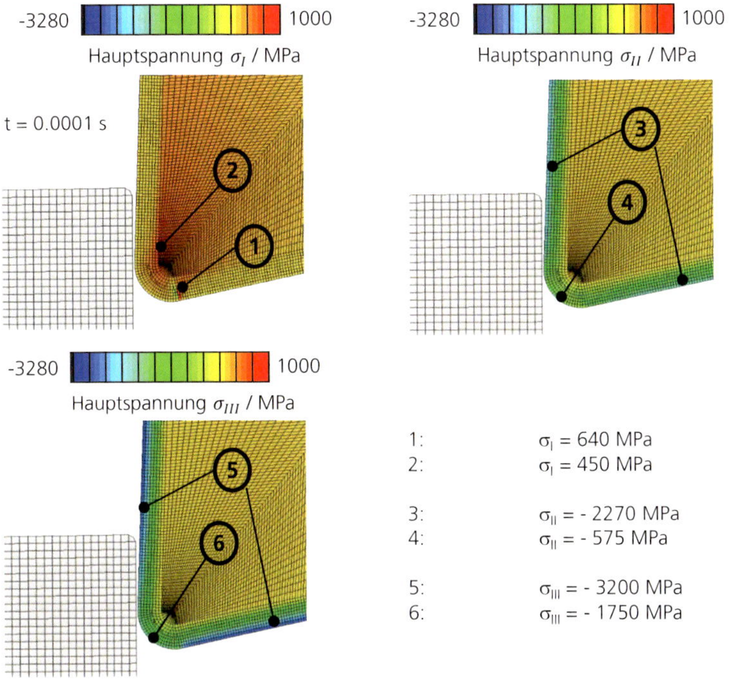

Abbildung A.10: Vom FE-Model berechnete Eigenspannungen ohne äußere Belastung

Calculated residual stresses by the FE-model without external load

Die aufgeprägten Druckeigenspannungen werden im lastfreien Zustand durch das Auftreten von Zugspannungen im Schneidkeil kompensiert, siehe Werte für σ_I. Wie in Kapitel 7.2 beschrieben erfolgt eine Überschätzung der Zugspannungen aufgrund des limitierten Schneidkeilvolumens. Das Spannungsmaximum an Pos. 1 resultiert aus dem Übergang zwischen spanflächen- und freiflächenseitigen Eigenspannungen. Die reduzierten Werte an der Schneidkante (Pos. 4 und 6) folgen aus der Bedingung, dass in den Grenzbereichen der Span- und Freifläche Material zur Aufnahme der Spannungen fehlt.

In der Reihe **Innovations in Manufacturing Technology** zuletzt erschienen:

Schraknepper, Daniel:
Einfluss von Werkzeugrandzoneneigenschaften auf den Werkzeugverschleiß beim Fräsen von Nickelbasislegierungen
ISBN 978-3-98555-333-4
Erscheinungsdatum: 03.03.2026

Weiser, Ingo Felix:
Feinschneiden von induktiv erwärmten Stahlblechen
ISBN 978-3-98555-328-0
Erscheinungsdatum: 10.02.2026

Müller, Martina:
Einfluss des Schädigungszustands auf die Leistungsfähigkeit von tiefgezogenen Blechwerkstücken
ISBN 978-3-98555-331-0
Erscheinungsdatum: 09.02.2026

Koch, Matthias:
Technologie der kryogenen Kühlschmierung beim Fräsen von TiAl6V4
ISBN 978-3-98555-317-4
Erscheinungsdatum: 26.01.2026

Edition Wissenschaft
Apprimus

Splettstößer, Antonia:
Pulsierende Kühlschmierstoffzufuhr beim Schlichtdrehen von Inconel 718
ISBN 978-3-98555-318-1
Erscheinungsdatum: 13.01.2026

Kelliger, Tobias:
Adapted Cutting Fluid Supply in Additively Manufactured Milling Tools with Inserts
ISBN 978-3-98555-306-8
Erscheinungsdatum: 03.11.2025

Stauder, Lars Niklas:
Planung flexibler und wirtschaftlicher Fertigungsprozessfolgen für die variantenreiche Serienfertigung
ISBN 978-3-98555-307-5
Erscheinungsdatum: 27.10.2025

Smyczek, Gregor Josef:
Schwingungsunterstützte Zerspanung von faserverstärkten Kunststoffen
ISBN 978-3-98555-301-3
Erscheinungsdatum: 06.10.2025

Edition Wissenschaft
Apprimus